煤炭职业教育课程改革规划教材

计算机文化基础

（第 4 版）

主　编　田丽娜
副主编　曹海锋　曹　霞　赵　芳
主　审　冯国平

煤炭工业出版社

· 北　京 ·

内 容 提 要

本书共 7 个项目 25 个任务，其主要内容包括：计算机的发展、计算机的工作原理、计算机的硬件选型及软件安装；Windows 7 的特点、基本操作及维护；网络的相关概念、常用的设备及上网的常规操作；Word 字处理软件的基本操作及应用；Excel 制表处理软件的基本操作；利用 PowerPoint 2010 幻灯片制作软件，制作自己需要的演示文稿的制作要领及制作方法等。

本书可作为高等院校计算机文化基础的教材，也可作为计算机爱好者的自学教材或企事业单位文秘人员的培训教材。

前　言

随着计算机信息技术的迅猛发展与广泛应用，人类社会的发展进程以至人们的工作方式与思维方式均受到深远影响，且发生了巨大的改变。作为信息科学核心的计算机更是渗透到社会的各个领域，已成为人们工作和生活必备的一项能力，任何人都应该不断学习和更新相应的计算机知识。

本书由中国煤炭教育协会和煤炭工业出版社共同组织，按照高等职业技术院校和高等专科学校非计算机专业对计算机基础教育的基本要求，在全国煤炭高职高专"十二五"规划教材《计算机文化基础》（第3版）的基础上，结合编者多年教学和实践经验编写的，是煤炭职业教育课程改革规划教材之一。

本教材具有以下几个特点：

（1）以实际任务为驱动，以制作过程为导向，通过真实的作业内容构建教学情景，教师在"做中教"，学生在"做中学"，实现"教、学、做"的统一。

（2）全书共分7个项目，在内容设计上充分体现了知识的模块化、层次化和整体化，按照先易后难、先基础后提高的顺序组织教学内容，符合初学者的认知规律。

（3）工作任务的设计突出职业场景，在给出任务描述和任务要求后，提炼出完成任务的主要知识点，并给出完成具体任务的步骤，最后还配有思考与练习相应的训练。

（4）教材实例采用过程化的组织结构，有利于培养学习者形成"学、做"一体的学习意识，增强自学能力。

（5）本教材通俗易懂，图文配合恰当，符合实际，操作步骤阐述明确，理论和实际操作结合紧密，适合非计算机专业学生的特点和接受能力。

本书由田丽娜任主编，曹海锋、曹霞、赵芳任副主编，冯国平主审。编写分工如下：威海职业学院曹霞编写项目1，山西中医药大学马斌编写项目2，山西煤炭职业技术学院田丽娜编写项目3和附录，山西煤炭职业技术学院曹海锋编写项目 4，山西煤炭职业技术学院曹海锋、威海职业学院曹霞编写项目 5，山西煤炭职业技术学院赵芳编写项目 6，山西煤炭职业技术学院赵芳、威海职业学院曹霞编写项目 7。全书由田丽娜负责统稿。

由于编者水平有限，书中可能存在不妥之处，敬请广大读者批评指正，以便今后修订完善。

编　者

2017 年 8 月

目　　次

项目1 初识计算机

任务1 计算机硬件选型

任务概述

　　计算机硬件选型是一个很细致的工作，它关系到所选的硬件组装到一起是否能正常工作。本任务是通过计算机硬件基础知识的学习认识计算机的硬件，掌握计算机硬件的选型方法，完成计算机硬件的选型。

　　知识要求：

　　1. 了解计算机的发展史。

　　2. 了解计算机的工作原理。

　　3. 掌握计算机系统的组成。

　　能力要求：

　　1. 能辨识计算机的各组成硬件，并掌握各硬件的性能参数。

　　2. 掌握二进制与十进制、八进制、十六进制之间的转换。

　　态度要求：

　　1. 能自主学习，通过阅读教材、相互交流、网上查找等方法获取知识。

　　2. 能与小组成员协同完成计算机硬件的市场调研任务。

相关知识

一、计算机概述

　　计算机（Computer）也称为"电脑"，是一种能自动、高速、精确地进行信息存储和信息处理的电子设备。它能够接收数据、保存数据，按照预定的程序对数据进行处理，并提供和保存处理结果。

　　在人类发展的历史过程中，计算机的出现具有极其重要的意义，它使传统的工作、学习、日常生活甚至思维方式都发生了深刻变化。对于计算机本身来说，不仅是科学技术和生产力发展的结果，而且也大大地促进了科学技术和生产力的发展。

　　1. 计算机的发展简史

　　1）计算机的起源与发展

　　在人类文明发展的历史长河中，计算工具经历了从简单到复杂、从低级到高级的发展过程。17世纪，欧洲自然科学和机械制造业得到发展，制造出一台能帮助人进行计算的机器。直到20世纪中叶，新兴的电子学和应用数学得到深入发展，第一台电子数字计算机推上了历史舞台，从此计算机对人类社会的发展和人们信息交流方式起到了重大影响。

1946 年 2 月，世界上第一台电子数字积分计算机（ENIAC，Electronic Numerical Integrator And Computer）在美国宾夕法尼亚大学研制成功，如图 1-1 所示。它使用了 18000 只电子管，6000 个开关，7000 只电阻，10000 只电容，50 万条线，重约 30 t，长达 30 m，占地 170 m²，造价 48 万美元。该机字长 12 位，每秒可完成 5000 次加法运算，主要用于计算弹道和氢弹的研究。这台计算机的问世，标志着电脑时代的开始，被人们称为第四次科技革命的开端。

图 1-1 第一台电子数字积分计算机（ENIAC）

与此同时，美籍匈牙利科学家冯·诺依曼也在为美国军方研制电子离散变量自动计算机（EDVAC，Electronic Discrete Variable Automatic Computer）。在 EDVAC 中，冯·诺依曼采用了二进制数，并开创了"存储程序式"的设计思路。EDVAC 也被认为是现代计算机的原型。

计算机自诞生之后一直发展迅猛，更新换代频繁。其中，电子器件的变更起到了决定性的作用，是计算机换代的主要标志。根据构成计算机硬件的电子器件的不同，可将计算机的发展过程划分成电子管、晶体管、集成电路、超大规模集成电路、人工智能阶段五个时代。

（1）第一代，电子管计算机时代（1946 年至 20 世纪 50 年代末）。

硬件：主要以电子管为主要元器件；主存储器采用汞延迟线或磁鼓；外存储器采用磁鼓和磁带；

软件：一般只能使用机器语言编写程序，20 世纪 50 年代中期才出现汇编语言。

性能：运行速度只有 5000~10000 次/秒。

特点：由于采用电子管，因而体积大、耗电多、运算速度较低、故障率较高而且价格极贵。

应用领域：主要用于科学及军事运算。

代表机型：EDVAC（第一台磁带计算机）、UNIVAC-1（第一台商用计算机）。

（2）第二代，晶体管计算机时代（20 世纪 50 年代中期至 20 世纪 60 年代末）。

硬件：主要以晶体管为主要元器件，使计算机体积缩小，重量减轻，成本下降，可靠性和速度明显提高；主存储器采用磁芯；外存储器采用磁鼓和磁带，后期也使用磁盘。

软件：汇编语言得到实际应用，开始有系统软件，提出操作系统的概念，出现多种高级语言（如 FPRTRAN、BASIC、COBOL）和编译程序。

性能：运算速度达到十万次/秒到百万次/秒。

特点：晶体管不仅能实现电子管的功能，具有尺寸小、重量轻、寿命长、效率高、发热少、功耗低等优点。

应用领域：扩大到数据处理、事务管理、工业控制等方面。

代表机型：IBM-7090。

（3）第三代，集成电路计算机时代（20 世纪 60 年代中期至 20 世纪 70 年代初期）。

硬件：以中小规模集成电路为主要元器件，计算机体积更小，成本进一步降低，可靠性更高，功能更加强大；主存储器采用半导体；外存储器采用磁盘和磁带等。

软件：技术进一步成熟，开始使用操作系统；出现了分时操作系统，使多用户可共享计算机资源。在程序设计方面，采用结构化的程序设计，为研究更加复杂的软件提供了技术保证。

性能：运算速度已经达到百万次/秒。

特点：改进集成电路元件，重量只有原来的 1/100，体积与功耗减少到原来的 1/300，运行精度和可靠性等指标大为改善。

应用领域：主要用于系统模拟、系统设计、大型科学计算和科技工程诸领域。

代表机型：IBM-360（中型机）、IBM-370（大型机）、PDP-11（小型机）。

（4）第四代，大规模或超大规模集成电路计算机时代（20 世纪 70 年代初）。

硬件：这个时代的计算机将 CPU、存储器及各种输入输出接口集成在大规模集成电路或超大规模集成电路芯片上，像拇指指甲那么大的芯片上就可以集成上亿个电子元件。构成计算机逻辑元器件、内部存储器，使计算机向微型化和巨型化发展，一方面出现微型计算机，另一方面巨型计算机也应运而生。

软件：发展出了分布式操作系统、数据库和知识系统、高效可靠的高级语言以及软件工程标准化等，并形成软件产业。

性能：运算速度达到几亿次/秒，甚至上千亿次/秒。

特点：计算机在存储容量、运算速度、可靠性及性能价格比等方面均比上一代有较大的突破。

应用领域：计算机应用除了普及科学计算、工业控制、数据处理等各个领域外，由一片或几片芯片组成的微处理器派生出的微型计算机在家庭得到了普及，并开始了计算机网络时代。

（5）第五代，人工智能计算机时代。第五代计算机是把信息采集、存储、处理、通信同人工智能结合在一起的智能计算机系统。它能进行数值计算或处理一般的信息，主要能面向知识处理，具有形式化推理、联想、学习和解释的能力，能够帮助人们进行判断、决策、开拓未知领域和获得新的知识。人-机之间可以直接通过自然语言（声音、文字）或图形图像交换信息。第五代计算机又称新一代计算机。1981 年，在日本东京召开了第五代计算机研讨会，随后制订出研制第五代计算机的长期计划。

硬件：这一代计算机结构与功能和现有计算机概念完全不同，计算机系统结构将突破传统的冯·诺依曼机器的概念。

软件：计算机的系统设计中考虑了编制知识库管理软件和推理机，机器本身能根据存储的知识进行判断和推理。同时，多媒体技术得到广泛应用，使人们能用语音、图像、视频等更自然的方式与计算机进行信息交互。

特点：具备人工智能，能像人一样思维，并且运算速度极快，其硬件系统支持高速并行和推理，其软件系统能够处理知识信息。神经网络计算机（也称神经元计算机）是智能计算机的重要代表。

2）微型计算机的诞生与发展

根据国际上流行的计算机分类方法，计算机可分为巨型机、大型机、小型机、微型机等。微型计算机以其体积小、耗电省、性能可靠、结构紧凑、使用灵活、价格便宜等特点，得到了迅速发展。

在大规模和超大规模集成电路技术的支持下，1971 年出现了微型计算机（简称微机）。微机升级换代的主要标志有两个：一个是微处理器；另一个是系统组成。以微处理器的字长为主要特征可将微机的发展大概划分为 6 个时代，见表 1-1。

表 1-1　微机发展的 6 个时代（以微处理器的字长为主要特征）

年代	字长	典型产品	特点
1971—1973	4 位微处理器	Intel 公司的 4004/8008 微处理器和分别由它们组成的 MCS-4 和 MCS-8 微机	存储器采用 PMOS 工艺，集成度低，系统结构和指令系统都比较简单，主要采用机器语言或简单的汇编语言，指令数目较少（20 多条指令），基本指令周期为 20~50 μs，用于简单的控制场合
1974—1977	8 位微处理器	Intel 公司的 8080/8085、Motorola 公司的 M6800、Zilog 公司的 Z80 等微处理器	存储器采用 NMOS 工艺，集成度提高约 4 倍，运算速度提高 10~15 倍，指令系统比较完善，具有典型的计算机体系结构和中断、DMA 等控制功能
1978—1984	16 位微处理器	Intel 公司的 8086/8088、Motorola 公司的 M68000、Zilog 公司的 Z8000 等微处理器	存储器采用 HMOS 工艺，集成度和运算速度都比第二代提高了一个数量级。指令系统更加丰富、完善，采用多级中断、多种寻址方式、段式存储机构、硬件乘除部件，并配置了软件系统
1985—1992	32 位微处理器	Intel 公司的 80386/80486、Motorola 公司的 M69030/68040 微处理器	存储器采用 HMOS 或 CMOS 工艺，集成度高达 100 万个晶体管/片，具有 32 位地址线和 32 位数据总线。每秒钟可完成 600 万条指令。微机的功能已经达到甚至超过超级小型计算机，完全可以胜任多任务、多用户的作业。同期，其他一些微处理器生产厂商（如 AMD 等）也推出了 80386/80486 系列的芯片
1993—2005	奔腾（Pentium）系列微处理器	Intel 公司的奔腾系列芯片及与之兼容的 AMD 的 K6 系列微处理器芯片	内部采用了超标量指令流水线结构，并具有相互独立的指令和数据高速缓存。随着微处理器（MMX, Multi Mediae Xtended）的出现，使微机的发展在网络化、多媒体化和智能化等方面跨上了更高的台阶

表 1-1（续）

年代	字长	典型产品	特点
2005 年至今	酷睿（Core）系列微处理器	"酷睿"是一款领先节能的新型微架构，设计的出发点是提供卓然出众的性能和能效，提高每瓦特性能，也就是所谓的能效比。早期的酷睿是基于笔记本处理器的。酷睿 2 是英特尔在 2006 年推出的新一代基于 Core 微架构的产品体系统称，于 2006 年 7 月 27 日发布	酷睿 2 是一个跨平台的构架体系，包括服务器版、桌面版、移动版三大领域。其中，服务器版的开发代号为 Woodcrest，桌面版的开发代号为 Conroe，移动版的开发代号为 Merom

3）我国计算机的发展概况

1958 年，中国科学院计算技术研究所（简称中科院计算所）研制成功我国第一台小型电子管通用计算机 103 机（八一型），它标志着我国第一台电子计算机的诞生。

1965 年，中科院计算所研制成功第一台大型晶体管计算机 109 乙机，之后推出 109 丙机，该机在两弹试验中发挥了重要作用。

1974 年，清华大学等单位联合设计、研制成功采用集成电路的 DJS-130 小型计算机，运算速度达每秒 100 万次。

1983 年，中国人民解放军国防科学技术大学（简称国防科技大学）研制成功运算速度每秒上亿次的银河-Ⅰ巨型机，这是我国高速计算机研制的一个重要里程碑。

1992 年，国防科技大学研究出银河-Ⅱ通用并行巨型机，峰值速度达每秒 4 亿次浮点运算，为共享主存储器的四处理机向量机，其向量中央处理机是采用自行设计的中小规模集成电路，总体上达到 80 年代中后期国际先进水平。

1993 年，国家智能计算机研究开发中心（后成立北京市曙光计算机公司，以下简称曙光公司）研制成功曙光一号全对称共享存储多处理机，这是国内首次以基于超大规模集成电路的通用微处理器芯片和标准 UNIX 操作系统设计开发的并行计算机。

1995 年，曙光公司又推出了国内第一台具有大规模并行处理机（MPP）结构的并行机曙光 1000（含 36 个处理机），运算速度达到每秒 10 亿次浮点运算这一高性能台阶。曙光 1000 与美国 Intel 公司 1990 年推出的大规模并行机体系结构与实现技术相近，与国外的差距缩小到 5 年左右。

1997 年，国防科技大学研制成功银河-Ⅲ百亿次并行巨型计算机系统，采用可扩展分布共享存储并行处理体系结构，由 130 多个处理结点组成，峰值性能为每秒 130 亿次浮点运算，系统综合技术达到 90 年代中期国际先进水平。

2001 年，中科院计算所研制成功我国第一款通用 CPU——"龙芯"芯片。

2002 年，曙光公司推出完全自主知识产权的"龙腾"服务器。龙腾服务器采用了"龙芯 1" CPU、曙光公司和中科院计算所联合研发的服务器专用主板及曙光 LINUX 操作系统。该服务器是国内第一台完全实现自有产权的产品，在国防、安全等部门发挥了重大作用。

2003 年，百万亿次数据处理超级服务器曙光 4000L 通过国家验收，再一次刷新国产超级服务器的历史纪录，使得国产高性能产业再上新台阶。

2005 年 4 月 18 日，由中科院计算所研制的中国首个拥有自主知识产权的通用高性能 CPU "龙芯 2 号" 正式亮相。

2008 年 8 月曙光 5000 研制成功，标志着中国成为世界上即美国后第二个成功研制浮点速度在百万亿次的超级计算机。

2013 年 11 月公布的国际超级计算机前 500 强中，中国的 "天河二号" 排名第一。

2016 年 6 月公布的国际超级计算机排行榜中，中国的 "神威·太湖之光" 排名第一。

与此同时，以 "联想" "清华同方" "方正" 和 "浪潮" 等为代表的我国计算机制造业已经非常发达，我国成为世界计算机主要制造中心之一。

4）计算机的发展趋势

当今计算机的发展趋势是朝着巨型化、微型化、网络化、智能化方向发展。

（1）巨型化：指不断研制速度更快的、存储量更大的和功能更强大的巨型计算机。主要应用于天文、气象、地质和核技术、航天飞机及卫星轨道计算等尖端科学技术领域，研制巨型计算机的技术水平是衡量一个国家科学技术和工业发展水平的重要标志。2016 年 6 月德国法兰克福国家超算大会（ISC）最新公布的全球超级计算机榜单显示，中国自主研制的 "神威·太湖之光" 以 12.5 亿亿次/秒的运算速度排名第一，成为全球最快的超级计算机，而且其运算速度超过第二名近 3 倍。

（2）微型化：指利用微电子技术和超大规模集成电路技术，把计算机的体积进一步缩小，价格进一步降低。计算机的微型化已成为计算机发展的重要方向，各种笔记本电脑和掌上电脑的大量使用是计算机微型化的一个标志。嵌入式系统通常将微小的计算机系统埋藏在宿主设备中，此类计算机一般不被设备使用者所注意，这是计算机微型化应用最多的领域。

微型计算机也进入到大量的仪器、仪表、家用电器等小型仪器设备中，同时也作为工业控制类计算机的心脏，使仪器设备实现 "智能化"。随着微电子技术的进一步发展，笔记本型、掌上型等微型计算机将以更优的性能价格比受到人们的欢迎。

（3）网络化：是指将不同地理位置的具有独立功能的多台计算机通过通信设备和通信线路连接起来，在网络软件的支持下实现彼此之间的数据通信和资源共享。网格（Grid）技术可以更好地管理网上资源，它把整个互联网虚拟成一台空前强大的一体化信息系统，犹如一台巨型机，在这个动态变化的网络环境中，实现计算资源、存储资源、数据资源、信息资源、知识资源、专家资源的全面共享，从而让用户从中享受可灵活控制的、智能的、协作式的信息服务，并获得前所未有的使用方便性和超强能力。

（4）智能化：是指使计算机具有模拟人的感觉和思维过程的能力。智能化的研究包括模拟识别、物形分析、自然语言的生成和理解、博弈、定理自动证明、自动程序设计、专家系统、学习系统和智能机器人等。目前已研制出多种具有人的部分智能的 "机器人"，可以代替人在一些危险的工作岗位上工作。据专家预测，机器人将是继电脑普及后，下一个普及到家庭的电器产品。

2. 计算机的特点

计算机之所以能够渗透到人类社会的各个领域和国民经济的各部门，成为各行业一种必备的基本工具，对人类社会和人们的生活产生了越来越大的影响，是因为计算机具有以下基本特点：

（1）运算速度快。计算机的运算部件采用的是电子器件，其运算速度是传统计算工具无法比拟的，而且运算速度还以每隔几个月提高一个数量级的速度快速发展。运算速度已经从最初的每秒几千次提高到了每秒几千亿甚至几亿亿次。

（2）计算精度高。运算的精度主要取决于计算机的字长。

（3）存储容量大。可以把程序和原始数据、中间结果和最终结果信息存储起来，供需要时使用。尤其是外存，存储容量更大，如一张普通的光盘有 640 MB，一个硬盘的容量可达 TB 级。

（4）具有逻辑判断能力。计算机除了可以做普通计算工具所做的算术运算外，还具有逻辑运算功能。因此，计算机不仅可以用于科学计算，还可用于工业控制、数据处理、人工智能、辅助设计及通信等领域。

（5）工作自动化。计算机的每一步操作都是由程序控制的。由于计算机具有"记忆"和计算能力，可以把事先编好的程序存储在计算机的存储器中，数据处理和运算时基本上不需要人工干预就可完成，能够自动连续地进行工作，得到预期的工作目的。

（6）通用性强。通用性是计算机能够应用于各种领域的基础，任何复杂的任务都可以分解为大量的基本算术运算和逻辑操作，程序员可以把这些基本运算和操作按照一定算法写成一系列操作指令，加上运算所需的数据形成适当的程序就可以完成各种各样的任务。

3. 计算机的分类

计算机的分类方法较多，根据处理的对象、用途和规模不同可有不同的分类方法，下面介绍常用的分类方法。

1）根据处理对象分类

根据处理的对象可分为模拟计算机、数字计算机和数字/模拟混合计算机。

（1）模拟计算机是指用于处理连续的模拟数据（如电压、温度、速度等）的计算机，其特点是参与运算的数值由不间断的连续量表示，其运算过程是连续的，由于受到元器件质量的影响，其计算精度较低，应用范围很窄。

（2）数字计算机是指用于处理数字数据的计算机，其特点是输入和输出的数据都是数字量，参与运算的数值用非连续的数字量表示，具有逻辑判断及关系运算等功能，目前广泛使用的计算机都是数字计算机。

（3）数字/模拟混合计算机是指输入和输出既可以是数字数据，也可以是模拟数据的计算机，它将模拟技术与数字技术灵活地结合起来。

2）根据用途分类

根据计算机的用途可分为通用计算机和专用计算机。

（1）通用计算机适用于解决一般问题，其适应性强、应用面广（如进行科学计算、数据处理和过程控制等），但其运行效率、速度和经济性依据不同的应用对象会受到不同程度的影响。

（2）专用计算机用于解决某一特定方面的问题，配有为解决某一特定方面的问题而专门开发的软件和硬件，如在生产过程自动化控制、工业智能仪表和军事等领域，适用范围窄、结构简单。

3）根据规模分类

根据计算机的规模可分为巨型计算机、大型计算机、小型计算机、微型计算机和工作站。

（1）巨型计算机的运算速度快、存储容量大，这类计算机价格相当昂贵，主要用于复杂、尖端的科学研究领域，特别是军事科学的计算。

（2）大型计算机是指通用性能好、外部设备负载能力强、处理速度快的一类计算机，它有完善的指令系统，丰富的外部设备和功能齐全的软件系统，并允许多个用户同时使用，其主要用于科学计算、数据处理或作为网络服务器。

（3）小型计算机具有规模小、结构简单、成本较低、操作简单、易于维护和与外部设备连接容易等特点，适用于作中小型企业、学校等单位的服务器。

（4）微型计算机又称个人计算机，它通用性好、软件丰富、价格低廉，主要在办公室和家庭中使用，是目前发展最快、应用最广的一种计算机。

（5）工作站是一种主要面向专业应用领域，具备强大的数据运算与图形、图像处理能力的高性能计算机，其通常配有多个中央处理器、大容量内存储器和高速外存储器，主要应用于工程设计、动画制作、科学研究、软件开发、金融管理、信息服务和模拟仿真等专业领域。

4. 计算机的应用

计算机强大的功能和良好的通用性，使其应用领域扩大到社会各行各业，推动着社会的发展。计算机的主要应用领域归纳为以下几个方面：

1）科学计算

科学计算是指科学和工程中的数值计算，是计算机应用最早的领域。科学计算与理论研究、科学实验一起成为当代科学研究的三种主要方法。其主要应用在航天工程、气象、地震、核能技术、石油勘探和密码解译等涉及复杂数值计算的领域。

2）信息管理

信息管理是指以计算机技术为基础，对大量数据进行加工处理，形成有用的信息。信息管理是非数值形式的数据处理。目前它被广泛应用于办公自动化、事务处理、情报检索、企业管理和知识系统等领域。信息管理是计算机应用最广泛的领域。

3）过程控制

过程控制又称实时控制，是指计算机及时采集检测数据，按最佳值迅速地对控制对象进行自动控制或自动调节。利用计算机进行过程控制，不仅可以大大提高自动化水平，而且可以提高过程控制的及时性和准确性，从而改善劳动条件，提高产品质量，降低成本。目前已在冶金、石油、化工、纺织、水电、机械和航天等部门得到广泛应用。

4）计算机辅助系统

计算机辅助系统指通过人机对话，使计算机辅助人们进行设计、加工、计划和学习等工作。该系统主要有以下几个方面。

（1）计算机辅助设计（CAD，Computer Aided Design）是指利用计算机帮助设计人员完成具体设计任务，提高设计工作的自动化程度和质量的一门新技术。例如，服装款式和模具的设计等都是 CAD 系统的具体应用。

（2）计算机辅助教学（CAI，Computer Aided Instruction）是指教师为了提高教学效果，利用以计算机为中心的丰富的教学资源，改进传统教学方式，使学生通过与计算机交互对话进行学习的一种教学形式。与传统教学模式相比，计算机辅助教学更能调动学生的积极性、主动性，教学内容有更强的针对性和灵活性，从而极大地提高了教学质量。随着多媒体技术的成熟和计算机网络的发展，远程教育已成现实。

（3）计算机辅助制造（CAM，Computer Aided Manufacturing）是指利用计算机进行生产的规划、管理和控制产品制造的过程，使设计和制造作为一个整体来实现。

（4）其他。有计算机辅助测试（CAT）和计算机集成制造系统（CIMS）等。

5）人工智能

人工智能是研究如何用人工的方法和技术来模仿、延伸和扩展人的智能，以实现某些"机器思维"或脑力劳动自动化的一门科学。人工智能研究应用领域包括：模式识别、自然语言的理解与生成、自动定理证明、联想与思维的机理、数据智能检索、专家系统、自动程序设计等。如计算机模拟人脑的部分功能进行学习、推理、联想和决策，模拟医生给病人诊断病情的医疗诊断专家系统以及机器人的出现等都是人工智能研究取得的成果。

6）计算机网络与通信

利用通信技术，将不同地理位置的计算机互联，可以实现世界范围内的信息资源共享，并能交互式地交流信息。Internet 的建立和应用使世界变成了一个"地球村"，同时深刻地改变了我们的生活、学习和工作方式。

7）多媒体技术应用系统

多媒体技术是指利用计算机、通信等技术将文本、图像、声音、动画、视频等多种形式的信息综合起来，使之建立逻辑关系并进行加工处理的技术。多媒体系统一般有计算机、多媒体设备和多媒体应用软件组成。其被广泛应用于通信、教育、医疗、设计、出版、影视娱乐、商业广告和旅游等领域。

8）嵌入式系统

嵌入式系统是以应用为中心，以计算机技术为基础，软硬件能灵活变化以适应所嵌入的应用系统。对功能、可靠性、成本、体积、功耗等有严格要求的专业计算机系统。嵌入式系统最早主要应用于军事和航空等领域，后来逐步应用于工业控制、仪器仪表、汽车电子、通信和家庭消费类电子产品等领域，对各行业的技术改造、产品更新、加速自动化进程、提高生产率起到了极其重要的推动作用。

9）电子商务

所谓"电子商务"（E-Business），是指通过计算机和网络进行商务活动。电子商务始于 1996 年，虽然起步规模不大，但其高效率、低支付、高收益和全球性的优点，很快受到各国政府部门和企业的广泛重视，发展势头不可小觑。世界各地的许多公司已经通过 Internet 进行商业交易。他们通过网络方式与顾客、批发商、供货商、股东联系进行相互间的联系，他们在网络上的业务量往往超过传统方式。同时，电子商务系统也面临着诸如保密性、可测性和可靠性等挑战，但这些挑战随着技术的发展和社会的进步是可以战胜的。电子商务旨在通过网络完成核心业务，改善售后服务，缩短周转时间，从有限的资源中获取更大的收益，从而达到销售商品的目的。它向人们提供新的商业机会和市场需求，也对有关政策和规范提出挑战。

二、计算机系统

一个完整的计算机系统有硬件系统和软件系统两大部分组成，并按照"存储程序"的方式工作。

1. 计算机工作原理

1）指令

指令是指计算机执行某种操作的命令。它由一串二进制数码组成，这串二进制数码包括操作码和地址码两部分。操作码规定了操作的类型，即进行什么样的操作；地址码规定了要操作的数据（操作对象）存放在什么地址中以及操作结果存放到哪个地址中去。

一台计算机有许多指令，作用也各不相同。所有指令的集合称为计算机指令系统。计算机系统不同，指令系统也不同。目前常见的指令系统有复杂指令系统（CISC）和精简指令系统（RISC）。

2）"存储程序"工作原理

计算机能够自动完成运算或处理过程的基础是"存储程序"工作原理。"存储程序"工作原理是美籍匈牙利科学家冯·诺依曼提出来的，故称为冯·诺依曼原理，其基本思想是存储程序与程序控制。

存储程序是指人们必须事先把计算机的执行步骤序列（即程序）及运行中所需的数据，通过一定方式输入并存储在计算机的存储器中；程序控制是指计算机运行时能自动地逐一取出程序中的一条条指令，加以分析并执行规定的操作。

根据存储程序和程序控制的概念，在计算机运行过程中，实际上有数据流跟控制信号两种信息在流动。

3）计算机的工作过程

计算机的工作过程可以归结为以下几步：

（1）取指令。按照指令计数器中的地址，从内存储器中取出指令并送到指令寄存器中。

（2）分析指令。对指令寄存器中存放的指令进行分析，确定执行什么操作并由地址码确定操作数的地址。

（3）执行指令。根据分析的结果，由控制器发出完成该操作所需要的一系列控制信息，去完成该指令所要求的操作。

（4）上述步骤完成后，指令计数器加1，为执行下一条指令做好准备。

2. 计算机硬件系统

计算机硬件指的是计算机系统中由电子、机械和光电元件等组成的各种计算机部件和计算机设备。这些部件和设备依据计算机系统结构的要求构成一个有机整体，称为计算机硬件系统。未配置任何软件的计算机叫裸机，它是计算机完成工作的物质基础。

1945年，冯·诺依曼提出"存储程序"工作原理决定了计算机硬件系统由5个基本部分组成，即输入设备、存储器、运算器、控制器和输出设备，如图1-2所示。

1）输入设备

输入设备是用来接收用户输入计算机的源程序、数据及各种信息，并把它们转换成计算机能够识别的二进制代码送给内存储器。常用的输入设备有键盘、鼠标、光笔和扫描仪等。

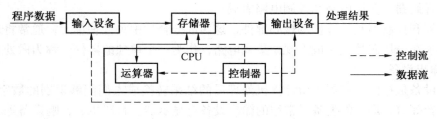

图1-2 硬件系统组成部分的框图

2）存储器

存储器是存放计算程序及参与运算的各种数据的部件，存储器分为内存储器和外存器两部分，如图1-3所示。

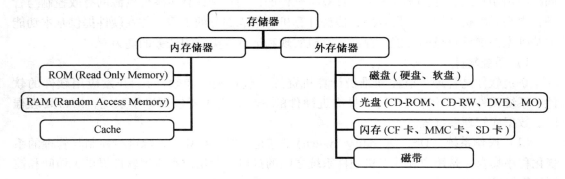

图1-3 存储器分类

（1）内存储器简称内存，又称主存。在计算机运行时，内存一方面不停地给运算器提供数据；另一方面保存从运算器送回的计算结果，保存程序且不断地取出指令送给控制器。内存主要采用半导体集成电路构成，它可以与中央处理器（CPU，Central Processing Unit）、输入设备和输出设备直接交换信息。CPU需要的指令和数据必须从内存中读取，而不能从其他输入设备和输出设备中获得，因此内存是CPU和外部设备的枢纽。

内存根据工作方式的不同可分为随机存取存储器（RAM）和只读存储器（ROM）。计算机在工作过程中能够从只读存储器中读出数据，但不能向其中写入数据，断电后只读存储器中的数据仍能长期保存；而随机存取存储器则可以随时读出所存放的数据，又可以随时写入新的数据，但断电后其中的内容全部丢失。

（2）外存储器简称外存，又称辅存，主要用来存储用户所需的大量数据。其特点是存储容量大，可靠性高，价格低。外存大多采用磁性材料、光学材料和电材料制成，如磁盘、光盘、U盘等。

3）运算器

运算器又叫算术逻辑单元，它接收由存储器送来的二进制代码，并对其进行算术运算和逻辑运算。算术运算是指加、减、乘、除四则运算；逻辑运算是指与、或、非、比较等运算。通常由算术逻辑运算部件（ALU）、累加器及通用寄存器组成。

4）控制器

控制器用来控制和协调计算机各部件自动、连续地执行各条指令。通常由指令寄存器、指令译码器、时序电路和控制电路组成。

运算器和控制器是计算机的核心部件，这两部分合称中央处理单元；通常将运算器和控制器集成在一块芯片上制成大规模集成电路，作为一个单独的器件，称为微处理器。

5）输出设备

输出设备是把内存储器中由计算机处理后的结果转换成人们能够识别的数字、字符、图形、声音等信息形式的设备。常用的输出设备有显示器、打印机、音响设备等。

通常人们把外存储器、输入设备和输出设备等称为计算机的外部设备，简称为外设。

3. 计算机软件系统

计算机软件是指使计算机运行所需的程序、数据和有关文档的总和。计算机软件通常分为系统软件和应用软件两大类，系统软件一般由软件厂商提供，应用软件是为解决某一问题而由用户或软件公司开发的。计算机软件的作用在于计算机硬件资源的有效控制与管理，提高计算机资源的使用效率，协调计算机各组成部分的工作，并在硬件提供基本功能的基础上扩展计算机的功能，提高计算机实现和运行各类应用任务的能力。

1）系统软件

系统软件是管理、监控和维护计算机资源（包括硬件和软件）、开发应用软件的软件。系统软件居于计算机系统中最靠近硬件的一层，它主要包括操作系统、语言处理程序、数据库管理系统等。

（1）操作系统（OS，Operating System）。它是一组对计算机资源进行控制与管理的系统化程序集合，是用户和计算机硬件系统之间的接口，为用户和应用软件提供了访问和控制计算机硬件的桥梁。

操作系统是直接运行在裸机上的最基本的系统软件，任何其他软件必须在操作系统的支持下才能运行。

（2）语言处理程序。用各种程序设计语言编写的源程序，计算机是不能直接执行的，必须经过翻译（对汇编语言源程序是汇编，对高级语言源程序则是编译或解释）才能执行，这些翻译程序就是语言处理程序，包括汇编程序、编译程序和解释程序等，它们的基本功能是把用面向用户的高级语言或汇编语言编写的源程序翻译成机器可执行的二进制语言程序。

（3）数据库管理系统。该系统主要用来建立存储各种数据资料的数据库，并进行操作和维护。常用的数据库管理系统有微机上的 FoxPro、FoxBASE+、Access 和大型数据库管理系统如 Oracle、DB2、Sybase、SQL Server 等，它们都是关系型数据库管理系统。

（4）系统支撑和服务程序。这些程序又称工具软件，如系统诊断程序、调试程序、排错程序、编辑程序、查杀病毒程序等，都是为维护计算机系统的正常运行或支持系统开发所配置的软件系统。

2）应用软件

为解决计算机各类应用问题而编写的软件称为应用软件。其具有很强的实用性。随着计算机应用领域的不断拓展和计算机应用的广泛普及，各种各样的应用软件与日俱增，如办公类软件 MicroSoft Office、WPS Office、永中 Office、谷歌在线办公系统；图形处理软件 Photoshop、Iillustrate；三维动画软件 3Dmax、Maya 等；即时通信软件 QQ、MSN、UC 和 Skype 等。只为完成某一特定专业的任务，针对某行业、某用户的特定需求而专门开发的软件（如某个公司的管理系统等），都是应用软件。

4. 微型计算机主要硬件系统组成

微型计算机系统是由硬件系统和软件系统组成的。组成计算机物理实体的系统称为计算机硬件系统，是计算机工作的基础。指挥计算机协调工作的各种程序的集合系统称为计算机软件系统，是计算机的灵魂，是控制和操作计算机工作的核心。没有软件的计算机称为裸机，裸机是无法工作的。硬件系统和软件系统在计算机系统中相辅相成、缺一不可，它们的有机结合才是一个完整的计算机系统。一个完整的微型计算机系统包括硬件系统和软件系统，如图1-4所示。

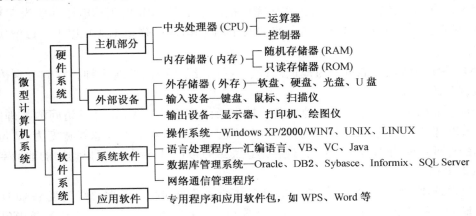

图1-4　微型计算机系统

微型计算机（简称微机）是以微处理器为核心，配有存储器、主板和输入/输出设备的总线结构的计算机。

1）微处理器——CPU

CPU是整个计算机系统的核心，它能进行各种运算和指令分析，并产生相应的操作和控制信息，如图1-5所示。CPU的性能可代表计算机的档次和水平。

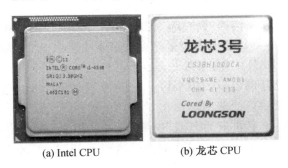

(a) Intel CPU　　(b) 龙芯CPU

图1-5　CPU示意图

CPU的主要参数有字长、运算速度、主频、倍频、外频、高速缓存Cache、工作电压、系统总线等。

（1）字长是指CPU可以同时处理的二进制数据的位数。微处理器按字长可分为4位、8位、16位、32位、64位。

（2）运算速度是指用每秒钟能执行多少条指令，单位为百万条指令/秒（MIPS, Milion of Instructions Per Second）。

（3）主频也称内频，是指 CPU 的内部时钟频率，也就是 CPU 的工作频率。主频越高，CPU 速度也就越快。外频是指 CPU 系统总线的时钟频率，简称总线频率。外频越高，CPU 与外部 Cache 和内存之间的交换数据的速度越快。倍频是指 CPU 主频与外频的倍数。三者的关系为主频=外频×倍频。

（4）高速缓存 Cache。CPU 内置 L1 Cache 和 L2 Cache，由静态 RAM 组成，可以大大提高 CPU 的运行效率，结构较复杂。

（5）工作电压是指 CPU 正常工作所需的电压。早期 CPU 的工作电压一般为 5 V，随着 CPU 制造工艺与主频的提高，近年来 CPU 的工作电压已降至 1.2 V 以下，以解决发热过高的问题。

（6）系统总线按功能可分为地址总线、数据总线和控制总线 3 种，它们分别传送地址、数据和控制信号。

地址总线用于选择信息传送的设备。地址总线宽度决定 CPU 可以访问的物理空间，也就是 CPU 能够使用多大容量的内存。386DX 至 Pentium 4 的地址总线宽度为 32 位，可以访问的地址空间为 4GB（2^{32}B），现在地址总线宽度已到 64 位，可以访问的地址空间为 16EB（2^{64}B）。

数据总线用于设备之间传送数据信息，其通常是双向线。数据总线宽度是 CPU 可以同时传输的数据位数（即字长），分为内部数据总线和外部数据总线。386DX 和 486DX 内外数据总线宽度均为 32 位；Pentium 以上的 CPU 内部数据总线宽度为 32 位，外部数据总线宽度为 64 位。位数越多，可以同时传送的字节越多，速度也越快。

控制线总线用于实现对设备的控制和监视功能。例如，CPU 与主存传送信息时，CPU 通过控制线发送读或写命令到主存，启动主存读或写操作。同时，通过控制线监视主存送来的回答信号，判断主存的工作是否完成。控制总线通常都是单向线，有从 CPU 发送出去的，也有从设备发送出去的。

2）内存

内存是 CPU 和其他设备沟通的桥梁，程序和数据必须在内存中才能被 CPU 所使用，所以内存的容量和性能的好坏已成为衡量计算机整体性能的一个决定性因素。微机中的内存一般指随机存储器（RAM）。内存常见有以下两种。

（1）同步动态随机存储器（SDRAM）。它的带宽是 64 bit，电压为 3.3 V，曾经在 Pentium Ⅱ 和 Pentium Ⅲ 中广泛使用。

（2）双倍数据传输速率同步动态随机存储器（DDR）。随着技术的进步，DDR 内存已经发展到 DDR3 和 DDR4，其中 DDR3 的主频达到了 1333~2100 MHz，而 DDR4 的主频则达到 2133~3000 MHz。

实际的内存是由多个存储器芯片组成的插件板（俗称内存条，如图 1-6 所示），将其插入主板的插槽中就与 CPU 一起构成了计算机的主机。

3）主板

主板是微型计算机系统中最大的一块电路板，有时又称为母板或系统板，是一块带有各种插口的大型印刷电路板（PCB），集成有电源接口、控制信号传输线路和数据传输线

图 1-6 DDR 内存条

路以及相关控制芯片,如图 1-7 所示。它将主机的 CPU 芯片、存储器芯片、控制芯片等结合在一起。此外,主板还有连接着硬盘、键盘、鼠标的 I/O 接口插座以及供插入接口卡的 I/O 扩展槽等组件。通过主板,CPU 可以控制诸如硬盘、键盘、鼠标、内存等各种设备。

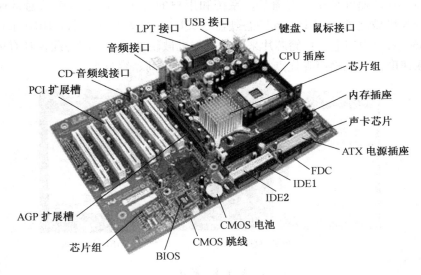

图 1-7　主板示意图

主板中最重要的部件之一是芯片组,它是主板的灵魂,决定了主板所能支持的功能。目前市面上常见的芯片组有 Intel、AMD、NVIDIA 等公司的产品。

(1) CPU 插座是用于安装 CPU 的插座,主要分为 Socket、Slot 两种。目前 CPU 的接口都是针脚式接口,对应到主板上就有相应的插槽类型。CPU 接口类型不同,在插孔数、体积、形状都有变化,所以不能互相接插。

(2) 芯片组是主板的灵魂,决定主板的等级和性能。CPU 通过芯片组与内存、高速缓存、PCI 卡、AGP 卡、硬盘等外部设备进行通信。芯片组通常分北桥芯片和南桥芯片。北桥芯片连接 CPU、内存等;南桥芯片连接 I/O 设备,并负责管理中断及 DRAM 通道,让设备工作得更顺畅。主要的芯片组厂商有 Intel、SiS、VIV、ALI 等。

(3) 内存插座是用来固定内存条的槽,称为 DIMM 槽。其决定内存的种类、大小和条数。

(4) PCI 扩展槽(外部设备互连端口插槽)是最常用的主板插槽,为白色,声卡、网卡和 SCSI 卡都用此接口。

(5) AGP 扩展槽(图形加速端口插槽)是主板上靠近 CPU 插座的褐色插槽。通过专用的 AGP 总路线直接与北桥芯片相连,将显卡与主板的芯片组、内存直接相连进行点对点传输，拥有高速频宽特点。

（6）BIOS（基本输入输出系统）是被固化在主板上一块 ROM 中的一组程序。它为计算机提供最原始、最低级、最直接的硬件控制，负责开机时对系统的各项硬件进行初始化设置和测试。若硬件不正常，则立即停止工作，并把出错的设备信息反馈给用户。

（7）高速缓存（Cache）是一种比内存速度更快的存储设备。它可减少 CPU 因等待低速设备所导致的延迟，达到提高系统性能的目的。一般来说，256 KB 的 Cache 能使整机性能平均提高 10% 左右。

4）硬盘

硬盘是计算机最主要的外存储器，存取速度比内存慢，但比光盘快。其特点是容量大，转速高，存取速度较快，寿命长。系统和用户的程序、数据等信息通常保存在硬盘上。硬盘分为机械硬盘（HDD）和固态硬盘（SSD），如图 1-8 所示。HDD 采用磁性碟片来存储，SSD 采用固态电子存储芯片来存储。与机械硬盘相比，固态硬盘具有体积小、重量轻、读取速度快、无噪声等优点，但目前 SSD 成本高、容量小。

(a) 机械硬盘　　　　　　　　　　　(b) 固态硬盘

图 1-8　硬盘

机械硬盘的主要参数有硬盘容量、硬盘转速、高速缓存。

（1）硬盘容量是指硬盘所能存储的最大数据量，其单位为 GB 或 TB。

（2）硬盘转速是指硬盘主轴电机的转速。转速是决定硬盘内部传输率的关键因素之一，也是区分硬盘档次的重要标志之一。理论上转速越快越好，可是转速越快发热量越大。常见的硬盘转速有 5400 rpm、7200 rpm、10000 rpm、15000 rpm。

（3）高速缓存与主板上的高速缓存一样，主要是为了提高硬盘的读写速度。高速缓存越大越好。

5）光盘驱动器

光盘驱动器简称光驱，它是多媒体计算机中不可缺少的标准配置。光盘属于外存储器的一种，如图 1-9 所示。光驱的主要参数有光驱类型、光驱接口、光驱速度。

（1）光驱类型：CD-ROM 驱动器是只读光驱，只能读盘；CD-R 驱动器是刻写光盘的光驱，又称刻录机，但每张空盘只能刻写一次；CD-RW 驱动器是可擦写光盘的光驱也称刻录机，但每张可擦写光盘上的数据可多次重复擦写；DVD-ROM 驱动器是数字通用光盘的光驱，又称 DVD 光驱，它集成了 CD-ROM、CD-R 和 CD-RW 的功能并兼容它们。

（2）光驱接口常见的有 IDE、EIDE、SCSI，外接的还有 USB 接口。

（3）光驱速度是指光驱的读取速率标准乘以倍速系数，光驱的单倍读取速率标准是150 KB/s，目前有 32、40、50、52 等倍数的光驱。

（a）光盘　　　　　　　　　　　（b）光盘驱动器

图 1-9　光盘及光盘驱动器

6）显示器

显示器用来显示计算机输出的文字、图形或影像，如图 1-10 所示。

（1）阴极射线管（CRT）显示器是早期主流的显示器，此类显示器具有色彩好、亮度高和成本低等优点。

（2）液晶（LCD）显示器具有质量轻、体积小和无辐射等优点，目前被广泛应用于笔记本和台式机。

（a）CRT 显示器　　　　（b）液晶显示器　　　　（c）触摸屏显示器

图 1-10　显示器

LCD 显示器主要有亮度、对比度、可视角度、信号反应时间和色彩度等技术参数：①亮度的单位是坎德拉/平方米。亮度值越高，画面越明亮。②对比度是最大亮度值（全白）除以最小亮度值（全黑）的比值。对比度越高，色彩越鲜艳饱和，立体感越强。对比度低，颜色显得贫瘠，影像也变得平面化。对一般用户而言，对比度能够达到 350∶1 就已经足够。③可视角度是在屏幕前用户观看画面可以看清楚的范围。可视范围越大，浏览越轻松；而可视范围越小，稍微变动观看位置，画面可能就会看不全面，甚至看不清楚。④信号反应时间（即响应时间），是指系统接收键盘或鼠标的指示，经 CPU 计算处理后反应至显示器的时间，也就是液晶由暗转亮或由亮转暗的反应时间，通常是以毫秒（ms）为单位。此值是越小越好。⑤色彩度是 LCD 重要指标，色彩越多，图像色彩还原就越好。

（3）触摸屏显示器（Touch Screen）也得到很多应用。触摸屏又称为"触控屏""触控面板"，是一种可接收触头等输入信号的感应式液晶显示装置，当接触了屏幕上的图形按钮时，屏幕上的触觉反馈系统可根据预先编程的程式驱动各种连接装置，可用以取代机械式的按钮面板，并借由液晶显示画面制造出生动的影音效果。触摸屏作为一种最新的电脑输入设备，是目前最简单、方便、自然的一种人机交互方式。其主要应用于公共信息的查询、领导办公、工业控制、军事指挥、电子游戏、点歌点菜、多媒体教学、房地产预售等。

触摸屏显示器可分为电容式、电阻式、红外式和表面声波式 4 种，常用的为前两种。电容式触摸屏的工作原理是在荧光屏前安装一块特殊玻璃屏，其正反面涂的是专门的材料，当手指触摸屏幕时，引起触点正反面间电容值发生变化，控制器将这种变化编译成 (X, Y) 坐标值，传给计算机处理；而电阻式触摸屏所涂材料是当手指触摸屏幕时，引起触点正反面间电阻值发生变化。

图 1-11　显示卡

7）显示卡

显示卡也称显示适配器，简称显卡，如图 1-11 所示。显示系统的性能主要由显卡性能决定，显卡一般是一独立的电路板，但现在大多都集成在主板上。只有对图形处理要求高的计算机才配独立显卡。显卡的主要参数有显示卡芯片、显存、最大分辨率。

（1）显示卡芯片是指显卡上使用的图形芯片。显卡的性能主要取决于显示卡芯片，目前主流的显示卡芯片有 NVIDIA 的 GeForce 系列和 ATI 的 Radeon 系列。

（2）显存是指显卡的数据吞吐量。显存的大小和速度将影响显示效果，高速显存有助于提高刷新率，大容量显存有助于提高分辨率和颜色数，现在显存有 32 MB~4 GB。

（3）最大分辨率代表显卡所能达到的最多像素点数目，选用时应大于显示器的最高分辨率。

三、计算机中信息的表示

人们在生产实践和日常生活中，创造了各种表示数的方法，这种数的表示系统称为数制。按照进位方式计数的数制称为进位计数制。在日常生活中，会遇到不同进制的数。例如，十进制，逢 10 进 1；十二进制（1 年等于 12 个月），逢 12 进 1；七进制（1 周等于 7 天），逢 7 进 1；六十进制（1 小时等于 60 分），逢 60 进 1。最常用的是十进制数，而计算机内部使用的是二进制数，有时编写程序时还要用到八进制和十六进制数。因此，需要了解不同进制是如何转换的。

1. 数制的表示

数制就是用一组固定的数字和一套统一的规则表示数目的方法，数制有非进位计数制和进位计数制。非进位计数制的特点是表示数值大小的数码与它在数中的位置无关；进位计数制的特点是表示数值大小的数码与它在数中所处的位置有关。本书中所讲的数制是指进位数制。进位计数制涉及两个基本问题：基数与位权。

1）基数

所谓某进位数制的基数，是指该进制中允许选用的基本数字符号的个数。

十进制（Decimal）：其每位数位上允许使用的是 0、1、2、3、4、5、6、7、8、9 这10 个数字符号中的一个，故基数为 10。

二进制（Binary）：其每位数位上允许使用的是 0 和 1 两个数字，故基数为 2。这就是说，如果给定的数中，除 0 和 1 外还有其他数，如 1012，它就绝不会是一个二进制数。

八进制（Octal）：其每位数位上允许使用 0、1、2、3、4、5、6、7 这 8 个数字符号中的一个，故基数为 8。

十六进制（Hexadecimal）：其每位数位上允许使用 0、1、2、3、4、5、6、7、8、9、A、B、C、D、E、F 这 16 个数字符号中的一个，故基数为 16。其中 A~F 分别代表十六进制数的 10~15。

2）位权

每个数位上的数字所表示的数值等于该数字乘以一个与数字所在位置有关的常数，这个常数就是位权。它表示为：位权 = 基数^{数位}，即"基数"的"数位"次幂。例如，十进制数 886.78 可以表示成 $886.78 = 8\times10^2 + 8\times10^1 + 6\times10^0 + 7\times10^{-1} + 8\times10^{-2}$，每个数位位权的大小及该数位数码的数值大小见表 1-2。

表 1-2　十进制数数位位权及该数位数码的数值对照表

数码	8	8	6	.（小数点）	7	8
数位	2	1	0	以小数点为界	−1	−2
位权	1×10^2	1×10^1	1×10^0		1×10^{-1}	1×10^{-2}
数值	8×10^2	8×10^1	6×10^0		7×10^{-1}	8×10^{-2}

再如，二进制数 101.01，每个数位位权的大小及该数位数码的数值大小见表 1-3。

表 1-3　二进制数数位位权及该数位数码的数值对照表

数码	1	0	1	.（小数点）	0	1
数位	2	1	0	以小数点为界	−1	−2
位权	1×2^2	1×2^1	1×2^0		1×2^{-1}	1×2^{-2}
数值	1×2^2	0×2^1	1×2^0		0×2^{-1}	1×2^{-2}

对于计算机中常用的进位计数制的基本概念归纳总结见表 1-4。

表 1-4　计算机中常用的进位计数制

进制名称	十进制	二进制	八进制	十六进制
数码 （某进位计数制中允许使用的符号）	0、1、2、3、4、5、6、7、8、9	0、1	0、1、2、3、4、5、6、7	0、1、2、3、4、5、6、7、8、9、A、B、C、D、E、F （A 表示十六进制数 10、B 是 11、C 是 12、D 是 13、E 是 14、F 是 15）
基数 （某进位计数制中使用的数码个数，用十进制整数表示）	10	2	8	16

表 1-4（续）

进制名称	十进制	二进制	八进制	十六进制
位权（位权=基数^{数位}）	10^{数位}	2^{数位}	8^{数位}	16^{数位}
数位 （数码在某数中所处的位置序号，用十进制整数表示）	以小数点为界，向左数，每个数码的数位依次是 0、1、2、3、…； 以小数点为界，向右数，每个数码的数位依次是 -1、-2、-3、…			
加法的进位方法	逢十进一	逢二进一	逢八进一	逢十六进一
减法的借位方法	借一当十	借一当二	借一当八	借一当十六

书写时一般有以下数值表示方法：

（1）把一串数用括号括起来，再加这种数制的下标。如（10）$_{16}$，（10011）$_2$，（172）$_8$。对于十进制可以省略下标。

（2）用进制数的字母符号 B（二进制）、O（八进制）、D（十进制）、H（十六进制）表示。在不至于产生歧义时，可以不标注十进制的进制。例如，二进制数 101101B，十六进制数 A34CH。

2. 数制的转换

1）二进制、八进制、十六进制数转化为十进制数

对于任何一个二进制数、八进制数、十六进制数，均可以先写出它的位权展开式，然后再按十进制进行计算即可将其转换为十进制数。例如：

$$（1101.01）_2 = 1×2^3+1×2^2+0×2^1+1×2^0+0×2^{-1}+1×2^{-2} = （13.25）_{10}$$

$$（107.04）_8 = 1×8^2+0×8^1+7×8^0+0×8^{-1}+4×8^{-2} = （71.0625）_{10}$$

$$（A1.8）_{16} = 10×16^1+1×16^0+8×16^{-1} = （161.5）_{10}$$

2）十进制数转化为二进制数

十进制数的整数部分和小数部分在转换时需作不同的计算，分别求值后再组合。整数部分采用除 2 取余法，即逐次除以 2，直至商为 0，得出的余数倒排，即为二进制各位的数码。小数部分采用乘 2 取整法，即逐次乘以 2，从每次乘积的整数部分得到二进制数各位的数码，直到乘积的结果为零或者达到所要求的精度为止。

例如，将十进制数 237.25 转化为二进制数。先对整数 237 进行转换：

```
2│2 3 7    余数为1，即 b₀=1，注意：此位为最低位
  2│1 1 8  余数为0，即 b₁=0
    2│5 9  余数为1，即 b₂=1
      2│2 9  余数为1，即 b₃=1
        2│1 4  余数为0，即 b₄=0
          2│7  余数为1，即 b₅=1
            2│3  余数为1，即 b₆=1
              1  余数为1，即 b₇=1，注意：此位为最高位
```

由上得出，237D = 11101101B。

对于小数部分 0.25 的转换：

$$0.25$$
$$\underline{\times \quad\quad 2}$$

0.50　整数部分为0，即$b_{-1}=0$，注意：此位为最高位

$$\underline{\times \quad\quad 2}$$

1.00　整数部分为1，即$b_{-2}=1$，注意：此位为最低位

0.00　余下的纯小数为零，结束

将整数和小数部分合并，结果为 237.25D = 11101101.01B。

3）二进制数与八进制数的相互转换

二进制数转换成八进制数的方法是：将二进制数从小数点开始，对二进制整数部分向左每 3 位分成一组，不足 3 位的向高位补 0 凑成 3 位；对二进制小数部分向右每 3 位分成一组，不足 3 位的向低位补 0 凑成 3 位。每一组有 3 位二进制数，分别转换成八进制数中的一个数字，全部连接起来即可。

例如，把二进制数 11111101.101 转化为八进制数，见表1-5。

表1-5　二进制转换八进制数值对照表

二进制 3 位分组	011	111	101.	101
转换为八进制数	3	7	5.	5

所以，11111101.101B = 375.5。

反之，将八进制数转换成二进制数，只要将每一位八进制数转换成相应的 3 位二进制数，然后依次连接起来即可。

4）二进制数与十六进制数的相互转换

二进制数转换成十六进制数，只要把每 4 位分成一组，再分别转换成十六进制数中的一个数字，不足 4 位的分别向高位或低位补 0 凑成 4 位，全部连接起来即可。反之，十六进制数转换成二进制数，只要将每一位十六进制数转换成相应的 4 位二进制数，然后依次连接起来即可。

例如，把二进制数 11111101.101 转化为十六进制数，见表1-6。

表1-6　二进制转换十六进制数值对照表

二进制 4 位分组	1111	1101.	1010
转换为十六进制数	F	D.	A

所以，11111101.101B = FD.AH。

3. 二进制的运算规则

1）算术运算规则

加法规则：0+0=0；0+1=1；1+0=11+1=10（向高位有进位）。

减法规则：0-0=0；10-1=1（向高位借位）；1-0=1；1-1=0。

乘法规则：0×0＝0；0×1＝0；1×0＝0；1×1＝1。

除法规则：0／1＝0；1／1＝1。

2）逻辑运算规则

非运算（NOT）：$\bar{1}=0$；$\bar{0}=1$。

与运算（AND）：0∧0＝0；0∧1＝0；1∧0＝0；1∧1＝1。

或运算（OR）：0∨0＝0；0∨1＝1；1∨0＝1；1∨1＝1。

异或运算（XOR）：0⊕0＝0；0⊕1＝1；1⊕0＝1；1⊕1＝0。

4. 数据单位及存储容量

计算机是由逻辑电路组成的，利用电气元件的导通和截止来表示 0 或者 1 两个数码，所以目前计算机都是采用二进制数进行运算、控制、存储的。一串二进制数既可以表示数值量，又可表示一个字符、汉字和其他符号。

1）数据单位

计算机中用到的数据单位主要有位、字节、字等。

（1）位（bit），译音"比特"，是计算机存储设备中的最小的数据容量单位，表示二进制中的 1 位，只能存储二进制数 0 或 1。常用 b 表示。

（2）字节（Byte），译音"拜特"，是计算机的最小存储单元，常用 B 表示。微型机中由 8 个二进制位组成一个字节。一个字节可以存放一个半角英文字符的编码（如 ASCⅡ码）。两个字节可存放一个汉字的编码。

（3）字（Word），是计算机数据交换、加工、存储的基本单元，即一组二进制数作为一个整体来运算或处理的单位。一个字通常由一个或多个字节构成，用来存放一条指令或一个数据。通常将组成一个字的二进制数的位数叫该字的字长，不同级别的计算机的字长是不同的，常用的字长有 8 位、16 位、32 位和 64 位等。一般字长越长，一次处理数据的位数越多，精度越高，速度也就越快。

2）存储容量

某个存储设备所能容纳的二进制数据的总和称为存储设备的存储容量。存储容量用字节来表示，存储容量单位有 B（字节）、KB（千字节）、MB（兆字节）、GB（吉字节），TB（太字节）等，它们之间的换算关系为：

1 KB＝1024 B＝2^{10} B，相当于一则短篇故事的内容；

1 MB＝1024 KB＝2^{20} B，相当于一则短篇小说的文字内容；

1 GB＝1024 MB＝2^{30} B，相当于贝多芬第五乐章交响曲的乐谱内容；

1 TB＝1024GB＝2^{40} B，相当于一家大型医院中所有的 X 光图片资讯量；

1 PB＝1024TB＝2^{50} B，相当于 50% 的全美学术研究图书馆藏书资讯内容；

1 EB＝1024PB＝2^{60} B，相当于至今全世界人类所讲过的话语；

1 ZB＝1024EB＝2^{70} B，如同全世界海滩上的沙子数量总和；

1 YB＝1024ZB＝2^{80} B，相当于 7000 位人类体内的微细胞总和。

5. 数据编码

具有数值大小和正负特征的数据称为数值数据，而文字、声音、图像等数据并无数值大小和正负特征，称为非数值数据。二者在计算机中都是以二进制形式表示和存储的。由于计算机处理的对象必须是以二进制表示的数据，这就需要用二进制的 0 和 1 按照一定的规则对各个字符进行编码。

1）数值编码

在计算机中，所有数据都是以二进制的形式表示。数的正负号也是"0"和"1"表示。通常规定一个数的最高位作为符号位，"0"表示正，"1"表示负。这种采用二进制表示形式的连同数符一起代码化了的数据称为机器数；而与机器数对应的用正、负符号加绝对值来表示的实际数值称为真值。例如，作为有符号数，机器数 01111111 的真值是+1111111，也就是+127。

为了在计算机的输入输出操作中能直观迅速地与常用的十进制数相对应，习惯上用二进制代码表示十进制数，这种编码方法简称 BCD 码或 8421 编码。例如，对于（239）$_{10}$的编码见表 1-7。

表 1-7　十进制数与 8421 码对照表

十进制数	2	3	9
8421 码	0010	0011	1001

2）字符编码

目前采用的字符编码主要是 ASCⅡ码，它是 American Standard Code for Information Interchange 的缩写（美国标准信息交换代码），已被国际标准化组织 ISO 采纳，作为国际通用的信息交换标准代码。ASCⅡ码是一种西文机内码，有 7 位 ASCⅡ码和 8 位 ASCⅡ码两种，7 位 ASCⅡ码称为标准 ASCⅡ码，8 位 ASCⅡ码称为扩展 ASCⅡ码。7 位标准 ASCⅡ码用一个字节（8 位）表示一个字符，并规定其最高位为 0，实际只用到 7 位，因此可表示 128 个不同字符，见附录 1。同一个字母的 ASCⅡ码值小写字母比大写字母大 32(20H)。

3）汉字编码

所谓汉字编码就是采用一种科学可行的方法，为每个汉字编写一个唯一的代码，以便计算机识别、接收和处理。汉字数量多，不能像英语国家一样用字母拼出所有的文字，故汉字编码技术比英文字符复杂得多，它涉及多个汉字的编码和编码间的转换。这些编码主要包括汉字交换码、汉字机内码、汉字字形码、汉字输入码及汉字地址码等。

（1）汉字交换码。由于汉字数量极多，一般用连续的两个字节（16 个二进制位）来表示一个汉字。1980 年，我国颁布了第一个汉字编码字符集标准，即 GB 2312—1980《信息交换用汉字编码字符集基本集》，该标准编码简称国标码，是我国大陆地区及新加坡等海外华语区通用的汉字交换码。该标准收录了 6763 个汉字以及 682 符号，共 7445 个字符，奠定了中文信息处理的基础。

1995 年 12 月，汉字扩展内码规范 GBK1.0 编码方案发布。2000 年，GBK18030 取代 GBK1.0 成为正式的国家标准。GBK18030 兼容 GB 2312—1980 标准，共收录了 27484 个汉字，同时收录了藏文、蒙文、维吾尔文等一些少数民族文字，现在的 Windows 平台都支持 GBK18030 编码。

（2）汉字机内码。国标码不能直接在计算机中使用，因为它没有考虑与基本的信息交换代码 ASCⅡ码的冲突。比如："大"的国标码是 3473H，与字符组合"4S"的 ASCⅡ相同；"嘉"的汉字编码为 3C4EH，与码值为 3CH 和 4EH 的两个 ASCⅡ字符"<"和"N"混淆。为了能区分汉字与 ASCⅡ码，在计算机内部表示汉字时把交换码（国标码）

两个字节最高位改为 1，称为"机内码"。这样，当某字节的最高位是 1 时，必须和下一个最高位同样为 1 的字节合起来，代表一个汉字。根据国标码的规定，每一个汉字都有确定的二进制代码，在计算机内部汉字代码都用机内码，在磁盘上记录汉字代码也使用机内码。

（3）汉字字形码。所谓汉字字形码实际上就是用来将汉字显示到屏幕上或打印到纸上所需要的图形数据。

汉字字形码记录汉字的外形，是汉字的输出形式。记录汉字字形通常有点阵法和矢量法两种，分别对应点阵码和矢量码两种字形编码。所有的不同字体、字号的汉字字形构成汉字库。

点阵码是一种用点阵表示汉字字形的编码，它把汉字按字形排列成点阵，一个 16×16 点阵的汉字要占用 32 个字节，一个 32×32 点阵的汉字则要占用 128 字节，而且点阵码缩放困难且容易失真。

（4）汉字输入码。将汉字通过键盘输入到计算机采用的代码称为汉字输入码，也称为汉字外部码（外码）。汉字输入码的编码原则应该易于接受、学习、记忆和掌握，重码少，码长尽可能短。目前我国的汉字输入码编码方案已有上千种，但是在计算机上常用的有几种。根据编码规则，这些汉字输入码可分为流水码、音码、形码和音形结合码 4 种。智能 ABC、微软拼音、搜狗拼音和谷歌拼音等汉字输入法为音码，五笔字型为形码。音码借助汉字拼音编码，重码多，单字输入速度慢，但容易掌握；形码重码较少，单字输入速度较快，但是学习和掌握较困难。

目前汉字的输入方式除了键盘外，还可以使用手写、语言和扫描识别等多种方式，但键盘输入仍然是目前最主要的汉字输入方法。

任 务 实 施

很多人认为购买计算机性能越高越好，有人抱着"一步到位"的思想，其实是很不可取的。一方面过高配置不会对上网速度、视频播放等大部分日常应用带来明显改善；另一方面，如今硬件更新速度很快，现在的顶级配置，过个二三年可能就淘汰了。因此，根据自己的实际需求选择配置，才是最明智的。计算机使用需求性能的基本分类见表 1-8。

表 1-8　计算机使用需求性能的基本分类

使用需求分类	使用性能指标
经济型	满足日常上网、炒股、聊天、影视欣赏、简单 Word 应用等
办公型	满足各类办公软件的流畅应用，如网页设计、动画制作等
家用型	满足家庭办公和娱乐需求，如普通 3D 游戏、高清视频等
设计娱乐型	满足各类三维动画、场景设计、大型 3D 游戏等

一、计算机硬件选型步骤

1. CPU 的选型

目前生产 CPU 的厂商主要有 Intel 公司和 AMD 公司，一般认为 Intel CPU 兼容性、稳定性较好，知名度较高；AMD CPU 浮点运算能力、3D 性能较好，性价比较高。CPU 选购应从以下方面考虑：

（1）根据需要定位。不同的用户对 CPU 的要求是不相同的，选购时应注意选择适合自己的 CPU，以平面设计、计算机美术应用及 3D 设计为主的用户经常用到 Adobe Photo-Shop、3DMAX、AutoCAD 等大型软件，需要一块高性能的 CPU；对于小型办公、家庭应用局限于文字处理、上网、家庭娱乐等，需要一块速度较快的 CPU。

（2）芯片组选择。应根据 CPU 来考虑与芯片组、主板和内存等部件的配合，CPU 性能的发挥与其他部件尤其是芯片组有很大关系。目前，英特尔和 AMD 的芯片组最为常见。

（3）选购指南。要进行性能价格的比较分析，使性能价格比最高；应尽量购买成熟的主流产品，其产品被返修的可能性很小，质量较为可靠，如 Intel 酷睿 i 系列、AMD Opteron（皓龙）系列。

2. 主板的选型

目前生产主板的厂商有华硕、技嘉、微星、华擎、精英等，相对而言，华硕、技嘉、微星是老牌主板厂商，技术成熟，质量可靠，知名度较高。主板选购应从以下方面考虑：

（1）与 CPU 配套。不同结构的 CPU 应该配备不同类型的主板，只有与 CPU 类型相匹配，才能保证 CPU 的工作效率。

（2）主板速度。主板速度是指主板的前端总线频率。当今越来越多的用户要求处理大量的数据，所以主板的运行速度在一定程度上决定了整个系统的运行速度。因此，在选购主板时，不要忽视主板的运行速度。

（3）主板的稳定性。一块性能不稳定的主板，会给用户带来无穷的麻烦。影响主板稳定性的主要因素有整体电路设计水平及用料和做工。主板上的焊点要均匀圆滑，蛇形走线转弯角度应大于 135°；在北桥芯片上最好有散热片或散热风扇，加强散热效果。

（4）主板的兼容性。兼容性是指系统在使用不同配件、运行不同软件时能否稳定运行，兼容性好的主板便于升级。

（5）扩充能力和升级能力。除了常用功能、技术参数、价格及售后服务等项目外，还要考虑有足够的扩展槽和内存插槽。

3. 内存的选型

目前生产内存的厂商有金士顿、胜创、现代、三星等。内存选购应从以下方面考虑：

（1）工作频率。应根据 CPU 的外频或主板的前端主频选择内存的工作速度或工作频率，应使内存的工作频率大于或等于主板的前端主频。

（2）条数和容量。根据主板上的内存插槽数确定单条容量和总容量，如装 4G 的内存时主板上要有两个内存插槽，可以选购单条容量 4G 的一条或 2G 的两条，同时注意线数。

（3）品牌。应选购品质好的主流产品。好的内存条外观颜色均匀，表面光滑，边缘整齐无毛边；采用 6 层板结构且手感较好。

4. 硬盘的选型

目前生产机械硬盘的厂商有希捷、西部数据、迈拓等，固态硬盘的常见品牌有 Intel、OCZ、三星等。硬盘选购应从以下方面考虑：

（1）品牌。选购主流品牌具有质量保证，其故障率和返修率低。

（2）容量。硬盘的容量越大，容价比越高，但须考虑主板是否能检测到此硬盘。

（3）转速。硬盘的速度对系统整体性能有着很大的影响，在价格差不多的情况下选购转速高的。

（4）硬盘接口。硬盘的接口不同，其性能和价格也不同，一般用户应选 IDE、EIDE、SATA 接口的硬盘，而 SCSI 接口的硬盘主要用于服务器和图形工作站。

（5）缓存容量。缓存大的硬盘在存取零碎数据时具有非常大的优势，可以将零碎的数据暂存在缓存中。这样一方面可减小系统的负荷，另一方面可提高硬盘数据的传输速度。

5. 光盘驱动器的选型

目前生产光驱的厂商有索尼、松下、三星、PHILIPS、LG、NEC 等。

在计算机系统中光驱与硬盘不同，它是个消耗品，经常是不能读盘就要更换或清洗，所以选购时要选品质好的主流的品牌光驱，同时还要考虑光驱的接口和速度要与主板匹配。

6. 显示器的选型

其主要根据实用选择。首先选屏幕尺寸和类型，再看显示器的性能指标（如点距越小越好，分辨率、刷新率越高越好），还要注意安全环保。

7. 显卡的选型

选购显卡时主要看实用，一般用户有主板上集成的显卡就足够了。对于要进行图形处理的用户需选购独立的显卡。选购时先考虑显卡芯片，再考虑显存大小和工艺质量。

8. 其他部件的选型

（1）机箱。机箱也是评定一台计算机好坏的标准之一，如果机箱本身的质量很差，结果会导致许多意想不到的事情发生。机箱从样式上可分为立式和卧式，立式机箱散热较卧式机箱好，所以现在使用立式机箱较多。选购机箱时，注意机箱要有一定的强度，不会变形，没有毛边、锐口、毛刺等现象，前面板上要有 USB 和耳麦插口，机箱内应有足够的空间，满足日后升级需要，目前机箱的品牌有金河田、百胜、爱国者等。

（2）电源。电源的好坏直接影响计算机的正常工作，电源故障常造成主板损坏、系统不稳定、计算机无法启动等。选购电源时，注意电源的输出电压要稳，电源功率要够用，风机转速要平稳，无噪声，提供的供电接口够用。目前好多生产厂商机箱和电源是装配在一起的。

（3）键盘。键盘是计算机中最常用的输入设备之一，键盘的功能是把文字信息和控制信息输入到计算机，其中文字信息的输入是其最重要的功能。键盘分为有触点机械式、无触点电容式和无线式 3 种。机械式噪声大，电容式手感好，无线式需主板支持。选购键盘时，要选用噪声小的、手感好的标准键盘，接口为 PS/2 或 USB。

（4）鼠标。鼠标也是计算机中最重要的输入设备之一，鼠标分为机械式、光电式和无线式 3 种。机械式靠底部的滚球来传递位移；光电式靠底部的发光二极管来传递位移；无线式是通过红外线或无线电波来传递位移。选购鼠标时，要选用按键灵敏、中间带滚轮的 3D 鼠标，接口为 PS/2 或 USB。

（5）音箱。现在一台理想的多媒体计算机必须有音箱，有音箱才能享受美妙的音效和动态 3D 游戏的乐趣。音箱根据是否带有放大电路分为有源音箱和无源音箱。由于声卡输出的功率很小，无源音箱无法保证音质和音效，因此要充分发挥声卡的性能就必须要有性能优异的大功率有源音箱与声卡配套。选购音箱时，最好选用木质、放磁、有源、大功率环绕立体声的 5.1 或 6.1 声道的音箱。

（6）声卡、网卡。它们通常都已集成在主板上，选购主板时注意即可。

二、推荐机型

下面根据前面列出的计算机使用性能分类和目前市场行情来采购相应机型。

1. 经济型

经济型主要满足日常上网、炒股、聊天、影视欣赏等简单应用，对性能要求较低，在硬件的选择上以实用、够用为基准，具体配置见表 1-9。

表 1-9　经济型组装机型参考配置

配件	型　号	参考价格/元
CPU	Intel 赛扬 G1840	259
主板	技嘉 GA-H61M-DS2（rev. 3.0）	469
内存	金士顿 4GB DDR3 1600（KVR16N11/4）	140
硬盘	希捷 Barracuda 1TB 7200 转 64 MB	295
显卡	CPU 集成显卡	0
电源	航嘉冷静王加强版	150
机箱	昂达黑客 8 玩家版	89
显示器	华硕 VS207DF	530
键盘 鼠标	罗技 MK100 键鼠套装	75
光驱	三星 SH-118CB	89
合　计		2096

2. 办公型

办公型计算机需满足 Office 办公软件、Flash、DreamWeaver 等各类软件的流畅使用，体现工作效率，因此性能和稳定性有一定程度的要求，具体配置见表 1-10。

表 1-10　办公型组装机型参考配置

配件	型　号	参考价格/元
CPU	Intel 酷睿 i3 6100	789
主板	华硕 B150M-PLUS	699
内存	芝奇 8GB DDR42133（F4-2133C15S-8GNT）	329
硬盘	西部数据 1TB 7200 转 64 MB SATA3 蓝盘	309
固态硬盘	金泰克 S300 SATA3（120 GB）	245
显卡	CPU 集成显卡	0
电源	航嘉冷静王加强版	150
机箱	航嘉暗夜猎手 2	99
显示器	华硕 VS229NA	680

表 1-10（续）

配件	型 号	参考价格/元
键盘	罗技 MK260 键鼠套装	120
鼠标		
光驱	华硕 DRW-24D5MT	129
合　计		3549

3. 家用型

家用型计算机一般要求兼顾工作、学习和娱乐的需求，因此对性能要求相对较高，具体参考配置见表 1-11。

表 1-11　家用型组装机型参考配置

配件	型 号	参考价格/元
CPU	AMD 速龙 X4880K（盒）	599
主板	华硕 B150M-PLUS	699
内存	金士顿骇客神条 FURY 8GB DDR42400	229
硬盘	西部数据 1TB 7200 转 64 MB SATA3 蓝盘	309
固态硬盘	三星 750 EVO SATA III（120 GB）	279
显卡	七彩虹 GT740 灵动鲨-1GD5	599
电源	长城 HOPE-6000DS	269
机箱	先马龙翼战神 1	98
显示器	戴尔 S2340M	1100
键盘	罗技 MK275 无线光电键鼠套装	145
鼠标		
光驱	先锋 DVR-221CHV	139
散热器	酷冷至尊暴雪 T4（RR-T4-UCP-SBC1）	99
合　计		4564

4. 设计娱乐型

设计娱乐型计算机一般功能强大，性能优越，注重用户体验，适合图形图像设计、三维制作、高清视频剪辑制作、大型 3D 游戏等应用，具体参考配置见表 1-12。

表 1-12　设计娱乐型组装机型参考配置

配件	型 号	参考价格/元
CPU	Intel 酷睿 i7 6700	2269
主板	技嘉 GA-B150M-WIND	548
内存	金士顿骇客神条 FURY 8GB DDR42400	439
硬盘	希捷 Barracuda 1TB 7200 转 64 MB 单碟	329
固态硬盘	金士顿 V300（120 GB）	369
显卡	影驰 GeForce GTX 950 黑将（显存 2 GB）	1199

表 1-12 (续)

配件	型 号	参考价格/元
电源	先马金牌 500W	289
机箱	航嘉暗夜猎手 2	149
显示器	戴尔 23 系列 P2314H	1200
键盘	罗技 MK520 无线键鼠套装	269
鼠标		
光驱	华硕 BC-12B1ST	299
音箱	漫步者 C2	529
合 计		7888

任务 2 计算机软件安装

任 务 概 述

计算机的软件系统是一个复杂的系统。操作系统是对硬件系统的一次扩充,在它的支持下,计算机才能运行其他软件。

本任务是在掌握计算机硬件的基础上,通过学习计算机软件系统组成和操作系统相关知识,了解计算机常用软件系统,掌握操作系统和应用软件,完成计算机软件系统的安装。

知识要求:

1. 了解计算机软件的分类。

2. 掌握计算机操作系统的基本概念。

能力要求:

1. 学会安装操作系统。

2. 具备使用和安装常用软件的技能。

态度要求:

1. 能积极主动地完成操作任务。

2. 在完成任务过程中发现问题能与小组成员交流、分析并解决问题。

相 关 知 识

计算机的软件系统是程序和程序运行所需要的数据,以及开发、使用和维护这些程序所需要的文档的集合。软件内容丰富,种类繁多,根据软件的用途可将其分为系统软件和应用软件两大类。

一、系统软件

系统软件是指控制计算机的运行,管理计算机的各种资源,并为应用软件提供支持和服务的一类软件，是保证计算机系统正常工作必须配备的基本软件。它包括操作系统、计算机语言和各种服务性程序。

1. 计算机操作系统

计算机操作系统是最低层系统软件，它是对硬件系统功能的首次扩充。它是系统软件中核心软件，其他软件要在操作系统的支持下才能工作。

1）操作系统概念

操作系统实际上是一组程序，能够统一地管理计算机资源（包括全部硬件和软件），合理地组织计算机的工作流程，协调计算机系统之间的及系统与用户之间的关系。操作系统是用户与计算机之间的接口，用户通过操作系统使用计算机。

2）操作系统分类

操作系统一般可分为批处理操作系统、分时操作系统、实时操作系统和网络操作系统等。

（1）批处理操作系统分为单道批处理系统和多道批处理系统。

单道批处理系统是只有一道作业在主存中运行。它首先将一批作业按序输入到外存储器中，主机将作业逐个读入主存，并对作业一个接一个地进行处理，处理完一批作业后再处理另一批作业。

多道批处理系统是同时有多道作业在主存中运行。即在内存中同时存放几道相互独立的程序，它们分时共用一台计算机，即多道程序轮流地使用部件，交替执行。

（2）分时操作系统是指多个用户分享使用同一台计算机，即在一台主机上连接多个终端，使多个用户共享一台主机。

分时操作系统把 CPU 及计算机其他资源进行时间上的分割，分成一个个"时间片"，即将整个工作时间分成一个个时间段，每个时间段称为一个时间片，这样可以将 CPU 工作时间分别提供给多个用户，使每一个用户轮流依次地使用一个时间片。因为时间片很短，CPU 在用户之间转换得非常快，所以用户觉得计算机只在为自己服务。

（3）实时操作系统是以加快对事件的响应时间为目标的，它对随机发生的外部事件作出及时响应并对其进行处理。它具有及时性、可靠性、有限的交互能力等特征。

（4）网络操作系统是将具有独立处理能力的计算机通过传输媒体把它们互联起来实现通信和相互合作的系统，是为网络用户提供所需各种服务的软件和有关规程的集合。其目的是让网络上各计算机能方便而有效地共享网络资源。

3）微机操作系统

微机操作系统非常多，常见的微机操作系统有 DOS、Windows、UNIX、Linux 等。

（1）DOS 操作系统。该系统是早期微型计算机使用最广泛的、典型的微机操作系统，有 MS-DOS 和 PC-DOS 之分，分别是 Microsoft 公司和 IBM 公司的产品。这两个操作系统在功能上是等同的，一般将 MS-DOS 或 PC-DOS 操作系统都简称为 DOS 系统。它是一个单用户、单任务的操作系统。其主要功能是文件管理、存储管理和设备管理。

（2）Windows 操作系统。Windows 系统是 Microsoft 公司开发的，是一个具有图形用户界面（Graphical User Interface，简称 GUI）的多任务的操作系统。

Windows 系统有多个版本，20 世纪 90 年代初推出的 Windows 3.X，1995 年推出的 Windows 95，1998 年推出的 Windows 98，2000 年推出的 Windows 2000 系列，2002 年推出

的 Window XP，2003 年推出的 Windows 2003，2009 年推出的 Windows 7，2015 年 7 月微软正式发布的 Windows 10 等。

（3）UNIX 操作系统。该系统是 1969 年美国 Bell 实验室为小型机设计的，目前已用在各类计算机上。它是一个多用户、多任务的分时操作系统，系统本身采用 C 语言编写。

（4）Linux 操作系统。该系统是 1991 年由芬兰赫尔辛基大学计算机系学生 LinuxTouvals 初创的，一个完整的采用层次结构的操作系统，它不仅包含有 Linux 核心，而且包含大量的系统工具、开发工具、应用软件及网络工具等。它具有与 UNIX 兼容、自由软件、代码公开、高性能和高安全性、便于再开发等特点。

（5）iOS 操作系统。苹果 iOS 是由苹果公司开发的手持设备操作系统。苹果公司最早于 2007 年 1 月 9 日的 Macworld 大会上公布这个系统，最初是为使用 iPhone 设计的，后来陆续套用到 iPod touch、iPad 以及 Apple TV 等苹果产品上。iOS 与苹果的 Mac OS X 操作系统一样，属于类 UNIX 的商业操作系统。iOS 具有简单易用的界面，令人惊叹的功能以及超强的稳定性，原本这个系统名为 iPhone OS，直到 2010 年 6 月 7 日 WWDC 大会上宣布改名为 iOS。2016 年 9 月，苹果公司在媒体发布会上正式发布了 iOS 10。

（6）Android 操作系统。Android 是一种基于 Linux 的自由及开放源代码的操作系统，主要使用于移动设备（如智能手机和平板电脑），由 Google 公司和开放手机联盟开发，中国大陆地区较多人使用"安卓"命名。Android 操作系统最初由 Andy Rubin 开发，主要支持手机，2005 年 8 月由 Google 收购注资。2007 年 11 月，Google 与 84 家硬件制造商、软件开发商及电信运营商组建开放手机联盟共同研发改良 Android 操作系统。第一部 Android 智能手机发布于 2008 年 10 月。Android 逐渐扩展到平板电脑及其他领域，如电视、数码相机、游戏机等。2011 年第一季度，Android 在全球的市场份额首次超过塞班系统，跃居全球第一。2016 年 8 月数据显示，Android 占据全球智能手机操作系统市场 86.2% 的份额。

（7）Mac OS 操作系统。Mac 操作系统是苹果机专用系统，是基于 UNIX 内核的图形化操作系统，一般情况下在普通 PC 机上无法安装。Mac 系统由苹果公司自行开发，已经到了 OS 10，代号为 Mac OS X，这是 Mac 电脑诞生 15 年来最大的变化。新系统非常可靠，它的许多特点和服务都体现了苹果公司的理念。Mac OS X 操作系统界面非常独特，突出了形象的图标和人机对话。

2. 计算机语言

计算机语言是为了解决人与计算机进行信息交换，为计算机设计的所能识别的指令、语句以及与之相关的语法，一般分为机器语言、汇编语言和高级语言。其中，前两种是面向计算机硬件具体操作的，使用者必须对硬件的结构和工作原理十分熟悉，一般称它们为计算机的低级语言。

1）机器语言

机器语言是指将计算机指令系统中的各个指令用"0"和"1"二进制数组成的数码串来表示的语言。对于不同的计算机硬件（主要是 CPU），其机器语言一般是不同的。用机器语言编写程序的难度较大，修改、调试也不方便，容易出错，其程序的直观性比较差，不易移植，只适合专业人员使用，但程序代码能够被机器直接识别，执行速度快，所占内存少。

2）汇编语言

汇编语言又称符号语言，是指将机器语言中的各指令用人们易读、易懂、易记忆的英文单词或缩写（称为指令助记符）以及字母和数字来表示的计算机语言。用汇编语言编写的程序，机器不能直接运行，必须使用汇编程序将汇编语言编写的汇编源程序翻译成机器语言程序才能被机器执行，这个翻译过程称为汇编。汇编程序执行速度快，在一定程度上克服了机器语言难记、难读、难改的缺点，但仍依赖于机器，不能通用，仍不适合一般用户使用。

3）高级语言

高级语言是一种和具体硬件无关，语言表达形式接近于被描述的问题，容易被人们掌握与书写的语言。用高级语言编写的程序独立于具体的计算机硬件，通用性和可移植性好，但占用的内存大，执行时间长。常用的高级语言有 FORTRAN 语言，适用于科学和工程计算；COBOL 语言，是面向商业的通用语言，主要用于数据处理；C++与 C#语言以及 Java 语言，是面向对象的程序设计语言。

每一种高级语言都有自己的翻译程序，使用其翻译程序将高级语言编写的源程序转换成机器语言才能执行。高级语言翻译程序的翻译方式有两种：一种是解释方式，另一种是编译方式。解释方式是指对于高级语言的源程序边扫描、边翻译、边执行，直到高级语言的源程序扫描、翻译并执行完毕，不产生目标程序。采用解释方式的翻译程序叫做解释程序。编译方式是指将高级语言编写的源程序翻译成某一种中间语言或机器语言的程序（目标程序），需再经过处理才可以运行。采用编译方式的翻译程序叫做编译程序。

3. 服务性程序

服务性程序是指协助用户进行软件开发和硬件维护的软件，如各种开发调试工具软件、编辑程序、诊断程序等。

二、应用软件

应用软件是指在系统软件的基础上为了解决用户的具体问题，面向某个领域而专门设计的软件，它由各种应用软件包和用户程序组成。应用软件包是由专门的软件公司研制开发形成的，有一定的商业性质，具有特殊的功能和广泛的用途。由于计算机的通用性和应用的广泛性，应用软件比系统软件更丰富多样、五花八门，具体的应用软件种类主要有以下 6 种。

1. 办公自动化软件

Microsoft Office 是 Microsoft 公司推出的基于 Windows 操作系统的办公自动化的应用程序包（也称为 Office 套件），Office 套件有 Office 1997 至 Office 2016 等版本。Office 的常用组件包括 Word、Excel、PowerPoint、Access、Outlook、OneNote、Publisher 等办公软件以及常用工具。它们广泛应用于办公过程中的文字排版与编辑、表格处理与计算、幻灯片制作、常用数据库管理以及 Internet 信息交流等日常办公工作，可以很好地帮助用户使用文档、与其他用户之间共享文档、使用信息和改进业务，使用户在轻松互动的使用过程中提高工作效率，并获得很好的效果。目前微软的最新 Office 产品 Office 2016 是史上最具创新与革命性的一个版本，包含很多新特性，包括文档共同创作（多人远程协作编辑）、新的"Tell Me"导航支持、与 Power BI 的集成、OneDrive for Business 以及更多的权限管理功能等。Office 2016 基于云端同步的工作方式可以大幅提高工作效率，无论在家中、学校或公司使用 Office，您的所有文档都能随处使用。

2. 杀毒软件

目前杀毒软件有很多，国外的杀毒软件有 Kaspersky（卡巴斯基）、Norton（诺顿）、McAfee（迈克菲）、F-Secure（芬安全）、Nod32，其中卡巴斯基、迈克菲、诺顿又被誉为世界三大杀毒软件。国内的查毒软件有瑞星、金山、360 等。

杀毒软件最主要的功能自然是杀毒，但没有一款杀毒软件能够查杀所有的病毒，也没有一款杀毒软件能够预先得知还没产生的病毒信息。病毒总是先于杀毒程序产生的，发现了新病毒，然后才会把病毒信息更新进病毒库。不管哪一款杀毒软件，病毒库的更新时间总是滞后于病毒产生的时间。所以，杀毒软件安装使用中，要经常升级更新病毒特征库。

3. 下载软件

下载软件就是把网络上的资源下载到本地，常见的下载软件有网际快车、迅雷、网络蚂蚁、QQ 旋风、酷狗等。下载的最大问题是速度和下载后的管理。网际快车 FlashGet 就是为解决这两个问题所写的，通过把一个文件分成几个部分同时下载可使下载速度提高 100%～500%。管理文件 FlashGet 可以创建不限数目的类别，每个类别指定单独的文件目录，不同的类别保存到不同的目录中去，强大的管理功能包括支持拖拽、更名、添加描述、查找、文件名重复时可自动重命名等，而且下载前后均可轻易管理文件。新版本中又添加了镜像和自动镜像查找功能，使得下载速度再上一个台阶。

4. 压缩/解压缩软件

压缩是为了节省存储空间和搬运文件方便。WinRAR 是目前流行的压缩工具之一，界面友好，使用方便，在压缩率和速度方面都有很好的表现。WinRAR 不但能解压多种压缩格式如 CAB、ARJ、LZH、TAR、GZ、ACE、UUE、BZ2、JAR、ISO 等，而且不需外挂程序支持就可直接建立 ZIP 格式的压缩文件，WinRAR 已经兼容 ZIP 格式。WinRAR 还有分片压缩、资料恢复、资料加密等功能，并且可以将压缩档案储存为自动解压缩档案。

5. 阅读软件

网络中很多文件是以电子书的形式出现，由于其内容丰富、阅读下载方便，应用十分广泛。常见的电子书格式有 EXE、TXT、HTML、LIT、PDF、CAJ、UMD、JAR 等。其中使用最普及的电子书格式 PDF 需要 Adobe Reader 软件打开；CAJViewer 阅读器支持 CAJ、NH、KDH 和 PDF 格式文档；UMD 格式可以用手机 APP 软件"掌上书院"、QQ 阅读器等打开。

6. 手机软件

手机软件是伴随着智能手机发展而产生的，由于智能手机操作系统的普及与推广，大量便携的手机软件也日新月异，给手机功能锦上添花。常见的手机软件有 UCWEB、手机 QQ、微信、百度地图、腾讯视频、各类游戏、各类学习应用软件等。

任务实施

一、安装 Windows 7

1. 系统安装准备

1）Windows 7 系统配置基本要求

根据表 1-13 中的配置完成配置的检查。

表 1-13　Windows 7 配置基本要求

设备名称	基 本 要 求	
	32 位（X86 版本）	64 位（X64 版本）
CPU 处理器	主频 1 GHz 及以上	主频 2 GHz 及以上
内存	1 GB 及以上 DDR 内存	4 GB 及以上 DDR 内存
磁盘空间	16 GB 及以上可用磁盘空间	40 GB 及以上可用磁盘空间
显示适配器	支持 DirectX 9 及以上显卡（WDDM1.0 或更高版本驱动）	

2）检查系统分区

安装 Windows 7 操作系统需安装在 NTFS 格式分区且有足够空余磁盘空间，如磁盘已经分区且容量不足，需要通过磁盘分区管理工具调整系统分区大小或重新分区（如原系统分区为 FAT32 格式，还需转换为 NTFS 格式）。

2. 安装方法

在一台没有安装操作系统的计算机上安装 Windows 7 系统的步骤如下：

（1）启动计算机，进入 BIOS 设置选项。找到启动项设置选项，将光驱设置为默认的第一启动选项，随后保存设置并退出 BIOS。计算机的 BIOS 类型多种多样，这里无法概括出统一的设置方法，请参照计算机说明书进行设置。

（2）把 Windows 7 安装盘放入光驱，重新启动计算机，经过系统信息的检测后，将进入 Windows 7 系统的正式安装界面，选择安装的语言类型、时间和货币格式、键盘和输入方法等，设置完成后则会启动安装（图 1-12），单击"下一步"。

（3）进入"现在安装"界面，如图 1-13 所示。单击"现在安装"按钮，启动 Windows 7 操作系统安装过程。

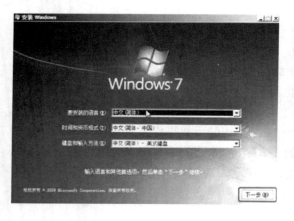

图 1-12　"选择安装语言"界面　　　　　图 1-13　"现在安装"界面

（4）查看许可协议，选中"我接受许可协议"（图 1-14），单击"下一步"。

（5）进入"选择安装类型"界面，本例选择"自定义（高级）"，如图 1-15 所示。

（6）进入选择磁盘界面，如图 1-16 所示。

（7）进行 Windows 7 安装，安装过程无须用户操作，计算机会重新启动两次，如图
1-17 所示。

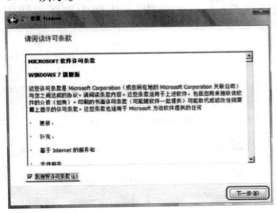

图 1-14　"许可条款"界面　　　　　　图 1-15　"选择安装类型"界面

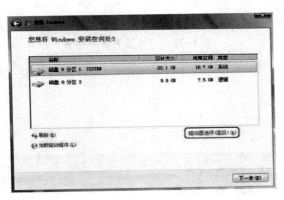
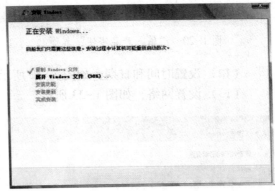

图 1-16　"选择安装磁盘"界面　　　　图 1-17　"Windows 7 安装"界面

（8）输入用户名（图 1-18），单击"下一步"。
（9）进入输入密码和密码提示界面，输入密码和密码提示后，单击"下一步"按钮，
如图 1-19 所示。

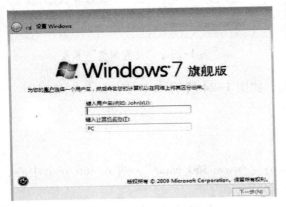
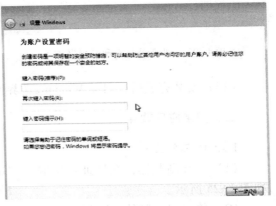

图 1-18　"输入用户名"界面　　　　　图 1-19　"输入密码和密码提示"界面

（10）输入产品密钥界面，勾选"当我联机时自动激活 Windows"复选框，如图 1-20 所示。

（11）设置"帮助您自动保护计算机以及提高 Windows 的性能"，本例中选择"使用推荐设置"选项，如图 1-21 所示。

图 1-20　"输入产品密钥"界面　　　　　　　图 1-21　"设置更新"界面

（12）设置时间和日期，如图 1-22 所示。

（13）设置网络，如图 1-23 所示。

 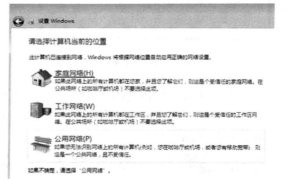

图 1-22　"设置时间和日期"界面　　　　　　图 1-23　"设置网络"界面

（14）安装完成后，启动 Windows 7 界面，如图 1-24 所示。

二、安装应用软件

1. 360 安全卫士

（1）打开浏览器，在地址栏中输入"http：//www.360.com/"，进入 360 安全中心，如图 1-25 所示。

（2）单击"电脑软件"栏中的"安全卫士"，进入下载界面，如图 1-26 所示。

图 1-24 "Windows 7 启动"界面

图 1-25 "360 安全中心登录"界面

图 1-26 "360 安全卫士下载"界面

（3）下载完成后，双击安装文件"inst.exe"进入安装界面，单击"立即安装"，如图1-27所示。注意：安装360安全卫士时，需要计算机能够联网更新。

图1-27　"360安全卫士安装"界面

2. Microsoft Office 2010

1）系统要求

在安装之前，应确保计算机能满足安装的要求，否则会导致安装失败。安装Office 2010的系统要求如下：

（1）CPU为500 MHz或者更高。

（2）内存使用256 MB或更高。

（3）硬盘需要3 GB的可用磁盘空间。

（4）显示器分辨率至少需要1024×768。

2）安装过程

Office 2010的安装过程很简单，用户只需按照安装过程中的提示向导就可以很顺利地完成安装。其具体的安装过程如下：

（1）先解压Microsoft Office 2010安装包，选择解压到"Microsoft Office 2010安装包"选项，这样解压的文件会以文件名为Microsoft Office 2010安装包保存在文件夹中，如图1-28所示。

（2）直接打开文件夹，找到安装程序"Setup.exe"，双击setup程序进行安装，如图1-29所示。

图1-28　Microsoft Office 2010安装包　　　　图1-29　Office 2010安装程序

（3）安装程序运行后，会弹出如图1-30所示"Microsoft Office 2010 安装"界面。

（4）在弹出的"最终用户许可协议"对话框中，勾选"我接受此协议的条款"复选框，并单击"继续"按钮，如图1-31所示。

图1-30　"Microsoft Office 2010 安装"界面

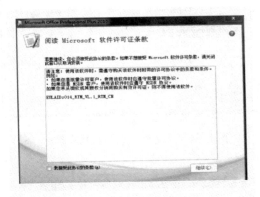

图1-31　"软件许可证条款"界面

（5）在弹出的"安装类型"对话框中，用户可以根据需要选择"立即安装"和"自定义"两种安装方式中的任意一种（图1-32），一般选择"立即安装"即可。如果选择"自定义"安装，将弹出如图1-33所示的界面。

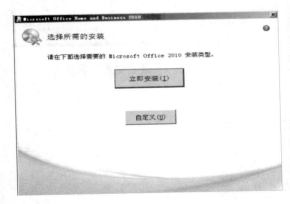

图1-32　"安装类型"界面

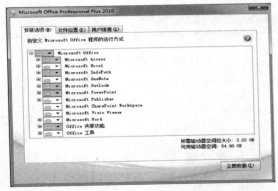

图1-33　"安装选项"选项卡界面

（6）在弹出的界面中选择"安装选项"选项卡，可自定义需要安装的软件；切换到"文件位置"选项卡，可以自定义文件安装的位置，如图1-34所示；切换到"用户信息"选项卡，输入使用者的个人信息，如图1-35所示。最后点击"立即安装"按钮。

（7）等待安装 Office 2010，进度条显示软件安装的百分比，如图1-36所示。安装时间根据安装组件多少和计算机性能决定。

（8）在弹出如图1-37所示的界面时，说明软件已经安装完成，此时单击"关闭"即可。

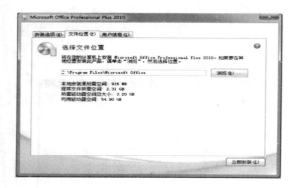

图1-34 "文件位置"选项卡界面

图1-35 "用户信息"选项卡界面

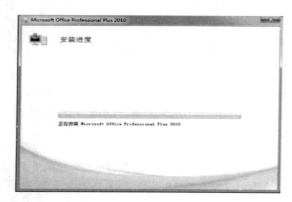

图1-36 "安装进度"界面

图1-37 "安装已完成"界面

思 考 与 练 习

1. 填空题

（1）世界上第一台计算机研制成功的时间是_____。

（2）计算机的主机由_____、_____、_____、_____、_____部件组成。

（3）运算器的主要功能是算术运算和_____。

（4）计算机的内存储器比外存储器_____，而外存储器价格便宜，存储容量大，读写速度慢。

（5）"计算机辅助设计"的英文缩写是_____。

（6）当前微机中最常用的两种输入设备有_____和_____。

（7）显示或打印汉字时，系统使用的输出码为汉字的_____。

（8）1 KB 的存储空间最多能存储汉字_____。

（9）计算机中表示信息的最小单位是_____。

（10）将十六进制数 D7 转换成八进制数是_____，十进制数是_____。

2. 单选题

（1）现代计算机的工作原理是基于_____提出的存储程序控制原理。

A. 艾兰·图灵　　　　B. 牛顿　　　　　　C. 冯·诺依曼　　　　D. 莫奇莱

（2）计算机的发展阶段通常是按计算机所采用的_____来划分的。

A. 内存容量　　　　　B. 电子器件　　　　C. 程序设计语言　　D. 操作系统

（3）一台完整的计算机系统通常包括_____。

A. 系统软件和应用程序　　　　　　　　B. 计算机及其外部设备

C. 硬件系统和软件系统　　　　　　　　D. 系统软件和系统硬件

（4）CPU 是计算机硬件系统的核心，它是由_____组成的。

A. 运算器和存储器　　　　　　　　　　B. 控制器和存储器

C. 运算器和控制器　　　　　　　　　　D. 加法器和乘法器

（5）计算机的存储系统通常包括_____。

A. 内存储器和外存储器　　　　　　　　B. 硬盘和软盘

C. ROM 和 RAM　　　　　　　　　　　D. 内存和硬盘

（6）在一台电脑中，下面_____不可能是它的内存容量。

A. 32 MB　　　　　B. 64 MB　　　　　　C. 96 MB　　　　　　D. 133 MB

（7）下面_____是 U 盘的优点。

A. 便于携带　　　　　B. 存储容量大　　　C. 存储速度慢　　　D. 属于内部存储器

（8）操作系统的作用是

A. 将源程序编译成目标程序　　　　　　B. 负责外设与主机之间的信息交换

C. 负责诊断机器的故障　　　　　　　　D. 控制和管理计算机的各种资源的使用

（9）下列程序中不属于系统软件的是_____。

A. 编译程序　　　　　B. C 源程序　　　　C. 解释程序　　　　D. 汇编程序

（10）用高级语言编写的程序_____。

A. 具有通用性和可移植性

B. 只能在某种计算机上运行

C. 几乎不占内存空间

D. 无须经过编译或解释即可被计算机直接执行

（11）某台微型计算机的型号是 Pentium Ⅱ 400，其中 400 的含义是_____。

A. CPU 中有 400 个寄存器　　　　　　B. 时钟频率为 400 Hz

C. 该微机的内存为 400 MB　　　　　　D. 时钟频率为 400 MHz

（12）在下列设备中，属于输出设备的是_____。

A. 键盘　　　　　　　B. 数字化仪　　　　C. 打印机　　　　　D. 扫描仪

（13）计算机能够直接识别和执行的语言是_____。

A. 汇编语言　　　　　B. 自然语言　　　　C. 机器语言　　　　D. 高级语言

（14）下面_____存储介质可以直接被刻录。

A. 已经刻满了数据的 CD-R 光盘　　　　B. VCD 光盘

C. CD-ROM　　　　　　　　　　　　　D. 空白的 CD-RW 光盘

（15）单倍速 CD-ROM 驱动器的数据传输速率为_____。

A. 300 KB/s   B. 128 KB/s   C. 150 KB/s   D. 250 KB/s

（16）在微机中，VGA 的含义是_____。

A. 键盘型号   B. 显示标准   C. 光盘驱动器   D. 主机型号

（·17）下面几个不同进制的数中，最小的数是_____。

A. （1011100）$_2$ B. （35）$_{10}$ C. （47）$_8$ D. （2E）$_{16}$

（18）已知英文大写字母 A 的 ASCⅡ码为十进制数65，则英文大写字母 E 的 ASCⅡ码为十进制数_____。

A. 67   B. 68   C. 69   D. 70

（19）在计算机内部，一切信息的存取、处理和传送都是以_____形式进行的。

A. 区位码   B. ASCⅡ码   C. 十六进制   D. 二进制

（20）设汉字点阵为 32×32，那么 100 个汉字的字形状信息所占用的字节数是_____。

A. 12800   B. 3200   C. 32×3200   D. 128

3. 判断题

（1）32 位字长的计算机就是指能处理最大为 32 位十进制数的计算机。（   ）

（2）硬盘与内存一样都是计算机的内部存储设备。（   ）

（3）Windows 7 操作系统可以安装在 FAT32 格式的磁盘分区中。（   ）

（4）内存的作用是存储正在运行的程序与数据。（   ）

（5）既然有大容量且存储速度快的移动硬盘设备，那么 U 盘就没有用了。（   ）

（6）分辨率越高的显示器，越容易引起眼睛的疲劳。（   ）

（7）决定计算机性能优劣的标准是 CPU 的频率。（   ）

（8）1 MB 的存储空间最多可存储 1024 K 个汉字的内码。（   ）

（9）一个完整的计算机系统由硬件系统和软件系统组成。（   ）

（10）DDR1、DDR2、DDR3 的内存条可以互相兼容、混插。（   ）

4. 问答题

（1）计算机有哪些基本外部设备？

（2）个人计算机主要由哪些硬件组成？这些硬件的主流品牌有哪些？

（3）请你按当前市场主流计算机硬件，配置一台家用型的计算机，写出具体配置清单。

（4）在 Internet 上提供下载的常用工具软件都有哪些版本？

5. 操作题

（1）如何用 360 安全卫士提高计算机开机启动速度？

（2）如何使用"Adobe Reader"阅读 PDF 文档？

项目 2　Windows 7 操作系统应用

任务 1　认识 Windows 7 操作系统

任 务 概 述

　　Windows7 是美国微软公司推出的新型个人操作系统，也是目前微型计算机上普遍使用的操作系统之一。本任务以 Windows7 操作系统为运行环境，在了解操作系统的基本概念以后，重点要掌握 Windows7 的基本操作过程与操作技巧，并能够使用 Windows7 操作系统来高效管理计算机系统中的各种软件、硬件资源。

　　知识要求：

　　1. 了解操作系统的基本概念、基本功能和主要分类。

　　2. 了解 Windows 操作系统的发展和特点。

　　3. 认识 Windows 7 的桌面、窗口的组成以及回收站等基本概念。

　　能力要求：

　　1. 能够熟练完成 Windows 7 的桌面、窗口、菜单和对话框等基本操作。

　　2. 能够熟练运用 Windows 7 操作系统对计算机软件、硬件资源进行有效管理。

　　态度要求：

　　1. 能主动学习，在计算机操作过程中发现问题并解决问题。

　　2. 在实际应用过程中，能够快速完成各种基本操作。

　　3. 要严格遵守计算机安全规范。

相 关 知 识

一、操作系统概述

　　操作系统（Operating System）是一组管理和控制计算机所有软件、硬件资源，帮助用户高效使用计算机的程序集合，是计算机系统中最重要的组成部分。在操作系统的管理和支持下，计算机才能正常运行其他的应用软件。从用户的使用角度来分析，操作系统是计算机裸机和用户之间的有效接口，它为计算机用户搭建了一个友好的应用界面和方便的使用环境。

　　操作系统通过大量复杂的指令操作与程序处理过程，为计算机用户提供稳定的运行环境。计算机用户无须了解计算机的硬件特性和相关软件的操作细节，就能便捷、高效地操作计算机。

　　1. 基本功能

　　操作系统在计算机的资源管理过程中主要具有以下基本功能。

1）处理器管理

处理器管理的目标是要高效地调度计算机处理器中的各种资源，提高计算机的使用效率，来满足用户的各种复杂需求。处理器是计算机中非常宝贵的资源，计算机通过采用复杂的进程调度算法和智能指令技术来提高处理器的利用率，改善系统的整体性能，保证计算机能够进行各种复杂的运算和操作。

2）存储器管理

存储器管理也是计算机操作系统的主要功能之一，其任务主要是负责管理存放在计算机系统内存和外存中正在运行的程序和数据。随着计算机程序运行能力的不断增强和存储容量的不断扩大，合理分配和使用计算机的存储器资源就显得尤为重要。存储器管理主要是对内存储器中的数据区进行管理，操作系统能够在保障系统正常运行的情况下，一方面将运行程序从外存调入内存并合理分配地址空间，供 CPU 读取复杂指令和各种数据，保证程序的正确运行；另一方面能够最大限度地提高内存和外存的使用效率，通过地址映射、内存扩充、缓存设置和外存分区等方式来提高计算机的数据存取速度，保证计算机应用程序的正常运行。

3）文件管理

在操作系统中，文件管理的功能主要是负责建立、存储、使用和维护计算机系统中各种类型的文件。文件是指在逻辑上具有完整意义的一组带有标识名的信息集合。通过文件的管理，用户可以在标准的操作环境下来访问和共享各种类型的计算机文件，而不必考虑文件的具体存放位置和程序之间存在的差异，大大提高了用户的工作效率。

4）设备管理

操作系统的设备管理主要是指操作系统对计算机外部设备的管理和控制。伴随着计算机硬件设备的快速发展，计算机外部设备的种类和规格也在不断更新，其具体的工作原理和操作方式也存在较大差异。为此，操作系统设备管理的目标一方面是要合理地管理和调用各种外部设备，协调各种外部设备之间存在的问题，充分提高它们的使用效率；另一方面是为了计算机用户能够方便地使用各种外设，提高人机交互的可行性和可操作性。

2. 分类

从计算机系统功能角度来分析，操作系统主要可以分为以下几类。

1）分时操作系统

分时操作系统的特点是将处理器的时间段划分成不同的时间片，计算机分时处理各个用户从终端发出的各种命令。如果用户的某个处理要求时间超过了分配的基本时长，计算机会通过特殊的调度算法来处理不同的进程。计算机系统高速的并行运算能力，使得每个用户感觉好像在独占使用这台计算机。

2）实时操作系统

实时操作系统要求计算机对输入的各种信息和数据能够快速进行实时处理，并在相应的时间段内做出反应或进行控制。也就是说，实时操作系统具有很高的时效性，超出时间范围就失去了控制的意义。根据计算机应用领域的不同，实时操作系统又包括实时信息处理系统和实时控制系统。目前，实时操作系统通常是具有特殊用途的专用系统，在军事、电力、石油、交通等领域有着广泛的应用。

3）分布式操作系统

分布式操作系统主要用于在网络环境下对分布式系统资源进行管理与共享的一种操作系统。分布式操作系统具有多台计算机，各台计算机之间没有主次关系之分，任意两台计算机之间可以交换和共享系统数据资源和硬件设备，系统中的多台计算机可以互相协作来完成共同的任务，具有较高的可靠性和灵活性。分布式操作系统在运行过程中会产生大量数据，这些数据需要通过计算机网络来进行传输，容易引起网络的延迟与阻塞，对系统的稳定性要求较高。

4）网络操作系统

网络操作系统是伴随着计算机网络技术而逐步发展起来的，其主要功能是管理和共享计算机网络上的各种资源。在计算机网络协议的支持下，网络操作系统协调管理网络中各个主机上运行的任务，并向用户提供网络数据通信和网络共享服务等功能。目前常用的网络操作系统有 Linux 和 Unix。

5）嵌入式操作系统

嵌入式操作系统是管理、控制和监视计算机设备和电子器件运行的综合体，是软件和硬件的有机结合。嵌入式操作系统和应用程序紧密联系，具有很强的专业性。嵌入式操作系统运行在嵌入式环境下，能够对各种智能电子设备的软件、硬件资源进行统一的管理和控制，其特点是运行内核较小，占用系统资源较少，能够很好地同计算机硬件结合在一起，在功能设计和系统实现方面比较简单，系统的安全性较高。目前，各种新型的智能手机和平板电脑应用非常广泛，这些电子产品中都使用了嵌入式操作系统。常用的嵌入式操作系统有 Android（安卓）和 Windows CE 等，如图 2-1、图 2-2 所示。

图 2-1　Android 操作系统

图 2-2　Windows CE 操作系统

二、Windows 发展历史

从 1983 年美国微软公司首次宣布 Windows 1.0 以来，Windows 虽然只有短短 30 多年的发展历史，但其全新的图形用户界面，稳定的运行状态，方便的操作方法，一直引领着微型机领域操作系统的前沿，使其成为目前应用最广泛的操作系统。

1990 年，微软公司发布了 Windows 3.0 版本。它提供了全新的操作界面和快捷的程序管理方式，具有运行和处理多项复杂任务的能力，内存地址的扩展空间大大增强，运算能力也大幅提高，逐步发展成为 PC 机运行的主要平台。

1995 年，微软公司推出配备 32 位处理器功能的 Windows 95 操作系统，并大大改善了用户界面的可视性和操作性。在 Windows 95 操作系统中，不同类型的文件、文件夹和应用程序都用各种类型的图标来表示，用户通过鼠标的单击或双击操作来完成文件的移动、复制和删除等基本操作。

1998 年，微软公司推出了 Windows 98 操作系统，它大大改善了计算机网络连接的整体性能，将 IE 浏览器和大量驱动程序集成到统一的平台上，并支持最新一代的硬件技术，将计算机硬件与软件有机结合并高效管理。

2001 年，微软公司推出了 Windows XP，它是又一个划时代的产品。Windows XP 带来了大量的新功能，例如其中内置了集成化的音乐工具，对数字视频、音频及 MIDI 的操作更加方便，数字照片功能使管理组织更加方便，还集成了先进的计算机网络工具等。

2009 年，微软公司在中国正式推出了 Windows 7。与 Windows XP 相比，Windows 7 在系统操作界面、系统安全性和网络功能及集成性上都有了更多的进步。在 Windows 7 中，用户可以设置任务栏图标的顺序和大小，如果指向某个图标，将看到该页面或程序的一个小预览版本。用户若要打开某个程序或文件，直接单击图标或其中一个预览即可；借助电源管理功能，Windows 7 可帮助便携式计算机延长电池的寿命。"位置感知打印"是全新功能，用户可以在家或工作场所自动切换默认打印机的设置；用户还可以使用"跳转"列表快速找到最近使用过的文件，右键单击任务栏上的程序图标会看到一个最近打开过的文件列表；Windows 7 还改进了搜索的应用功能，用户可以在更多的位置找到更多的内容。用户只需在搜索框中键入几个字母就可以看到相关项目列表，如文档、图片和音乐等；在 Windows 7 中，存在统一管理的"设备和打印机"位置，用户将打印机、电话和其他设备连接到 PC 机时，只需几下单击就将启动并运行；Windows 7 还增加了家庭组，使连接到运行 Windows 7 的其他计算机更为方便，这样用户在家中就可以共享文件、照片、音乐和打印机。

2014 年 10 月，微软公司正式宣布将取消对 Windows XP 的所有在线技术支持和系统升级维护，Windows 7 将全面替代 Windows XP，成为目前主流的计算机操作系统。本章内容均是在 Windows 7 环境下运行和操作的。

三、Windows 7 桌面及其设置

1. Windows 7 运行环境

Windows 7 中文旗舰版操作系统在运行时的推荐配置如下：

(1) 64 位主频在 1.8 GHz 以上的双核处理器。

（2）2 GB 以上的系统内存存储空间。

（3）系统的硬盘要在 30 GB 以上。

（4）带有高版本驱动程序的 Direct X9 图形设备的独立显卡。

（5）带有刻录功能的 DVD 驱动器。

2．Windows 7 桌面

Windows 7 成功启动并进入系统后，呈现在用户面前的整个屏幕区域称为桌面。桌面是 Windows 7 呈现给用户的基本操作空间，主要由桌面图标和任务栏共同组成。桌面图标是代表文件、文件夹和应用程序的内容标识；在屏幕最下方的矩形区域称为任务栏，任务栏最左端的图标是"开始"按钮。所有的桌面组件、打开的应用程序窗口以及各种对话框都能够在桌面上显示。Windows 7 系统桌面的组成如图 2-3 所示。

图 2-3　Windows 7 系统桌面组成

1）桌面图标

Windows 7 桌面图标主要分为两种：一种是桌面系统图标，即代表计算机系统软件、设备等操作对象的图形；另一种是桌面快捷方式图标，快捷方式图标是由用户或应用软件所建立的程序运行图标，在图标的左下角有一个朝右上方的箭头。桌面图标由图案和标题两部分组成，图案是图标的图形表示，标题是图标的文字解释和说明。

桌面图标的图案和标题都可以由用户修改，修改标题的方法：右键单击该图标→选快捷菜单的"重命名"→键入新标题。修改图案的方法：右键单击该图标→选快捷菜单的"属性"→选"快捷方式"选项卡→"更改图标"→选择一个新图标。如果要删除图标，只需将其拖动到回收站或右击鼠标后在快捷菜单里选择"删除"命令，单击"确认"命令即可。

常见的桌面系统图标：①"计算机"，可以管理计算机系统中所有的软件、硬件资源，在其窗口中对电脑进行各种基本操作和程序管理；②"网络和共享中心"，用来提供计算机网络管理和网络操作功能，方便用户对计算机进行各种复杂的网络操作；③"回收站"，用来存放被用户删除掉的系统文件和程序，回收站的内容是可以还原的。

添加桌面系统图标：右键单击桌面的空白处，在弹出的快捷菜单中选择"个性化"命令，在打开窗口的左侧窗格中单击"更改桌面图标"，打开"桌面图标设置"对话框，在该窗口中选择要显示在桌面上的图标。

添加桌面快捷图标：①向桌面添加快捷方式找到要为其创建快捷方式的项目，右键单击该项目，选择"发送到"命令，打开级联菜单，在级联菜单中选择"桌面快捷方式"命令，在桌面上便添加了该项目的快捷方式。②用鼠标右击对象→选快捷菜单的"创建快捷方式"命令→将快捷图标拖到桌面或某文件夹中。

删除桌面图标：右键单击要删除的图标，在快捷菜单中选择"删除"命令；或选择要删除的图标，直接按下"Delete"键即可。如果要删除快捷方式图标，则只会删除该快捷方式，安装的应用程序并不会被删除。

调整桌面图标：右键单击桌面空白处，在快捷菜单中选择"查看"命令，通过选择"大图标""中等图标""小图标"等选项来调整桌面图标。

2）任务栏

任务栏是位于 Windows 7 屏幕底部的水平区域。任务栏为用户提供了整理窗口的基本方法，用户可以直接选择任务栏上相应的按钮来实现基本操作。任务栏是由"开始"按钮，"快速启动区""活动任务区"和"通知区域"共同组成的，如图 2-4 所示。

"开始"按钮

快速启动区 活动任务区   通知区域

图 2-4　任务栏

"开始"按钮：这是 Windows 7 中操作应用程序的入口。在"开始"菜单中，"所有程序"选项中包括了 Windows 7 中大部分的应用程序，用户可以直接单击来选择打开应用程序；"搜索框"选项能够帮助用户快速搜索计算机中的文件或文件夹等；"最近使用的项目"选项列出了用户最近处理过的各类程序和文档名，以便用户快速进行查找；"控制面板"选项可以帮助用户快速进行计算机系统的设置。"开始"菜单如图 2-5 所示。

快速启动区：用户可以将自己经常需要操作的应用程序的快捷方式放入这个区域。如果用户想要删除快速启动区中的某个选项时，可右键单击对应的"图标"，在弹出的快捷菜单中选择"将此程序从任务栏解锁"命令即可。

活动任务区：该区显示了当前所有正在运行中的应用程序和所有打开的文件夹窗口所对应的图标。每当用户打开一个应用程序、文档或窗口时，任务栏的活动任务区就会出现一个相应的任务按钮。如果应用程序或文件夹窗口所对应的图标在"快速启动区"中出现，则其不在"活动任务区"中再出现。此外，相同的应用程序打开的所有文件只对应一个图标。用户在快速定位已经打开的目标文件或文件夹时，可以使用实时预览功能，即把鼠标移动指向任务栏中打开程序所对应的图标，就可以预览打开的多个窗口界面，用户选择其一便可直接打开。

通知区域：用于显示系统输入法、系统电源、系统音量、系统时间以及一些特定程序和计算机设置状态的图标。

四、Windows 7 窗口

窗口是 Windows 7 运行程序在桌面上显示的矩形区域，也是 Windows 7 中的基本操作环境。Windows 7 在操作过程中可以同时打开多个窗口，用户当前正在操作的窗口区域称为活动窗口。

1. 窗口的基本组成

在 Windows 7 中窗口的显示十分普遍，多种窗口的内容各不相同，但所有窗口都具有相同的基本要素。Windows 7 的窗口一般由标题栏、地址栏、菜单栏、工具栏、导航窗口、控制按钮、工作区和状态栏共同组成。"计算机"窗口的组成如图 2-6 所示。

标题栏：位于每一个窗口的最顶部，功能是显示该窗口的名称。用户可以通过标题栏来移动窗口、关闭窗口和改变窗口的尺寸大小。

地址栏：用于显示和输入当前浏览位置的详细路

图 2-5 "开始"菜单

径。地址栏中有可快速完成"前进"和"后退"的操作按钮，在其右边的路径框给出了当前对象的具体位置。

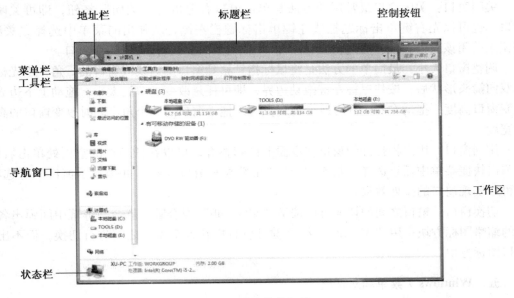

图 2-6 "计算机"窗口

菜单栏：是系统选择命令的工具。每个菜单均包含标准的 Windows 7 命令，用户通过选择菜单中列出的各种命令来迅速完成基本操作。不同的应用程序其菜单栏内的命令存在差异。当菜单中显示出的某些项目呈灰色时，表示该菜单项在当前环境下不能使用。而菜单项的最后位置如果有省略号的时候，则表示打开该菜单项时会弹出一个新的对话框。

工具栏：是存放系统常用工具的地方，由一组命令按钮组成，每个按钮代表一种操作，用户单击按钮就可以快速地发出命令，完成相应的功能。"计算机"窗口工具栏功能主要包括"组织""系统属性""卸载或更改程序"等基本选项。

导航窗口：它在左边，可以帮助用户更快地找到相应的对象。使用导航窗口可以访问电脑中的任何位置。"收藏夹"用于打开最常用的文件夹和打开最近访问的位置；"库"是浏览、组织、管理和搜索具备共同特性的文件的一种方式，即使这些文件存储在不同的地方，通过库也能快速定位；"计算机"用于浏览电脑中任意的文件或文件夹。

控制按钮：位于窗口顶端最右侧。其主要包括最小化按钮（不关闭窗口，只是将其收缩为任务栏上的一个任务钮，随时都可以单击该任务钮使窗口展开）、最大化按钮（窗口占据整个屏幕，此时"最大化"按钮变成"还原"按钮）和关闭按钮。

工作区：主要用来显示计算机窗口中的操作对象和用户的操作结果。例如显示不同的文件夹和磁盘驱动器等信息。

状态栏：位于窗口的最下方，它显示了被选中对象的信息和当前操作的基本状态。随着操作的不断变化，它所显示的内容也是在不断变化的。

2. 窗口的基本操作

在 Windows 7 中，所有工作对象都以窗口的形式出现，窗口的基本操作主要包括打开窗口、关闭窗口、调整窗口大小、排列窗口和切换窗口等。

打开窗口：单击"开始"菜单中的任意程序或者双击桌面的一个图标则打开对应的窗口，如双击桌面上的"计算机"图标，会打开"计算机"窗口。

关闭窗口：关闭窗口最常用的方法是单击窗口右上角的"关闭"按钮，即可关闭该窗口，也可以先右键单击标题栏或左键单击标题栏左侧，从弹出的菜单中选择"关闭"按钮来关闭该窗口，或者通过快捷键"Alt+F4"操作也可直接关闭当前窗口。

调整窗口大小：最简单的方法是将鼠标指针移到窗口的边线或窗口的一角，当光标变成双向箭头形状后，按住鼠标左键拖动边界，即可任意改变窗口的大小。拖动上下边界可改变窗口高度；拖动左右边界可改变窗口宽度；拖动窗口的 4 个角可同时改变窗口的高度和宽度。

排列窗口：用户将打开的窗口在桌面上排列整齐，可以在任务栏的空白处单击右键，在弹出快捷菜单中任意选择"层叠窗口""堆叠显示窗口"和"并排显示窗口"等选项，就可以实现窗口的排列效果。

切换窗口：窗口之间的切换可以按下"Alt+ Tab"组合键，就会在屏幕中间弹出各窗口的缩略图标方块；用"Alt+Esc"组合键可以直接在各个窗口之间进行切换，而不出现窗口图标方块。

五、Windows 7 菜单和对话框

菜单是 Windows 7 系统中命令集合的列表选项，用户选择其中的某个选项，系统就开始执行这个命令。对话框则主要强调操作者和计算机系统之间的信息交流，是典型的"人机对话"接口。

1. 菜单

菜单可以分为两种：第一种是普通下拉菜单，下拉菜单主要显示在窗口的菜单栏上，用户可以选择并实现基本操作。下拉菜单是多级的，用户通过选择可以实现一级菜单、二级菜单的操作，如图 2-7 所示。第二种是快捷菜单，用户单击鼠标右键，系统就会弹出快捷菜单。使用快捷菜单，用户可以方便地选择所需的命令，大大地缩短了选择命令的时间，如图 2-8 所示。

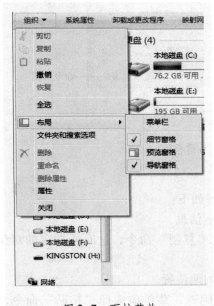

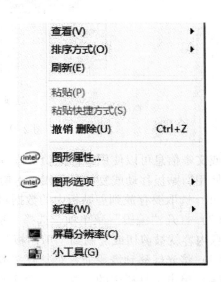

图 2-7　下拉菜单　　　　　　　　　图 2-8　快捷菜单

2. 对话框

对话框是 Windows 7 操作系统提供给用户执行应用程序的一种特殊形式。对话框主要用来进行人与系统之间的信息交互，当用户进行具体操作时，系统会自动弹出一个对话框，用户通过对话框可以获得进一步的操作提示和各种参数的设置，并可以根据实际情况做出相应的反馈和选择。对话框的大小是不可以改变的，对话框有多种形式，同时包括若干个选项，这些选项非常形象，用户操作起来非常方便。如图 2-9 所示是"打印"对话框。

六、Windows 7 剪贴板程序

Windows 7 剪贴板程序是一个在计算机内存中临时开辟用来存放数据信息的区域。Windows 7 正常启动后该程序常驻内存，在 Windows 7 环境及其他应用软件环境下随时供用户使用。利用剪贴板提供的剪切、复制、粘贴功能，用户可以在各个硬盘之间移动、复制文件（夹），还可以实现应用程序之间的信息交换，从而达到信息共享。

将应用程序中的文本、图形等信息剪切或复制到剪贴板中，然后使用粘贴命令即可将剪贴板中的内容传送到需要交换信息的应用程序中预定的位置上，因此在信息传递过程中"剪贴板"起到桥梁工具的作用。使用剪贴板交换信息，首先应选中文件（夹）或文本信息，该对象或文本信息将呈反白颜色显示，当所需的对象或文本信息被选中之后，选中

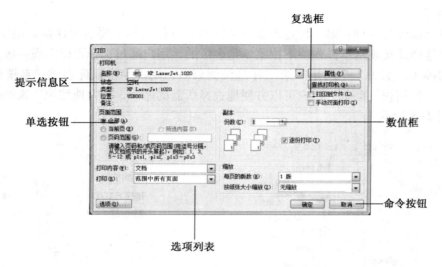

复选框

提示信息区

单选按钮

数值框

命令按钮

选项列表

图 2-9　"打印"对话框

对象或文本信息可以使用鼠标拖动。

　　使用剪贴板移动或复制对象或文本信息的过程如下：

　　（1）选取要存放到剪贴板中的数据对象或文本信息。

　　（2）打开"编辑"菜单项，选择"剪切"或"复制"命令，这时所选定的对象或文本信息内容就被剪切或复制到"剪贴板"上。

　　（3）将光标移到需要插入对象或文本信息目的地位置。

　　（4）单击工具栏中的"粘贴"命令或打开"编辑"菜单项选择"粘贴"命令，此时"剪贴板"中的内容将被粘贴到指定位置。使用"复制"命令操作时，当"粘贴"命令操作后，"剪贴板"中的内容仍然保留，可以进行多次粘贴操作。当执行"剪切"命令操作后，"剪贴板"中的内容只能进行一次性粘贴。应该注意的是，执行下一次"剪切"或"复制"命令操作后，"剪贴板"中的前一次内容将被覆盖，新的内容将取代原来的内容。Windows 7 每次关闭或重新启动机器时，剪贴板中的内容都将被清除。

任 务 实 施

一、"计算机"窗口操作

　　双击 Windows 7 桌面的"计算机"图标，打开如图 2-10 所示的"计算机"操作窗口。通过"计算机"窗口能够方便地查看计算机磁盘的内容，打开收藏夹和计算机库等对象。

　　1. 标题栏操作

　　双击标题栏区域，用户可使窗口在"最大化"与"还原"状态之间切换。当窗口处于"还原"状态时，鼠标拖动标题栏，就可以改变窗口的位置。

　　2. 控制按钮

　　单击"最小化"按钮可使窗口隐藏在任务栏中。单击"最大化/还原"按钮可使窗口

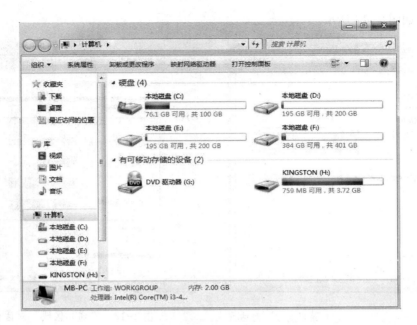

图 2-10　"计算机"操作窗口

最大化或还原状态显示。当窗口处于最大化状态时，显示"还原"按钮；当窗口处于还原状态时，显示"最大化"按钮。

3. 控制菜单

按下"Alt+空格"组合键，可以打开控制菜单；按键盘上的"上""下"键（↑、↓）选择菜单项，按"回车"键可以实现窗体的移动、改变显示状态和关闭窗体。

4. 搜索计算机

当用户在窗口右侧的"搜索计算机"区域中输入搜索关键词后按"回车"键，立刻就可以在系统工作区中得到搜索的结果。不仅搜索速度令人满意，且搜索过程的界面表现也很出色，包括搜索进度条、搜索结果条目显示等。

5. 工作区

工作区用于显示系统磁盘驱动器和其他设备等信息资源。工作区中的驱动器是物理磁盘真正保存文件或文件夹的位置，双击即可打开相应的文件和文件夹，用户可根据自己的实际情况来进行各种操作。

二、桌面操作

设置"任务栏"和"开始"按钮时，在任务栏空白处右键单击鼠标，在弹出的快捷菜单中执行"属性"命令，弹出"任务栏和「开始」菜单属性"对话框，如图 2-11 所示。锁定任务栏的只需右键单击任务栏的空白区域，在弹出的快捷菜单中选择"锁定任务栏"命令即可。

在"任务栏外观"选项组中，单击选定"锁定任务栏""自动隐藏任务栏""使用小图标"复选框可以对任务栏进行详细设置，还可以自由选择屏幕上任务栏的位置。单击"通知区域"选项组，可以进行多项选择和操作，例如设置系统音量是否显示在系统桌面上等内容，如图 2-12 所示。

图2-11 "任务栏和「开始」菜单属性"对话框   图2-12 "通知区域"对话框

三、"回收站"操作

回收站是计算机中存放删除的文件或文件夹的特定位置。用户在删除硬盘上的文件或文件夹时，并不是真正从磁盘上把文件彻底删除，而是通过回收站先进行暂时存放。回收站本质上是计算机硬盘存储空间的一部分，当用户发现删除内容有误时，可以及时恢复回收站中的内容。当执行回收站中的清空回收站命令时，才能把文件或文件夹真正地从硬盘上彻底删除。双击桌面上"回收站"图标，可打开如图 2-13 所示的"回收站"窗口。

图2-13 "回收站"窗口

1. 基本操作

1）清空"回收站"

鼠标右键单击"回收站"图标，执行"清空回收站"命令，可删除回收中的所有文件或文件夹。

2）部分删除

若删除"回收站"中的部分文件或文件夹，先选择要删除的文件或文件夹，然后单击鼠标右键，在弹出的快捷菜单中执行"删除"命令。

3）还原已删除的文件

在"回收站"的窗口中，选择需要还原的文件和文件夹，然后单击鼠标右键，在弹出的快捷菜单中执行"还原"命令即可完成文件的还原工作。

2. 回收站属性设置

在桌面上，鼠标右键单击"回收站"图标，执行快捷菜单中的"属性"命令，打开如图 2-14 所示的"回收站属性"对话框。

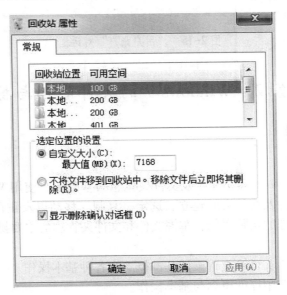

图 2-14 "回收站属性"对话框

在"回收站属性"对话框中，可以设定回收站在计算机磁盘中的位置，还可以自定义可用空间的大小。在该对话框的选项中，用户如果选择"不将文件移到回收站中。移除文件后立即将其删除"选项时，删除的文件或文件夹将无法恢复，因此该选项要小心设置。

四、Windows 7 用户管理操作

当多个用户同时使用一台计算机时，Windows 7 可以在系统中创建多个用户，不同用户在各自不同的账户下进行操作，保证了系统文件的安全性和稳定性。Windows 7 系统支持多用户管理，多个用户之间的系统设置是相对独立的。在 Windows 7 中，系统提供了管理员账户、标准账户和来宾账户，不同账户的使用权限各不相同。操作权限最高的是管理员账户，它有完全访问权，可以做任何需要的修改；标准账户只能更改不影响其他用户或计算机安全的系统设置；来宾账户拥有最低的使用权限，它不能对系统设置进行修改，只能进行最基本的操作，该账户针对的是临时使用计算机的用户，如图 2-15 所示。

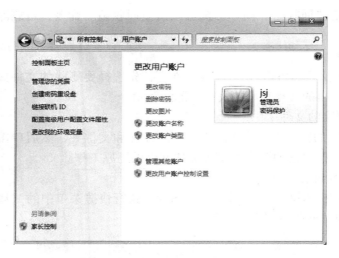

图 2-15　"用户账户"对话框

任务 2　Windows 7 的文件管理与操作

任 务 概 述

　　本任务是在掌握 Windows 7 文件及文件夹概念的基础上，使用 Windows 7 操作系统来完成计算机系统中文件及文件夹的建立、选定、复制、移动以及重命名等各种基本操作。通过完成资料分类管理的实际案例，掌握文件和文件夹管理的主要操作技能。

　　知识要求：

　　1. 掌握 Windows 7 文件和文件夹的基本概念和各种基本操作。

　　2. 掌握 Windows 7 中库的概念与基本操作。

　　能力要求：

　　1. 能够熟练运用 Windows 7 对计算机中的文件和文件夹进行全面管理。

　　2. 能够熟练运用 Windows 7 操作系统管理计算机中的各种软件。

　　态度要求：

　　1. 能主动学习，在使用计算机的过程中发现问题并解决问题。

　　2. 在实际应用过程中，能够快速完成各种基本操作。

　　3. 要严格遵守计算机安全规范。

相 关 知 识

一、文件和文件夹

1. 文件

文件是具有名字的、规则记录在存储介质上的一组相关信息的集合，是计算机磁盘管理的基本逻辑单位。计算机中处理的各种应用程序、数据和信息都是以文件的形式存储在磁盘中。文件在计算机中的范围非常广泛，可以是具有一定独立功能的应用程序，也可以是一组数据或信息（例如文本、声音、图像、视频）。

在计算机中，每个文件都有唯一的名字，操作系统通过文件名来管理和存储所有的程序、数据，即按名存取。文件名的构成规则是"主文件名 . 扩展名"。其中，主文件名是由一串字符构成，是文件名的主要部分；扩展名是用来表示文件所属的基本类型，不同的文件具有不同的扩展名。

在 Windows 7 中，文件的基本命名规则是：

（1）支持长文件名，最多可以使用 255 个字符（包括空格）。

（2）可以使用汉字、英文字符、数字、空格和一些特殊符号，但不能出现以下 9 个字符：/、\ 、:、 * 、?、"、<、>、|。

（3）Windows 系统对文件名中字母的大小写在显示时有所不同，但在使用时是不区分大小写的。

（4）在进行查找操作时，可以使用通配符" * "和"?"。

常见的文件扩展名及其含义见表 2-1。

表 2-1　常见的文件扩展名及其含义

扩展名	文件类型	扩展名	文件类型
com、exe	可执行文件	html	网页文件
txt	纯文本文件	jpeg、gif	图片文件
doc、docx	Word 文档	wav、mp3	音频文件
xls、xlsx	Excel 文档	mpeg	视频文件
ppt、pptx	幻灯片文档	pdf	电子文档文件

2. 文件夹

为了便于分类保存文件和高效管理文件，Windows 7 使用文件夹来管理和组织各种文件，大大提高了用户的操作性和系统的快捷性。一个文件夹下可以包含多个文件和子文件夹，各子文件夹中又同样可以包含多个下级文件和文件夹，通过文件夹的树状管理结构，用户可以对计算机中的文件和数据进行详细分类。文件夹的命名规则和文件名一样，但同一文件夹下不能有同名的文件或子文件夹。文件夹的树状结构如图 2-16 所示。

二、文件和文件夹的操作

文件和文件夹的操作是指对各种文件（夹）进行新建、选定、属性设置、重命名和移动等操作，这些基本操作在"计算机"窗口和"资源管理器"窗口都能够完成。

1. 新建文件

新建文件或文件夹时，首先要确定新建文件或文件夹的存储位置，然后单击鼠标右键，在弹出的快捷菜单中选择"新建/文件或文件夹"命令即可。

2. 选定文件

文件的选定方法见表 2-2。

当前文件夹中的文件列表

根目录

当前文件夹

图 2-16　文件夹的树状结构

表 2-2　文 件 的 选 定 方 法

选定文件	基 本 操 作
单个文件	鼠标左键直接单击所要选中的文件
多个连续文件	键盘移动光标到第一个文件上，按住"Shift"键，光标移到最后一个文件上
	鼠标左键单击第一个文件，按住"Shift"键，单击最后一个文件
多个不连续文件	鼠标左键单击第一个文件，按住"Ctrl"键，再单击剩余的每个文件

3. 属性设置

选择要设置相关属性的文件，单击鼠标右键，在弹出的快捷菜单中选择"属性"命令，打开如图 2-17 所示的对话框，可以根据需要设置文件的相应属性。

文件属性对话框中常用的是"常规"和"安全"选项卡。"常规"选项主要显示文件名、文件类型、位置、大小和创建时间等相关信息。"常规"的"属性"项中有两种选择：①"只读"，选中此项后文件将只能读取而不能修改；②"隐藏"，选中此项后文件将隐藏起来不可见。"安全"选项主要设置文件的权限，用户可以根据实际的需要来设置文件的有关特殊权限或高级设置，如图 2-18 所示。

4. 重命名

重命名可以修改文件或文件夹的名称。选择需要重命名的文件或文件夹，单击鼠标右键执行"重命名"命令，文件或文件夹的名称会显示变化，输入新文件名或文件夹名，按"回车"键或单击鼠标；也可以选择需要重命名的文件或文件夹后，再单击键盘上的"F2"功能键，输入新文件或文件夹名即可。

5. 文件移动

复制：选择要复制的文件或文件夹，执行"编辑/复制"命令或按下组合键"Ctrl＋

C"。粘贴：选择复制到的目标文件夹，执行"编辑/粘贴"命令或按下组合键"Ctrl+V"。
剪切：选择要剪切的文件或文件夹，执行"编辑/剪切"命令或按下组合键"Ctrl+X"。

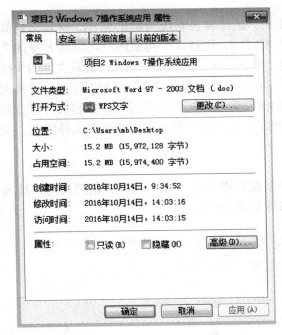

图 2-17　文件属性"常规"选项　　　　图 2-18　文件属性"安全"选项

6. 删除

选择要删除的文件或文件夹，执行快捷菜单中的"删除"命令或直接按"Delete"键，或将要删除的文件或文件夹直接拖动到"回收站"中，系统将显示如图 2-19 所示的"删除文件"对话框。若单击"是"按钮，则将文件或文件夹删除，并送入回收站暂存；若单击"否"按钮，则取消删除。

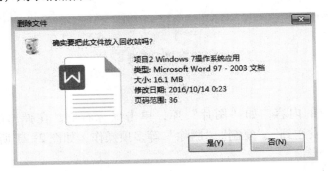

图 2-19　"删除文件"对话框

三、库的使用

如果在不同硬盘的分区、不同文件夹等设备中分别存储了一些文件，寻找文件及高效地管理这些文件将是一件非常困难的事情。在 Windows 7 操作系统中引入了"库"的概念，"库"是一个强大的文件管理器，是浏览、组织、管理和搜索具备共同特性的文件的一种方式。

Windows 7 的"库"是一个特殊的文件夹，从计算机系统资源的创建、管理，到修改、备份和还原，都可以在基于库的体系下来完成，通过这个功能用户可以将大量的文档、图片、音频、视频等资料进行统一管理，库里面保存的只是一些文件夹或文件的快捷方式，并没有改变文件的原始路径，系统可以在不改动文件存放位置的情况下集中管理大量的文件。"库"操作的出现，改变了传统的文件管理方式。库把搜索功能和文件管理功能整合在一起，"库"所倡导的是通过搜索和索引访问所有资源，而非按照文件路径、文件名的方式来访问。

1. 新建库

打开"计算机"窗口，在左侧出现的导航窗口中右击"库"选项，在弹出的快捷菜单中选择"新建"命令，即可生成新库，如图 2-20 所示。

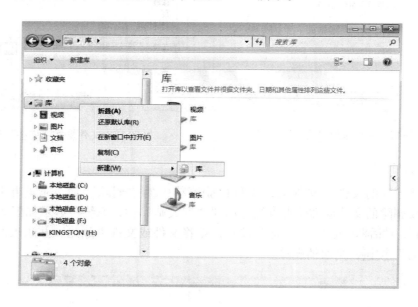

图 2-20 新建库

2. 库的操作

选择库中相应的内容，如"图片"库，单击鼠标右键，在弹出的菜单中可以进行"展开""共享""发送到""复制""删除"等多项操作，如图 2-21 所示。

一、设置文件夹选项

（1）显示隐藏的文件、文件夹或驱动器。

图 2-21　库的操作

（2）隐藏受保护的操作系统文件。

（3）隐藏已知文件类型的扩展名。

（4）在同一个窗口中打开每个文件夹或在不同窗口中打开不同的文件夹。

提示：在"组织"菜单中选择"文件夹和搜索选项"命令，单击"查看"来设置文件夹的相关属性。

二、浏览 Windows 7 目录

（1）分别选用小图标、列表、详细信息、内容等方式浏览 Windows 7 目录，观察各种显示方式之间的区别。

（2）分别按名称、大小、文件类型和修改时间对 Windows 7 目录进行排序，观察 4 种排序方式的区别。

三、浏览并记录计算机 E 盘的有关信息

该操作主要包括文件系统类型、可用空间、已用空间、总容量的大小等。

四、文件的创建、移动和复制

（1）在桌面上，建立文本文件 T1. txt 和文本文件 T2. txt，两个文件的内容任意输入。在 D 盘新建文件夹 Test1 和 Test2。

（2）将桌面上的 T1. txt 复制到 D：\ Test1 所在位置。

（3）将桌面上的 T1. txt 移动到 D：\ Test1 所在位置。

（4）将桌面上的 T2. txt 复制到 D：\ Test2 所在位置。

（5）将桌面上的 T2. txt 移动到 D：\ Test2 所在位置。

（6）将 D：\ Test1 文件夹移动到 D：\ Test2 中。要求移动整个文件夹，而不是仅仅移动其中的文件。

五、文件的删除及回收站的使用

（1）删除桌面上生成的文本文件 T3. txt。

（2）恢复刚刚被删除的文件。

（3）使用"Shift+Delete"组合键删除桌面上的文件 T3. txt，观察文件是否被放到回收站。

六、查看文件属性

查看 D：\ Test1 \ T1. txt 的文件属性，并把它设置为"只读"和"隐藏"。

七、搜索文件或文件夹

（1）查找 D 盘上所有扩展名为". doc"的文件。

提示：搜索时，可以使用通配符"？"和"＊"。"？"表示任一个字符，"＊"表示任意多个字符。在该题中应输入"＊. doc"作为文件名。

（2）查找 E 盘上文件名中第三个字符为"x"，扩展名为". jpeg"的文件。

提示：搜索时，输入"？？ x＊. jpeg"作为文件名。

（3）查找计算机硬盘中含有字符"Windows"的所有文件，并把它们复制到"D：\ Test2"文件夹中。

任务 3 计算机综合管理

任 务 概 述

本任务主要介绍了 Windows 7 操作系统中的任务管理器、设备管理器、磁盘管理以及控制面板等基本组件。用户在实际操作过程中，要能够熟练使用 Windows 7 操作系统提供的多种功能来实现计算机系统的综合管理和人机交互。

知识要求：

1. 掌握 Windows 7 任务管理器、设备管理器和控制面板的基本操作。

2. 掌握 Windows 7 系统性能的查看与维护、系统外观的设置、磁盘管理等。

能力要求：

1. 能够熟练运用 Windows 7 对计算机系统进行各种基本设置。

2. 能够熟练运用 Windows 7 操作系统对计算机软件、硬件资源进行有效管理。

态度要求：

1. 能主动学习，在操作计算机过程中发现问题并解决问题。

2. 在实际应用过程中，能够快速完成各种基本操作。

3. 要严格遵守计算机安全规范。

一、任务管理器

Windows 7 的任务管理器是常用的一个工具，它的功能非常强大，用户可以管理每一个正在运行的应用程序，查看进程、服务、网络等方面的信息，用户在系统的任务栏点击鼠标右键，然后在弹出的右键菜单中选择"启动任务管理器"后，就打开"Windows 任务管理器"窗口，图 2-22 所示的是 Windows 任务管理器中的"应用程序"选项，图 2-23 所示的是 Windows 任务管理器中的"进程"选项。

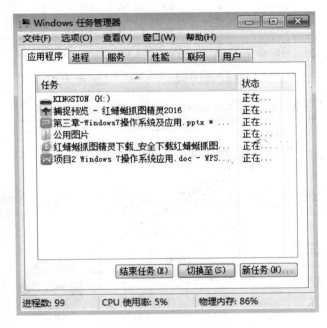

图 2-22　"应用程序"选项

二、设备管理器

在 Windows 7 操作系统中，用户可以通过系统中的"设备管理器"来方便地查看计算机中的硬件配置及使用情况，及时了解计算机的设备运行状态。在桌面上右键单击"计算机"图标，选择弹出快捷菜单中的"属性"命令，打开如图 2-24 所示的"系统"窗口，在"系统"窗口中可以查看有关计算机的基本信息，其中主要包括 Windows 的版本、系统制造商、处理器型号、安装内存和系统类型等相关信息。

Windows 操作系统的设备管理器能够有效管理系统的硬件资源，选择"系统"窗口左侧的"设备管理器"选项，打开"设备管理器"窗口，在窗口中以列表的方式显示了计算机中的所有设备类型，如图 2-25 所示。右键单击某个设备，在弹出的快捷菜单中选择"属性"命令，可以查看该设备的相关属性信息，如图 2-26 所示。

图 2-23 "进程"选项

图 2-24 "系统"窗口

三、磁盘管理

1. 磁盘格式化

磁盘格式化是将磁盘划分磁道和扇区，通过目录来检查磁盘中有无损坏情况的过程。格式化操作能够将磁盘上的所有数据和信息全部删除，用户在格式化操作时一定要慎重。

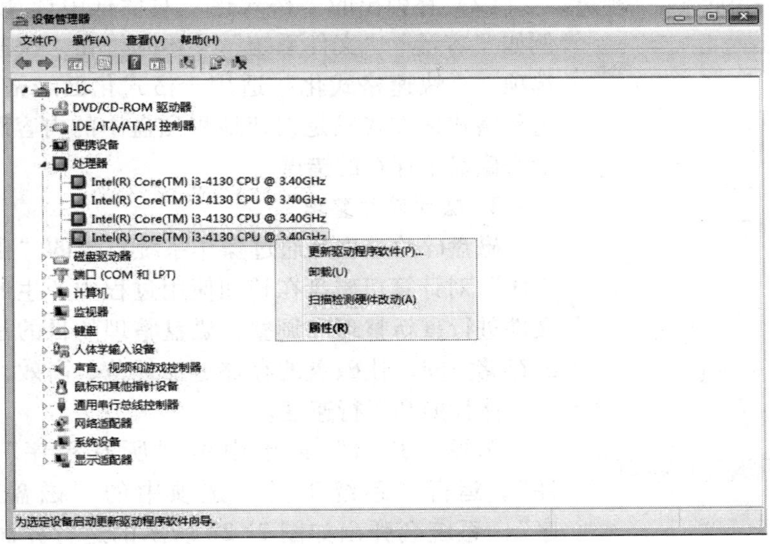

图 2-25 "设备管理器"窗口

图 2-26 "设备"属性

在 Windows 7 中格式化磁盘的基本操作方法如下：

（1）打开桌面上的"计算机"窗口，选中"E"盘，单击鼠标右键，在弹出的快捷菜单中选择"格式化"命令，就会弹出如图 2-27 所示的"格式化"对话框。

图 2-27　"格式化"对话框

（2）在弹出的"格式化"对话框中选择相应的内容，例如"容量""文件系统""卷标"和"快速格式化"等选项。"快速格式化"适用于格式化已经格式化的磁盘，这种格式化方式只是快速地将磁盘中的内容删除，它并不检查磁盘中存在的错误。

2. 磁盘碎片整理

磁盘碎片整理是通过操作系统自带的"磁盘碎片整理程序"对计算机磁盘在长期使用过程中产生的碎片和凌乱文件进行重新整理和调整，磁盘整理的目的是释放出更多的存储空间，让磁盘的存储更加规范、高效，提高计算机的整体性能和运行速度。

选择"开始"菜单中的"所有程序"，打开"附件"，运行"系统工具"选项中的"磁盘碎片整理程序"，系统会弹出如图 2-28 所示的运行界面。用户在分析磁盘结束后，单击"磁盘碎片整理"按钮即可。

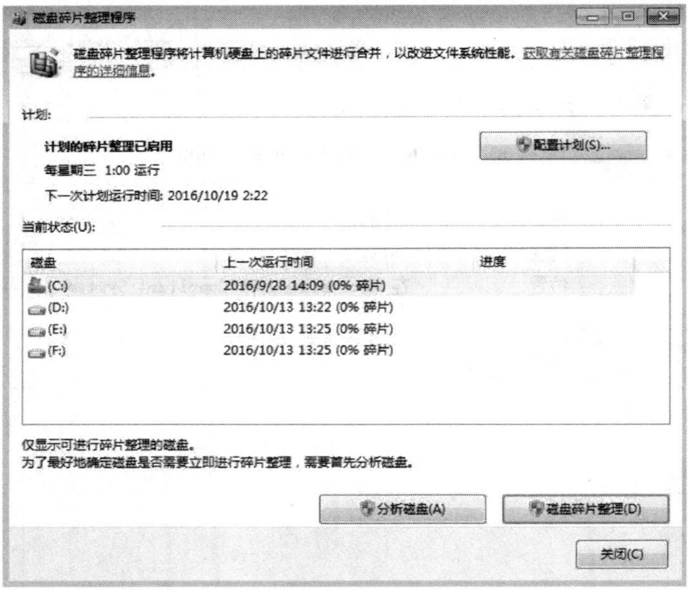

图 2-28　"磁盘碎片整理程序"窗口

四、控制面板

控制面板是 Windows 7 提供的图形用户界面的重要组成部分，是用户对系统程序进行管理的重要工具，它允许用户查看并操作基本的系统设置，如设置外观和主题、管理打印机以及其他硬件、添加/删除程序、控制用户账户、更改辅助功能选项等。

用户执行"开始"菜单中的"控制面板"命令，或单击"计算机"窗口工具条上的"打开控制面板"命令，即可打开"控制面板"窗口，如图 2-29 所示。

图 2-29　"控制面板"窗口

任务实施

一、更改"外观"

1. 更改桌面背景

桌面背景就是进入 Windows 7 操作系统后，呈现给用户的桌面背景颜色或图片。

（1）打开控制面板选择"外观"选项，打开的对话框如图 2-30 所示。

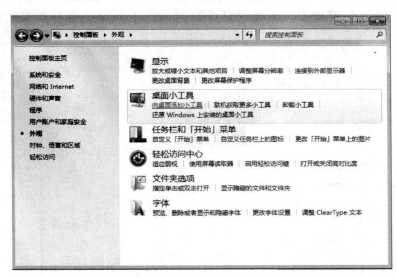

图 2-30　"外观"对话框

（2）在"显示"内容中选择"更改桌面背景"进入"桌面背景"对话框。在"图片

67

位置"下拉列表中选择桌面背景的显示方式，单击保存修改即可，如图2-31所示。

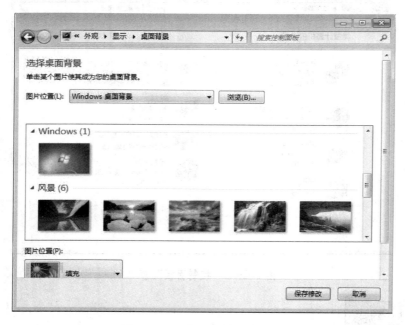

图2-31　"桌面背景"对话框

2. 调整屏幕显示分辨率

计算机屏幕的显示分辨率是指显示器所能显示的像素值，是计算机显示器性能的重要参数指标。在通常情况下，屏幕显示分辨率的值越高，所包含的像素就越多，图像也就越清晰。在 Windows 7 中，屏幕分辨率更改的步骤如下：

（1）在控制面板中，单击"外观"选项，打开"外观"窗口。

（2）在"外观"窗口中，选择"显示"对话框中的"屏幕分辨率"，如图 2-32 所示。

图2-32　"屏幕分辨率"窗口

（3）在"更改显示器的外观"对话框中，用户可以完成显示器、分辨率和方向等基本操作的设置。

3. 设置屏幕保护程序

在用户实际使用计算机的过程中，若在一段时间内不用计算机，可设置屏幕保护程序，以动态的画面显示屏幕来保护屏幕不受损坏。当用户设置了屏幕保护程序后，若在一段时间内不使用计算机，计算机便会自动启动屏幕保护程序，其操作如下：

（1）在控制面板中，单击"外观"选项，打开"外观"窗口。在"外观"窗口中的"显示"项目里点击"更改屏幕保护程序"选项卡，打开"屏幕保护程序"窗口（图2-33）。

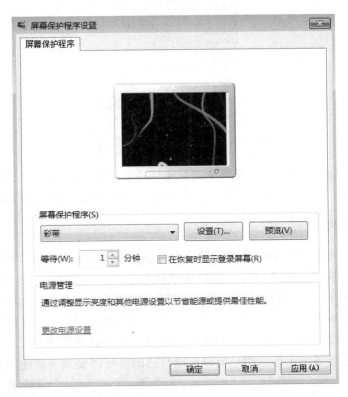

图2-33　"屏幕保护程序"窗口

（2）在"屏幕保护程序"下拉列表中，任意选择一种自己喜欢的屏幕保护程序（如"彩带"），在"等待"数值框中设置等待时间为"1分钟"，设置好以后用户可以预览屏幕保护程序的动画效果。

二、卸载或更改程序

如果在计算机中有不需要的应用程序，用户不要在应用程序所在的文件夹中直接进行删除，因为很多应用程序会在Windows文件夹中添加支持文件，同时会将安装信息写入计算机注册表中，如果直接删除应用程序，将给系统留下了许多垃圾文件。有些应用程序在"所有程序"菜单中自带有卸载程序，执行其卸载程序可将该应用程序删除。对于没有添加卸载功能的应用程序，用户可以通过控制面板中的"添加/删除程序"来完成。

（1）点击"控制面板"窗口中的"程序和功能"链接命令，打开如图 2-34 所示的"卸载或更改程序"窗口。

图 2-34　"卸载或更改程序"窗口

（2）在"卸载或更改程序"窗口中，首先选择要卸载的应用程序，然后单击列表中的"卸载"按钮或"更改"按钮，即可根据不同程序的需要和提示进行相应的操作。

三、桌面小工具

在 Windows 桌面空白处单击鼠标右键，在弹出的快捷菜单中选择"小工具"，即可打开"桌面小工具"窗口（图 2-35），窗口中默认的小工具主要有"CPU 仪表盘""幻灯片放映""货币""日历""时钟""天气""图片拼图板""源标题"，基本可以满足用户的一般需求。单击该窗口中任一小工具并点击"显示详细信息"，即可在下方看到该小工具的相关信息。在该窗口的下方，用户还可以点击"联机获取更多小工具"，即可连接到微软官方网站查看更多小工具，用户可以根据自己的实际需要来下载使用。

图 2-35　"桌面小工具"窗口

拓 展 知 识

一、要求

Windows 7 附件中自带的"画图"工具功能强大，用户可以高效地对图片进行各种编辑和操作。

二、操作提示

（1）在 Windows 7"开始"按钮中找到"所有程序"→"附件"→"画图"，启动画图应用程序。

（2）在画图程序中打开图片，若该图片的原始尺寸较小，可以通过画图程序右下角的滑动标尺来进行调整。用户也可以在画图的"查看"窗口中，直接点击"放大"或"缩小"按钮来调整图片的具体尺寸，如图 2-36 所示。

图 2-36　画图"查看"窗口

（3）当图片中局部文字或者图像太小而不清晰时，用户可以使用"画图"中的"放大镜"工具来放大图片中的某一部分。在操作时，鼠标左键单击实现放大，鼠标右键单击实现缩小，如图 2-37 所示。

（4）在画图程序中，用户可以使用"形状"菜单在图片中添各种类型的图案，如矩

图 2-37　画图"放大镜"功能

形、椭圆、心形、闪电形或多边形等，如图 2-38 所示。

图 2-38　画图"形状"菜单

思 考 与 练 习

1. 单选题

（1）在 Windows 7 中，当一个应用程序窗口被最小化后，该应用程序_____。

A. 被转入后台执行　　B. 被暂停执行　　　　C. 被终止执行　　　　D. 继续在前台执行

（2）在 Windows 7 中删除某程序的快捷键方式图标，表示_____。

A. 既删除了图标，又删除该程序

B. 只删除了图标而没有删除该程序

C. 隐藏了图标，删除了与该程序的联系

D. 将图标存放在剪贴板上，同时删除了与该程序的联系

（3）当前窗口处于最大化状态，双击该窗口标题栏，则相当于单击_____。

A. 最小化按钮　　　　B. 关闭按钮　　　　　C. 还原按钮　　　　　D. 系统控制按钮

（4）当选定文件或文件夹后，按"Shift+Delete"键的结果是_____。

A. 删除选定对象并放入回收站　　　　B. 对选定的对象不产生任何影响

C. 选定对象不放入回收站而直接删除　　D. 恢复被选定对象的副本

（5）在 Windows 7 中，可以移动窗口位置的操作是_____。

A. 用鼠标拖动窗口的菜单栏　　　　　B. 用鼠标拖动窗口的标题栏

C. 用鼠标拖动窗口的边框　　　　　　D. 用鼠标拖动窗口的工作区

（6）Windows 7 桌面上的任务栏中最左侧的一个按钮是_____。

A. "打开"按钮　　B. "还原"按钮　　C. "开始"按钮　　D. "确定"按钮

（7）在 Windows 7 中，选定多个连续的文件或文件夹，应首先选定第一个文件或文件夹，然后按_____键，单击最后一个文件或文件夹。

A. Shift　　　　　　B. Alt　　　　　　　C. Tab　　　　　　　D. Ctrl

（8）在 Windows 7 中，被放入回收站中的文件仍然占用_____。

A. 硬盘空间　　　　　B. 内存空间　　　　　C. 软件空间　　　　　D. 光盘空间

（9）在 Windows 7 环境中，当用户选择了某一部分信息后，要把它移动到别处，应当首先选择"编辑"菜单下的_____命令。

A. 复制　　　　　　　B. 粘贴　　　　　　　C. 剪切　　　　　　　D. 选择性粘贴

（10）在 Windows 7 中，各应用程序之间的信息交换是通过_____进行的。

A. 记事本　　　　　　B. 剪贴板　　　　　　C. 画图　　　　　　　D. 写字板

2. 填空题

（1）计算机系统是由_____和_____两大部分组成。

（2）操作系统种类繁多，不同的计算机系统采用的操作系统往往是不一样的，也有不同的分类标准，从用户使用角度来看可分为_____和_____。

（3）操作系统具有以下功能，分别是_____、_____、_____和_____。

（4）文件名一般由两部分构成，分别是_____和_____。

（5）在 Windows 7 中用鼠标左键将一个文件夹拖动到同一个磁盘的另一个文件夹，系统执行的是_____操作。

（6）若已经选定了所有文件，如果要取消其中几个文件的选定，则应在按住_____键的同时，再依次单击要取消选定的文件。

（7）复制操作的快捷键是_____，剪切操作的快捷键是_____，粘贴操作的快捷键是_____。

（8）要查找所有第一个字母为 W 并且文件扩展名为 docx 的文件，应在搜索框中输入_____。

（9）Windows 7 提供了 3 种类型的用户账号：_____、_____和_____。

（10）在不同的正在运行的应用程序之间进行切换，可以利用快捷键_____。

3. 问答题

（1）Windows 7 操作系统的基本功能和特点是什么？

（2）Windows 7 桌面图标有哪些排列方式？

（3）Windows 7 "任务栏"由哪几部分组成？

（4）Windows 7 中文件的命名规则是什么？

（5）Windows 7 中回收站的功能是什么？如何设置回收站的相关属性？

项目 3　Internet 基础与应用

任务 1　接　入　Internet

随着计算机的普及和计算机网络技术的发展，一户家庭已不仅仅拥有一台计算机，而且对 Internent 的接入需求也不仅局限于一台计算机。众多其他电子产品如网络电视机、手机、平板电脑等都有了入网的需求。

本任务所描述的是通过家庭局域网的连接和配置，实现光宽带上网的共享访问。

知识要求：

1. 了解计算机网络基本知识。

2. 掌握 Internet 的基本概念。

3. 熟悉网络信息安全方面知识。

能力要求：

1. 熟悉接入 Internet 的方式。

2. 熟练掌握家庭局域网的连接和配置。

态度要求：

1. 能与小组成员协商、合作完成学习任务。

2. 严格遵守安全操作规范。

一、计算机网络基础

1. 计算机网络的概述

计算机网络是指将地理位置不同的具有独立功能的若干台计算机及其外部设备通过通信线路和网络设备互连起来，在网络操作系统、网络管理软件及网络通信协议的管理和协调下，实现计算机间资源共享、信息交换或协同工作的系统。它是计算机技术与通信技术紧密结合的产物，两者的迅速发展及相互渗透，形成了计算机网络技术。

计算机网络应具有以下 4 个基本要素：

（1）至少存在两个以上的具有独立操作系统的计算机，它们之间需要进行资源共享、信息交换与传递。

（2）两个以上独立操作的计算机之间要拥有某种通信手段或方法进行互连。

（3）计算机之间要做到相互通信，就必须指定双方都认可的规则，也就是所谓的通信协议。

（4）需要有对资源进行集中管理或分散管理的软件系统，这就是网络操作系统（NOS，Network Operating System）。

综上所述，计算机网络是计算机科学和通信科学密切结合的产物，称为 CC 技术，其含义是 Computer+Communication＝Computer Network。

2. 计算机网络的组成

计算机网络是计算机应用的高级应用形式。

（1）从物理连接上讲，计算机网络由计算机系统、通信链路和网络节点组成。计算机系统进行各种数据处理，通信链路和网络节点提供通信功能。

计算机系统：计算机网络中的计算机系统主要担负数据处理工作，它可以是具有强大功能的大型计算机，也可以是一台微机，其任务是进行信息的采集、存储和加工处理。

网络节点：主要负责网络中信息的发送、接收和转发。网络节点是计算机与网络的接口，计算机通过网络节点向其他计算机发送信息，鉴别和接收其他计算机发送来的信息。在大型网络中，网络节点一般由一台通信处理机或通信控制器来担当，此时的网络节点还具有存储转发和路径选择的功能，在局域网中使用的网络适配器也属于网络节点。

通信链路：是连接两个节点的通信信道，包括通信线路和相关的通信设备。通信线路可以是双绞线、同轴电缆和光纤等有线介质，也可以是微波、红外等无线介质。相关的通信设备包括中继器、调制解调器等。中继器的作用是将数字信号放大，调制解调器则能进行数字信号和模拟信号的转换，以便将数字信号通过只能传输模拟信号的线路来传输。

（2）从逻辑功能上看，可以把计算机网络分成通信子网和资源子网两个子网。

通信子网：提供计算机网络的通信功能，由网络节点和通信链路组成。通信子网是由节点处理机和通信链路组成的一个独立的数据通信系统。

资源子网：提供访问网络和处理数据的能力，由主机、终端控制器和终端组成。主机负责本地或全网的数据处理，运行各种应用程序或大型数据库系统，向网络用户提供各种软件、硬件资源和网络服务；终端控制器用于把一组终端连入通信子网，并负责控制终端信息的接收和发送。终端控制器可以不经主机直接和网络节点相连，当然还有一些设备也可以不经主机直接和节点相连，如打印机和大型存储设备等。

3. 计算机网络的功能

随着计算机网络技术的发展及应用需求层次的日益提高，计算机网络功能的外延也在不断扩大。归纳起来，计算机网络主要有以下功能：

（1）数据通信。数据通信是计算机网络的基本功能之一，用于实现计算机之间的信息传送。在计算机网络中，人们可以收发电子邮件，发布新闻、消息，进行电子商务、远程教育、远程医疗，传递文字、图像、声音、视频等信息。

（2）资源共享。计算机资源主要是指计算机的硬件、软件和数据资源。资源共享功能是组建计算机网络的驱动力之一，使得网络用户可以克服地理位置的差异性，共享网络中的计算机资源。共享硬件资源可以避免贵重硬件设备的重复购置，提高硬件设备的利用率；共享软件资源可以避免软件开发的重复劳动与大型软件的重复购置，进而实现分布式计算的目标；共享数据资源可以促进人们相互交流，达到充分利用信息资源的目的。

（3）分布式处理。对于综合性的大型科学计算和信息处理问题，可以采用一定的算法，将任务分给网络中不同的计算机，以达到均衡使用网络资源，实现分布处理的目的。

（4）提高系统的可靠性。可靠性对于军事、金融和工业过程控制等部门的应用特别重要。计算机通过网络中的冗余部件，尤其是借助虚拟化技术可大大提高可靠性。例如，在工作过程中，如果一台设备出了故障，可以使用网络中的另一台设备；网络中的一条通信线路出了故障，可以取道另一条线路，从而提高了网络整体系统的可靠性。

4. 计算机网络的分类

从不同的角度出发，计算机网络可以有不同的分类方法，最常见的分类方法有以下几种。

1）根据网络的覆盖范围划分

（1）局域网（LAN，Local Area Network）。一般用微机通过高速通信线路连接，覆盖范围从几百米到几公里，通常用于连接一个房间、一层楼或一座建筑物。局域网传输速率高，可靠性好，适用各种传输介质，建设成本低。

（2）城域网（MAN，Metropolitan Area Network）。它是在一座城市范围内建立的计算机通信网，通常使用与局域网相似的技术，但对媒介访问控制在实现方法上有所不同，它一般可将同一城市内不同地点的主机、数据库以及 LAN 等互相连接起来。

（3）广域网（WAN，Wide Area Network）。用于连接不同城市之间的 LAN 或 WAN。广域网的通信子网主要采用分组交换技术，常借用传统的公共传输网（如电话网），这就使广域网的数据传输相对较慢，传输误码率也较高。随着光纤通信网络的建设，广域网的速度将大大提高。广域网可以覆盖一个地区或国家。

（4）因特网（Internet）。可以说是最大的广域网。它将世界各地的广域网、局域网等互联起来，形成一个整体，实现全球范围内的数据通信和资源共享。

2）按网络的拓扑结构划分

把网络中的计算机等设备抽象为点，把网络中的通信媒体抽象为线，这样就形成了由点和线组成的几何图形，即采用拓扑学方法抽象出的网络结构，称之为网络的拓扑结构。计算机网络按拓扑结构可以分成总线型网络、星形网络、环形网络、树状网络和混合型网络等。

（1）总线型拓扑。采用单一信道作为传输介质，所有主机（或站点）通过专门的连接器接到这根称为总线的公共信道上，如图 3-1 所示。

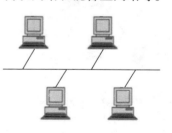

在总线型拓扑中，任何一台主机发送的信息都沿着总线向两个方向扩散，并且总能被总线上的每一台主机所接收。由于其信息是向四周传播的，类似于广播，所以总线网络也被称为广播网。这种拓扑结构的所有主机都彼此进行了连接，从而可以直接通信。

图 3-1　总线型拓扑

总线型拓扑结构的优点是：结构简单，布线容易，站点扩展灵活方便，可靠性高。其缺点是：故障检测和隔离较困难，总线负载能力较低。另外，一旦线缆中出现断路，就会使主机之间造成分离，使整个网段通信中止。

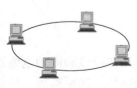

图 3-2　环形拓扑

（2）环形拓扑。它是一个包括若干节点和链路的单一封闭环，每个节点只与相邻的两个节点相连，如图 3-2 所示。

在环形拓扑中，信息沿着环路按同一个方向传输，依次通过每一台主机。各主机识别信息中的目的地址，如与本机地址相符，则信息被接收下来。信息环绕一周后由发送主机将其从环上删除。

环形结构的优点是：容易安装和监控，传输最大延迟时间是固定的，传输控制机制简单，实时性强。其缺点是：网络中任何一台计算机的故障都会影响整个网络的正常工作，故障检测比较困难，节点增、删不方便。

（3）星形拓扑。它是由各个节点通过专用链路连接到中央节点上而形成的网络结构，如图3-3所示。

在星形拓扑中，各节点计算机通过传输线路与中心节点相连，信息从计算机通过中央节点传送到网上的所有计算机。星形网络的特点是很容易在网络中增加新节点，数据的安全性和优先级容易控制。网络中的某一台计算机或者一条线路的故障不会影响整个网络的运行。

星形结构的优点是：传输速度快，误差小，扩容比较方便，易于管理和维护，故障的检测和隔离也很方便。其缺点是：中央节点是整个网络的瓶颈，必须具有很高的可靠性。中央节点一旦发生故障，整个网络就会瘫痪。另外，每个节点都要和中央节点相连，需要耗费大量的电缆。实际上大都是采用交换机来构建多级结构的星形网络，形成扩展星形结构。

（4）树状拓扑。它是从总线型拓扑演变而来的，在树状拓扑中任何一个节点发送信息后都要传送到根节点，然后从根节点返回整个网络，如图3-4所示。

这种结构的网络在扩容和容错方面都有很大优势，很容易将错误隔离在小范围内。这种网络依赖根节点，如果根节点出了故障，则整个网络将会瘫痪。

（5）网状拓扑。网状结构由节点和连接节点的点到点链路组成，每个节点都有一条或几条链路同其他节点相连，如图3-5所示。

  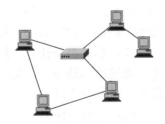

图3-3　星形拓扑　　　　　图3-4　树状拓扑　　　　　图3-5　网状拓扑

网状结构通常用于广域网中，优点是节点间路径多，局部的故障不会影响整个网络的正常工作，可靠性高，而且网络扩充和主机入网比较灵活、简单。但这种网络的结构和协议比较复杂，建网成本高。

3）按传输介质划分

计算机网络按传输介质的不同可以划分成有线网和无线网。

有线网采用双绞线、同轴电缆、光纤或电话线做传输介质。采用双绞线和同轴电缆连成的网络经济且安装简便，但传输距离相对较短。以光纤为介质的网络传输距离远，传输率高，抗干扰能力强，安全好用，但成本稍高。

无线网主要以无线电波或红外线为传输介质，联网方式灵活方便，但联网费用稍高，可靠性和安全性还有待完善。另外，还有卫星数据通信网，它是通过卫星进行数据通信的。

4）按网络的使用性质划分

计算机网络按网络的使用性质的不同，可分为公用网和专用网。其中，公用网（Public Network）是一种付费网络，属于经营性网络，由电信部门或其他提供通信服务的经营部门组建、管理和控制，任何单位和个人付费租用一定带宽的数据信道，如我国的电信网、广电网、联通网等。专用网（Private Network）是某个部门根据本系统的特殊业务需要而建造的网络，这种网络一般不对外提供服务，如军队、政府、银行、电力等系统的网络就属于专用网。

5. 计算机网络的发展趋势

计算机网络的发展方向是 IP 技术+光网络，光网络将会演进为全光网络。从网络的服务层面上看，将是一个 IP 的世界，通信网络、计算机网络和有线电视网络将通过 IP 三网合一；从传送层面上看，将是一个光的世界；从接入层面上看，将是一个有线和无线的多元化世界。

1）三网合一

随着技术的不断发展，新旧业务的不断融合，目前广泛使用的通信网络、计算机网络和有线电视网络三类网络正逐渐向单一的统一 IP 网络发展，即为三网合一。

IP 网络可将数据、语音、图像、视频均封装到 IP 数据包中，通过分组交换和路由技术，采用全球性寻址，使各种网络无缝连接。IP 协议将成为各种网络、各种业务的"共同语言"，实现三网合一并最终形成统一的 IP 网络，这样会大大地节约开支、简化管理、方便用户。可以说三网合一是网络发展的一个最重要的趋势。

2）光通信技术

随着光器件、各种光复用技术和光网络协议的发展，光传输系统的容量已从 Mbit/s 级发展到 Tbit/s 级，提高了近 10 万倍。光通信技术的发展主要有两个大方向：一是主干传输向高速率、大容量的光传送网发展，最终实现全光网络；二是接入向低成本、综合接入、宽带化光纤接入网发展，最终实现光纤到家庭和光纤到桌面。全光网络是指光信息流在网络中的传输及交换始终以光的形式实现，不再需要经过光/电、电/光转换，即信息从源节点到目的节点的传输过程中始终在光域内。

3）IPv6 协议

TCP/IP 协议簇是互联网的基石之一。目前广泛使用的 IP 协议的版本为 IPv4，其地址位数为 32 位，即理论上约有 40 亿（2^{32}）个地址。随着互联网应用的日益广泛和网络技术的不断发展，IPv4 的问题逐渐显露出来，主要有地址资源枯竭、路由表急剧膨胀、对网络安全和多媒体应用的支持不够等。

IPv6 作为下一代的 IP 协议，采用 128 位地址长度，即理论上约有 2^{128} 个地址，几乎可以不受限制地提供地址。IPv6 除解决了地址短缺问题外，同时也解决了 IPv4 中端到端 IP 连接、服务质量（QoS）、安全性等缺陷。很多网络设备都已经支持 IPv6，目前正在逐步走进 IPv6 时代。

4）宽带接入技术与移动通信技术

低成本光纤到户的宽带接入技术和更高速的 3G、4G 乃至以后的 5G 宽带移动通信系统技术的应用，使得不同的网络间无缝连接，为用户提供满意的服务。同时，网络可以自行组织，终端可以重新配置和随身携带，它们带来的宽带多媒体业务也逐渐步入我们的生活。

6. 计算机网络的新技术

1）物联网

物联网是新一代信息技术的重要组成部分，英文名称是"The Internet of things"。顾名思义，物联网就是物物相连的互联网，其核心和基础仍然是互联网，是在互联网基础上延伸和扩展的网络。物联网基于互联网、传统电信网等信息承载体，让所有能够被独立寻址的普通物理对象实现互联互通，具有智能、先进、互联重要特征。物联网通过智能感知、识别技术与普适计算、广泛在网络的融合应用，被称为继计算机、互联网之后世界信息产业发展的第三次浪潮。

物联网的发展得到了全球各国政府的重视，与此同时，全球的相关产业链已行动起来，国际物联网产业的生态布局已经全面展开。全球信息科技发展正经历从互联网、移动互联网到物联网的延伸，物联网引领的新型信息化与传统领域走向深度融合，芯片巨头、设备制造商、IT 厂商、电信运营商、互联网企业等纷纷依托核心能力，积极进行物联网生态布局，抢占行业发展先机，在竞争与合作中共同推动物联网向前进步。

近年来，随着芯片、传感器等硬件价格的不断下降，通信网络、云计算和智能处理技术的革新和进步，物联网迎来了快速发展期。2015 年全球物联网市场规模达到 624 亿美元，比 2014 年增长 29%。到 2018 年全球物联网设备市场规模有望达到 1036 亿美元，2013—2018 年复合成长率将达 21%，2019 年新增的物联网设备接入量将从 2015 年的 16.91 亿台增长到 30.54 亿台。据预测，到 2020 年世界上物物互联的业务，跟人与人通信的业务相比将达到 30∶1，物联网被视作下一个万亿级的通信业务。而对于"智慧城市"的建设而言，物联网将信息交换延伸到物与物的范畴，价值信息极大丰富和无处不在的智能处理将成为城市管理者解决问题的重要手段。

2）云计算（Cloud Computing）

云计算是一种通过 Internet 以服务的方式提供动态可伸缩的虚拟化资源的计算模式。云计算是分布式计算（Distributed Computing）、并行计算（Parallel Computing）、效用计算（Utility Computing）、网络存储（Network Storage Technologies）、虚拟化（Virtualization）、负载均衡（Load Balance）等传统计算机和网络技术发展融合的产物，具有超大规模、高可扩展性、高可靠性、虚拟化、按需服务、极其廉价、通用性强的特点。

云计算由一系列可以动态升级和被虚拟化的资源组成，这些资源被所有云计算的用户共享并且可以方便地通过网络访问，用户无须掌握云计算的技术，只需要按照个人或者团体的需要租赁云计算的资源。早在 20 世纪 60 年代，美国科学家麦卡锡就提出了把计算能力作为一种像水和电一样的公用事业提供给用户的理念，这成为云计算思想的起源。在80 年代网格计算，90 年代公用计算，21 世纪初虚拟化技术、SOA（面向服务的架构）、SaaS（软件即服务）应用的支撑下，云计算作为一种新兴的资源使用和交付模式逐渐为学界和产业界所认知。中国云发展创新产业联盟评价云计算为"信息时代商业模式上的创新"。

3）移动互联网技术

移动互联网（Mobile Internet）是将移动通信和互联网二者结合，用户借助移动终端（手机、PDA、上网本）通过网络访问互联网。移动互联网的出现与无线通信技术"移动宽带化，宽带移动化"的发展趋势密不可分。

从 GPRS 接入方式而言，移动互联网分为两类：

（1）传统 WAP 业务。手机通过 WAP 网关接入运营商内部的 WAP 网络以及公共 WAP 网络来使用特定的移动互联网业务，用户只能访问 WAP 网络内部的服务器，不能访问没有接入 WAP 网络的服务器。

（2）互联网业务。手机或上网本通过 GGSN（GPRS 路由器）直接接入互联网，用户可以访问互联网上的任何服务器，访问范围与宽带上网相同。

随着技术的不断进步和用户对信息服务需求的不断提高，移动互联网将成为继宽带技术后互联网发展的又一推动力。同时，随着 3G 技术的快速发展，越来越多的传统互联网用户开始使用移动互联网服务，使得互联网更加普及。

在最近几年里，移动通信和互联网成为当今世界发展最快、市场潜力最大、前景最诱人的两大业务。这一历史上从来没有过的高速增长现象反映了随着时代与技术的进步，人类对移动性和信息的需求急剧上升。移动互联网正逐渐渗透到人们生活、工作的各个领域，短信、铃图下载、移动音乐、手机游戏、视频应用、手机支付、位置服务等丰富多彩的移动互联网应用迅猛发展，正在深刻改变信息时代的社会生活。

二、局域网技术基础

局域网是涉及最多的工作网络环境，几乎所有的办公网络环境都离不开局域网。

1. 局域网的概念及特点

局域网（LAN，Local Area Network）全称为"局部区域网络"。它主要是指在较小的地理范围内，利用通信线路把数据设备连接起来，实现彼此之间的数据传输和资源共享的系统。

局域网主要的特点有以下几点：

（1）覆盖的地理范围较小，只在一个相对独立的局部范围内联，如一座或集中的建筑群内。

（2）使用专门铺设的传输介质进行联网，数据传输速率高。

（3）通信延迟时间短，可靠性较高。

（4）局域网可以支持多种传输介质。

2. 局域网的组成

局域网由硬件和软件两个部分组成。

1）局域网的硬件

局域网的硬件主要包括终端设备（服务器、工作站、网络打印机和绘图仪）、网络传输设备（网络适配器、中继器、路由器、网关、交换机）和网络传输介质（双绞线、铜轴电缆、光纤）。

（1）服务器（Server）：是局域网的核心控制计算机，主要作用是管理网络资源和协助处理其他设备提交的任务，它拥有可供共享的数据和文件。服务器通常选用性能较好的计算机，其处理能力、内存、外存等都可能配置得很高，其供电系统也较好，这样可以保持长时间不间断运行。通常网络中可以有一台服务器，也可以有多台服务器。服务器从外形看主要有台式、机架式、刀片式等，如图 3-6 所示。服务器从应用功能上可分为文件服务器、打印服务器、通信服务器、数据库服务器等。文件服务器是局域网上最基本的服务器，用来管理局域网内的文件资源；打印服务器则为用户提供网络共享打印服务；通信服务器主要负责本地局域网与其他局域网、主机系统或远程工作站的通信；数据库服务器则是为用户提供数据库检索、更新等服务。

(a) 台式服务器   (b) 机架式服务器   (c) 刀片式服务器

图 3-6　服务器示意图

（2）工作站（Work Station）：是连接到网上的每一台 PC，每个工作站仍保持 PC 原有功能，它既能作为独立的服务器使用，同时也能通过网卡上网作为网上的用户工作站来访问服务器，共享网络资源。

（3）网络适配器（Adapter 或 NIC，Network Interface Card）：为了将网络各个节点连入网络中，需要使用网络接口设备在通信介质和数据处理设备（计算机）之间进行物理连接，这个网络接口设备就是网络适配器（也称网卡）。网卡的主要功能有：信息包的封装和拆封；网络传输信号生成；地址识别；网络访问控制；数据校验，如图 3-7 所示。

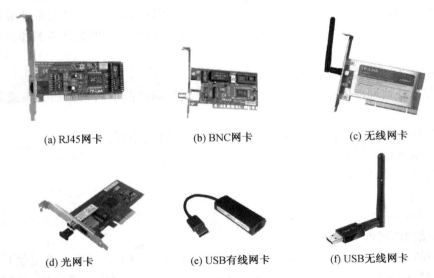

(a) RJ45网卡   (b) BNC网卡   (c) 无线网卡

(d) 光网卡   (e) USB有线网卡   (f) USB无线网卡

图 3-7　常见的网卡实物图

（4）中继器（Repeater）：主要作用是用来对信号进行加强和整形，因为信号在传输一段距离后会衰减失真，所以必须要用中继器来增强和整形信号，使信号的传输得以延伸并被接收方正确接收。中继器不具有信号过滤功能，它是有什么信号就传输什么信号，完全原封不动地传送，如图 3-8 所示。

(a) RJ45中继器　　　　　(b) 无线中继器　　　　　(c) 光纤中继器

图 3-8　中继器实物图

（5）路由器（Router）：是网络互连的关键设备，它可以完成从信息发出机器到信息接收机器之间的最佳信息传输路径的计算和确定工作。它是互联网的主要节点设备。路由器的处理速度是网络通信的主要瓶颈之一，它的可靠性直接影响着网络互连的质量，如图 3-9 所示。

（6）网关（Gateway）：其功能基本上与路由器类似，但比路由器的功能更强，它主要用于连接两个不同体系的网络，其最主要功能是协议转换，如图 3-10 所示。

(a) 有线路由器　　　　(b) 无线路由器

图 3-9　路由器实物图　　　　　　　图 3-10　网关实物图

（7）交换机（Switch）：是一种基于网卡硬件地址（MAC 地址）识别，能完成封装转发数据包功能的网络设备。交换机在同一时刻可以进行多个端口之间的数据传输。每一个端口都可视为独立的网段，连接在其上的网络设备独自享有全部的带宽，无须同其他设备竞争使用。最常见的交换机是以太网交换机。其他常见的还有电话语音交换机、光纤交换机等，如图 3-11 所示。

(a) 24口网络交换机　　　　(b) 48口网络交换机　　　　(c) 光纤交换机

图 3-11　交换机实物图

（8）网络传输介质：是网络中发送方与接收方之间的物理通路，它对网络的数据通信具有一定的影响。常用的传输介质分为有线传输介质和无线传输介质两大类。有线传输介质是指在两个通信设备之间实现的物理连接部分，它能将信号从一方传输到另一方。有线传输介质主要有双绞线、同轴电缆和光纤，如图 3-12 所示。双绞线和同轴电缆传输电信号，光纤传输光信号。无线传输介质指我们周围的自由空间。利用无线电波在自由空间的传播可以实现多种无线通信。在自由空间传输的电磁波根据频谱可将其分为无线电波、微波、红外线、激光等，信息被加载在电磁波上进行传输。

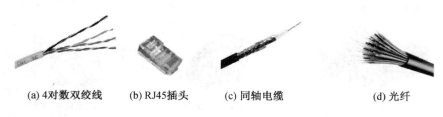

(a) 4对数双绞线　　(b) RJ45插头　　(c) 同轴电缆　　(d) 光纤

图 3-12　有线网络传输介质实物图

2）局域网的软件

局域网的软件主要包括网络协议软件、通信软件和网络操作系统等。网络协议软件主要用于实现物理层及数据链路层的某些功能；通信软件用于管理各个工作站之间的信息传输；网络操作系统是指网络环境上的资源管理程序，例如 UNIX 操作系统、Novell Netware 操作系统、Microsoft Windows 操作系统。

三、Internet 基础

Internet 的中文译名为因特网，是全球计算机和计算机网络通过统一的通信协议（TCP/IP）连接在一起的集合，这些网上计算机用户能够共享信息资源并互通信息。

1. Internet 的起源与发展

Internet 是在美国较早的军用计算机网 ARPANet 的基础上经过不断发展变化而形成的，其起源主要可分为以下 3 个阶段。

Internet 的雏形形成阶段：1969 年，美国国防部高级研究计划局（ARPA）开始建立一个命名为 ARPANet 的网络，当时建立这个网络只是为了将美国的几个军事及研究用电脑主机连接起来。人们普遍认为这就是 Internet 的雏形。

Internet 的发展阶段：美国国家科学基金会（NSF）在 1985 年开始建立 NSFNet。NSF 规划建立了 15 个超级计算中心及国家教育科研网，用于支持科研和教育的全国性规模的计算机网络 NFSNet，并以此作为基础，实现同其他网络的连接。NSFNet 成为 Internet 上主要用于科研和教育的主干部分，代替了 ARPANet 的骨干地位。1989 年，MILNet（由 ARPANet 分离出来）实现和 NSFNet 的连接后，就开始采用 Internet 这个名称。此后，其他部门的计算机网相继并入 Internet，ARPANet 宣告解散。

Internet 的商业化阶段：20 世纪 90 年代初，商业机构开始进入 Internet，使 Internet 开始了商业化的新进程，也成为 Internet 大发展的强大推动力。1995 年，NSFNet 停止运作，Internet 彻底商业化。

这种把不同网络连接在一起的技术的出现，使计算机网络的发展进入一个新的时期，形成由网络实体相互连接而构成的超级计算机网络，人们把这种网络形态称为 Internet（互联网络）。

2. Internet 在中国的发展

1987 年 9 月 20 日，钱天白教授发出我国第一封电子邮件《越过长城，通向世界》，揭开了中国人使用 Internet 的序幕。

Internet 在中国的发展可以粗略地划分为 3 个阶段：第一阶段为 1987—1993 年，我国的一些科研部门通过 Internet 建立电子邮件系统，并在小范围内为国内少数重点高校和科研机构提供电子邮件服务；第二阶段为 1994—1995 年，这一阶段是教育科研网发展阶段，北京中关村地区及清华大学、北京大学组成的 NCFC 网于 1994 年 4 月开通了与国际 Internet 的 64 Kbit/s 专线连接，同时还设立了中国最高域名（cn）服务器，这时中国才算真正加入了国际 Internet 行列，此后又建成了中国教育和科研计算机网（CERNet，China Educational Research Network）；第三阶段是 1995 年以后，该阶段开始了商业应用。

2016 年 8 月，中国互联网络信息中心（CNNIC）发布了《第 38 次中国因特网发展状况统计报告》，数据显示，截至 2016 年 6 月，中国网民数量达到 7.10 亿，手机网民数量达到 6.56 亿，互联网普及率达到 51.7%，即时通信、搜索引擎、网络新闻作为基础的互联网应用，用户规模保持稳健增长，使用率均在 80% 以上；商务交易类应用持续快速增长，政策监管持续完善；网上支付线下场景不断丰富，大众线上理财习惯逐步养成；在线教育、在线政务服务发展迅速，互联网带动公共服务行业发展。今后，随着移动通信网络环境的不断完善以及智能手机的进一步普及，移动互联网应用向用户各类生活需求深入渗透，促进手机上网使用率增长。

3.4 Internet 提供的服务

Internet 为全球提供海量信息服务的同时，也提供方便快捷的通信方式。人们进入 Internet 后，就可以利用其中各个网络和各种计算机上无穷无尽的资源，同世界各地的人们自由通信和交换信息，以及去做通过计算机能做的各种各样的事情，享受 Internet 为我们提供的各种服务。

1）WWW 浏览

WWW（World Wide Web）即万维网，简称 3W 或 Web，它是一个基于超文本（Hypertext）方式的信息查询工具，是目前 Internet 上最广泛的服务类型。

2）E-mail 服务

E-mail（Electronic Mail）即电子邮件，它是用户或用户组之间通过计算机网络收发信息的服务。使用 E-mail 服务需要向服务提供商申请个人电子邮箱，从而获得电子邮件地址。通过电子邮件地址，用户可以方便、快速地交换信息。目前，电子邮件服务已成为网络用户之间简便、可靠及成本低廉的现代通信手段，也是 Internet 上使用最广泛、最受欢迎的服务之一。

3）IM 服务

IM（Instant Messaging）即即时通信，是一种基于 Internet 的即时交流信息的技术，允许两人或多人使用网络即时地传递文字信息、档案、语音与视频交流等。目前 Internet 上有多种 IM 服务，比较流行的即时通信软件有 QQ、MSN、UC、IS、YY、阿里旺旺等。

4）FTP 服务

FTP 服务即文件传输服务，是 Internet 提供的最基本的服务之一，能实现网络中计算机之间文件的传送。它是一种实时的联机服务，是在网络通信协议 FTP（File Transfer Protocol）上实现的。使用 FTP 可以传送文本文件、二进制文件、图像文件、声音文件、数据压缩文件等多种不同类型的文件。

5）Telnet 服务

Telnet 服务即远程登录服务，是在网络通信协议 Telnet（Telecommunications Network）

的支持下使本地计算机暂时成为远程计算机仿真终端的过程。

Telnet 是一个强有力的资源共享工具，许多大学图书馆都通过 Telnet 对外提供联机检索服务。

6）BBS 服务

BBS（Bulletin Board System）服务即电子公告牌，也称为网络论坛，是一种用于公布信息和提供网上专题讨论、交流的方式，能提供信件讨论、软件下载、在线聊天等多种服务。

7）Usenet 服务

Usenet 即网络新闻组，简单地说就是一个基于网络的计算机组合，这些计算机被称为新闻服务器，不同的用户通过一些软件可连接到新闻服务器，阅读其他人的消息并可以参与讨论。

8）其他服务

Internet 还提供其他很多服务，如文档检索服务 Archie、关键词查询服务 WAIS、菜单检索服务 Gopher、IP 电话、博客 Blog、播客 Podcasting、网络影音及电子商务等。

4. IP 地址

在计算机网络中，IP 地址是 Internet 赖以工作的基础。所谓 IP 地址就是给每一个连接在 Internet 上的主机（包括路由器）分配一个在全世界范围内唯一的地址。这个地址由 ICANN（互联网名称与数字地址分配机构）负责分配。

目前计算机网络广泛采用的是 IPv4 地址，但随着 Internet 中计算机网络和计算机接入数的增多，IPv4 地址面临枯竭的境地。因此，互联网工程任务组 IETF 设计了下一代 IP 协议 IPv6 用于替代现行版本 IP 协议（IPv4），并于 2012 年 6 月在全球范围内正式启用。IPv6 把 IP 地址由 32 位增加到 128 位，从而能够支持更大的地址空间，使 IP 地址在可预见的将来不会用完。遗憾的是，新标准不能向下兼容。作为替代标准，IPv4 和 IPv6 必须共存。在将来的一段时间，大多数互联网内容和应用服务仍将继续通过 IPv4 到达，同时 IPv6 使用也会逐步成熟。下面以 IPv4 版本的 IP 地址进行阐述。

1）IP 地址的表示

在 IPv4 中，IP 地址是一个 32 位的二进制无符号数，为了表示方便，国际通行一种点分十进制表示法：即将 32 位地址按字节分为 4 段，高字节在前，每个字节用十进制数表示出来，并且各字节之间用点号（.）隔开。这样，IP 地址表示成了一个用点号隔开的 4 组数字，每组数字的取值范围只能在 0~255，例如，IP 地址可以是 192.168.1.1 或 35.1.7.48。从概念上讲，每个 IP 地址都由两部分组成：网络号和主机号。网络号表明主机所连接的网络，主机号则标识该网络上某个特定的主机。如上例中的 192.168 和 35 都是网络号，1.1 和 1.7.48 都是主机号。

2）IP 地址的分类

为了对 IP 地址进行有效的管理，按照网络规模的大小，IP 地址分为 5 类（Class）：A 类、B 类、C 类、D 类和 E 类，如图 3-13 所示。

（1）A 类地址中第一位规定是 0，第一字节表示网络地址，而后 3 个字节表示该网内主机的地址，一般用于大型网络，每个 A 类网络最多可以容纳的主机数是 $2^{24}-2$ 台，其中全 0 或全 1 的地址有特殊的用途。例如 1.2.255.4 即是 A 类地址。

（2）B 类地址中，第 1、2 位规定是 10，前两个字节表示网络地址，后两个字节表示网内主机的地址，用于中型网络，如较大的局域网或广域网，每个 B 类网络最多可以容纳 $2^{16}-2$ 台主机。例如 129.30.3.30 是 B 类地址。

（3）C 类地址则是前 3 个字节表示网络地址，最高三位规定为 110，后一个字节表示网内主机的地址，用于局域网，每个 C 类网络可以容纳 2^8-2 台主机，例如"193.33.33.33"是 C 类地址。

（4）D 类地址是多播地址，不用来表示网络。

（5）E 类地址是实验性地址，保留为今后使用。

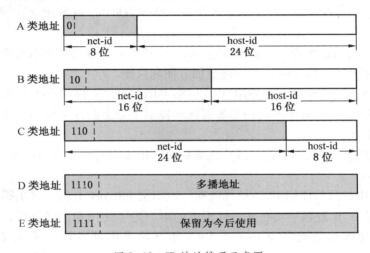

图 3-13　IP 地址编码示意图

3）子网掩码

为了快速确定 IP 地址的网络号和主机号，同时也为了判断两个 IP 地址是否属于同一网络，因此引入了子网掩码的概念。

用子网掩码判断 IP 地址的网络号与主机号的方法如下：

（1）网络号：将相应子网掩码及 IP 地址的二进制值进行按位"与运算"，就可以得到该 IP 地址的网络号。

（2）主机号：将相应子网掩码的二进制值进行取反操作，得到的二进制值与 IP 地址的二进制值进行按位"与运算"，就可以得到该 IP 地址的主机号。

子网掩码的另一功能是用来划分子网。在实际应用中，经常遇到网络号不够但主机号富裕的问题，采用划分子网的方式来优化 IP 地址的分配。划分子网就是将主机号标识部分的一些二进制位划分出来用于表示子网。

4）IPv6

IPv6（Internet Protocol Version 6）是 IETF（互联网工程任务组，Internet Engineering Task Force）设计的用于替代现行版本 IP 协议（IPv4）的下一代 IP 协议。IPv4 采用 32 位地址长度，只有大约 43 亿个地址，已经分配殆尽，而 IPv6 采用 128 位地址长度，几乎可以不受限制地提供地址。按保守方法估算，IPv6 实际可分配的地址大约相当于整个地球每平方米面积上可分配 1000 多个地址。在 IPv6 的设计过程中，除一劳永逸地解决了地址短缺问题以外，还考虑了在 IPv4 中解决不好的其他问题。与 IPv4 相比，IPv6 具有以下一些优势：

（1）具有更大的地址空间。IPv4 中规定 IP 地址长度为 32，最大地址个数为 $2^{32}-1$；而 IPv6 中 IP 地址的长度为 128，即最大地址个数为 $2^{128}-1$。

（2）使用更小的路由表。IPv6 的地址分配一开始就遵循聚类（Aggregation）的原则，这使得路由器能在路由表中用一条记录（Entry）表示一片子网，大大减小了路由器中路由表的长度，提高了路由器转发数据包的速度。

（3）增强的组播（Multicast）支持以及对流的控制（Flow Control）。这使得网络上的多媒体应用有了长足发展的机会，为服务质量（QoS，Quality of Service）控制提供了良好的网络平台。

（4）加入了对自动配置（Auto Configuration）的支持。这是对 DHCP 协议的改进和扩展，使得网络（尤其是局域网）的管理更加方便和快捷。

（5）具有更高的安全性。在使用 IPv6 网络中用户可以对网络层的数据进行加密并对 IP 报文进行校验，在 IPv6 中的加密与鉴别选项提供了分组的保密性与完整性。极大地增强了网络的安全性。

（6）允许扩充。如果新的技术或应用需要时，IPv6 允许协议进行扩充。

5. 域名系统

在 Internet 中，虽然使用 IP 地址可以唯一地识别 Internet 上的一台主机，但对用户来说，要记住大量 IP 地址数字实在是一件困难的事。为了使用和记忆方便，也为了便于网络地址的分层管理和分配，Internet 从 1984 年开始采用域名管理系统（DNS，Domain Name System）。DNS 采用层次结构，入网的每台主机都可以有一个类似如下的域名：

主机名. 机构名. 网络名. 顶级域名

DNS 是一个分层的名字管理查询系统，主要提供 Internet 上主机 IP 地址和域名地址相互对应关系的服务。域名解析是由专门的 DNS 服务器来完成，整个过程是自动进行。域名地址与 IP 地址之间是一一对应的。

域名地址可由几个部分构成，各个部分之间用“.”分割。域名地址按分层结构来构造，从左至右级别依次提升，分别为……、三级域名、二级域名、顶级域名。表 3-1 给出了部分常见国家或地区顶级域名。

如新浪网的域名为 www. sina. com. cn，各部分含义分别为：www 为主机名，表示该主机提供 WWW 服务；sina 为组织机构名，表示新浪网的商业标号；com 为网络类型名，表示该网站为商业服务网站；cn 为顶级域名，表示该网站所属国家为中国。

表 3-1　国家或地区顶级域名举例

域名	含义	域名	含义	域名	含义	域名	含义
at	奥地利	fr	法国	cn	中国	nz	新西兰
au	澳大利亚			de	德国	hk	中国香港
ca	加拿大					uk	英国
ch	瑞士	jp	日本	es	西班牙	us	美国

6. Internet 的通信协议

在计算机网络中，协议是一组规则的集合，是通信双方必须遵守的约定。通信协议由一套语义和语法规则组成，用来规定有关功能部件在通信过程中的操作。通信协议是采用层次结构划分为多层，每一层又可分为若干个子层。通信协议必须是可靠和有效的，如果通信协议不可靠就会使网络在通信过程中出现通信混乱甚至中断，只有通信协议可靠有效，才能完成通信任务。因此，网络协议实质上是通信时所使用的一种语言。

Internet 允许世界各地的网络联入作为它的子网，而联入的各个子网的计算机可以是不同类型的，计算机所使用的操作系统也可以是不同的。为了保证网络中的计算机能够正常通信，必须采用统一的通信协议，Internet 所采用的通信协议是 TCP/IP 协议。TCP/IP 协议是一个协议簇，它包含了 100 多个协议，对 Internet 中主机的寻址方式、主机的命名机制、信息的传输规则以及各种各样服务功能都做了详细约定。作为规定 OSI 模型的传输层的传输控制协议（TCP）和网络层的网际协议（IP）是确保数据完整传输最重要的两个协议。TCP/IP 协议成功地解决了不同网络之间难以互联的问题，实现了异网互联通信。TCP/IP 是当今网络互联的核心协议，可以说没有 TCP/IP 协议就没有今天的网络互联技术，就没有今天的 Internet。

在 TCP/IP 协议簇中，还有许多功能不同的属于应用层的其他协议，如 FTP（文件传输协议）、HTTP（超文本传输协议）、E-mail（电子邮件）、Telnet（远程登录）等。这些协议为用户提供了各种各样的 Internet 应用服务。

7. Internet 的接入方式

Internet 的接入技术比较多，个人用户常用的主要有以下 8 种。

1）PSTN 方式

PSTN（Published Switched Telephone Network，公用电话交换网）技术是利用 PSTN 通过调制解调器拨号实现用户接入的方式。这是早期的一种接入方式，最高速率为 56 Kbit/s，已达到香农定理确定的信道容量极限，但远不能满足宽带多媒体信息的传输需求。其连接方式如图 3-14 所示。

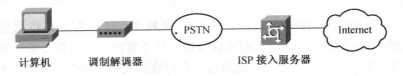

计算机　　　调制解调器　　　　　　　　　ISP 接入服务器

图 3-14　PSTN 接入方式

2）ADSL 方式

ADSL（Asymmetrical Digital Subscriber Line，非对称数字用户环路）是一种能够通过普通电话线提供宽带数据业务的技术，也是目前较常见的一种接入技术。ADSL 因其下行速率较高，频带相对较宽，安装方便，不需交纳电话费等特点而深受用户喜爱。其连接方式如图 3-15 所示。ADSL 方案的最大特点是不需要改造信号传输线路，完全可以利用普通铜质电话线作为传输介质，配上专用的 Modem 即可实现数据高速传输。ADSL 支持上行速率 0.64~1 Mbit/s，下行速率 1~8 Mbit/s，其有效传输距离在 3~5 km 范围内。在 ADSL 接入方案中，每个用户都有单独的一条线路与 ADSL 相连，其结构可看作是星形结构，数据传输带宽由每一个用户独享。

图 3-15 ADSL 接入方式

3) DDN 专线接入

DDN（Digital Data Network，数字数据网）技术是利用数字信道传输数据信号的接入方式。DDN 将数字通信技术、计算机技术、光纤通信技术以及数字交叉连接技术有机地结合在一起，提供高速度、高质量的通信环境，可以向用户提供点对点、点对多点透明传输的数据专线出租电路，为用户传输数据、图像、声音等信息。

4) Cable-Modem 接入

Cable-Modem（线缆调制解调器）接入是一种利用 Cable-Modem 通过有线电视网络将计算机接入 Internet 的方式。

5) PON 接入

PON（Passive Optical Network，无源光纤网络）技术是一种点对多点的光纤传输和接入技术，是目前通信运营商大力推广的接入方式。

6) 无线局域网（Wireless LAN，简称 WLAN）方式

无线局域网络是相当便利的数据传输系统，它利用射频技术取代旧式双绞铜线所构成的局域网络，使得无线局域网络能利用简单的存取架构，让用户透过它通过无线方式高速接入互联网/企业网而获取信息、移动办公或者娱乐，达到"信息随身化、便利走天下"的理想境界。

7) LMDS 无线接入

LMDS（Local Multipoint Distribution Service，区域多点传输服务）技术是目前用于社区宽带接入的一种无线接入技术。LMDS 具有很宽的带宽和双向数据传输的特点，可提供多种宽带交互式数据及多媒体业务，能满足用户对高速数据和图像通信日益增长的需求。

8) 卫星接入

卫星接入技术是利用人造卫星作为中继转发站而实现连接 Internet 的接入方式。卫星用户通过调制解调器接入本地 ISP 访问 Internet，其最大特点是不受地形和地域的限制，也可以利用其特殊的传输通道减少网络阻塞，适合偏远地方又需要较高带宽的用户。

四、网络信息安全

1. 网络信息安全概述

随着全球信息化技术的快速发展，世界正经历着以计算机技术为核心的信息革命，而由计算机网络技术支撑的信息网络已经成为全球范围的神经系统。但是信息化迅猛发展的同时，也带来一些不容忽视的负面影响。网络的开放性增加了网络安全的脆弱性和复杂

性，信息资源的共享性和分布性增加了网络受攻击的可能性。

网络信息安全主要是指网络系统的硬件、软件及其系统中的数据受到保护，不受偶然的或者恶意的原因而遭到破坏、更改、泄露，系统连续可靠正常地运行，网络服务不中断。它是一门涉及计算机科学、网络技术、通信技术、密码技术、信息安全技术、应用数学、信息论等多种学科的综合性学科。

1）网络信息安全的特征

（1）保密性：指信息按给定要求不泄露给非授权的个人、实体或过程，或提供其利用的特性，即杜绝有用信息泄露给非授权个人或实体，强调有用信息只被授权对象使用的特征。

（2）完整性：指信息在传输、交换、存储和处理过程保持非修改、非破坏和非丢失的特性，即保持信息原样性，使信息能正确生成、存储、传输，这是最基本的安全特征。

（3）可用性：指网络信息可被授权实体正确访问，并按要求能正常使用或在非正常情况下能恢复使用的特征，即在系统运行时能正确存取所需信息，当系统遭受攻击或破坏时，能迅速恢复并能投入使用。可用性是衡量网络信息系统面向用户的一种安全性能。

（4）不可否认性：指通信双方在信息交互过程中，确信参与者本身以及参与者所提供的信息的真实同一性，即所有参与者都不可能否认或抵赖本人的真实身份以及提供信息的原样性和完成的操作与承诺。

（5）可控性：指对流通在网络系统中的信息传播及具体内容能够实现有效控制的特性，即网络系统中的任何信息要在一定传输范围和存放空间内可控。

（6）可审查性：指出现安全问题时可以提供依据和手段。

2）网络信息安全防范措施

（1）利用虚拟网络技术，防止基于网络监听的入侵手段。

（2）利用防火墙保护网络免遭黑客袭击。

（3）利用病毒防护技术可以防毒、查毒和杀毒。

（4）利用入侵检测技术提供实时的入侵检测及采取相应的防护措施。

（5）安全扫描技术为发现网络安全漏洞提供了强大的支持。

（6）采用认证和数字签字技术。认证技术用以解决网络通信过程中通信双方的身份认可，数字签名技术用于通信过程中不可抵赖要求的实现。

（7）采用 VPN 技术利用公共网络实现私有网络。

（8）利用应用系统的安全技术以保证电子邮件和操作系统等应用平台的安全。

3）网络信息安全意识

（1）建立对信息安全的正确认识。随着信息产业越来越大，网络基础设施越来越深入到社会的各个方面、各个领域，信息技术应用成为我们工作、生活、学习、国家治理和其他各个方面必不可少的关键组件，信息安全的地位日益突出。它不仅是政府、企业的业务能不能持续、稳定地运行的保证，也可成为关系到个人安全的保证，甚至成为关系到我们国家安全的保证。

（2）掌握信息安全的基本要素和惯例。信息安全＝先进技术＋防患意识＋完美流程＋严格制度＋优秀执行团队＋法律保障。

（3）清楚可能面临的威胁和风险。信息安全所面临的威胁大致可分为自然威胁和人为威胁。自然威胁指那些来自于自然灾害、恶劣的场地环境、电磁辐射和电磁干扰、网络设备自然老化等的威胁。人为威胁主要有人为攻击、系统安全缺陷、软件漏洞、网络拓扑结构的隐患和网络硬件的安全缺陷等。

2. 计算机犯罪

计算机犯罪是指行为人以计算机作为工具或以计算机资产作为攻击对象实施的严重危害社会的行为。由此可见，计算机犯罪包括利用计算机实施的犯罪行为和把计算机资产作为攻击对象的犯罪行为。

计算机犯罪的特点主要体现在犯罪智能化、犯罪手段隐蔽、跨国性、犯罪目的多样化、犯罪分子低龄化和犯罪后果严重等发面。

计算犯罪的手段主要有制造和传播计算机病毒、数据欺骗、意大利香肠战术、活动天窗、废品利用、数据泄露、电子嗅探器、口令破解程序、社交方法、电子欺骗技术、浏览、顺手牵羊和物理破坏等。

网络黑客一词源于英文 Hacker，原指热心于计算机技术，水平高超的电脑专家，尤其是程序设计人员。但到了今天，黑客一词已被用于泛指那些专门利用电脑搞破坏或恶作剧的人。目前黑客已成为一个广泛的社会群体，其主要观点是：所有信息都应该免费共享；信息无国界，任何人都可以在任何时间地点获取他认为有必要了解的任何信息；通往计算机的路不止一条；打破计算机集权；反对国家和政府部门对信息的垄断和封锁。黑客的行为会扰乱网络的正常运行，甚至会演变为犯罪。

3. 计算机病毒

计算机病毒（Virus）是一组人为设计的程序，这些程序侵入到计算机系统中通过自我复制来传播，满足一定条件即被激活，从而给计算机系统造成一定损害甚至严重破坏。这种程序的活动方式与生物学上的病毒相似，所以被称为计算机"病毒"。现在的计算机病毒已经不单单是计算机学术问题，而成为一个严重的社会问题。

1）计算机病毒的特点

（1）寄生性。计算机病毒寄生在其他程序中，当执行这个程序时病毒就起破坏作用；而在未启动这个程序之前，它不易被人察觉和发现。

（2）传染性。传染性是计算机病毒的最基本特征。计算机病毒具有很强的再生和扩散能力，它能在计算机与计算机之间、程序与程序之间、网络与网络之间相互进行传染，它一旦掌握了系统的控制权，就把自身复制到内存、磁盘，甚至传染到所有文件中，而在网络中的病毒就会传染到所有联网的计算机系统中。

（3）破坏性。绝大多数计算机病毒都具有破坏性，只是破坏的对象和程度不同。其主要表现为：无限制地占用系统资源，使系统不能正常运行，对数据和程序造成不可恢复的破坏；有的恶性病毒甚至能毁坏计算机的硬件系统，使计算机瘫痪。

（4）潜伏性。大部分的病毒感染系统后不会马上发作，而是长期隐藏在系统中，只有在满足特定条件时才发作，这样它可以广泛地传播，潜伏时间越久，传播的范围也就越广。例如，小球病毒就是一种典型的潜伏性"引导型"病毒；宏病毒寄生在 Microsoft Office 文档上，影响对文档的各种操作；"黑色星期五"病毒长期潜伏，只有遇到 13 日并且又是星期五这一天才发作。

（5）隐蔽性。病毒一般是具有很高编程技巧、短小精悍的程序，它通常附在正常程序中或磁盘较隐蔽的地方，个别的还以隐含文件的形式出现，它的存在、传染和对数据的破坏过程用户很难察觉。

（6）衍生性。计算机病毒由安装、传染、破坏等部分组成，这种设计思想使病毒在发展演化过程中允许对自身的几个模块进行修改，从而产生不同于原版的新病毒，又称变种病毒。这种变种病毒造成的后果可能比原版病毒严重得多。

（7）抗反病毒软件性。有些病毒具有抗反病毒软件的功能，这种病毒的变种可以使检测、消除该变种源病毒的反病毒软件失去效能。

2）计算机病毒的传播途径

（1）通过计算机网络进行传播。现代网络技术的巨大发展已使空间距离不再遥远，但也为计算机病毒的传播提供了新的"高速公路"。传统的计算机病毒可以随着正常文件通过网络进入一个又一个系统，而新型的病毒不需要通过宿主程序便可以独立存在而传播千里。毫无疑问，网络是目前病毒传播的首要途径，从网上下载文件、浏览网页、收看电子邮件等，都有可能会中毒。

（2）通过不可移动的计算机硬件设备进行传播。这些设备通常有计算机的专用 ASIC 芯片和硬盘等。这种病毒虽然极少，但破坏力却极强，目前没有较好的监测手段。

（3）通过移动存储设备来进行传播。这些设备包括 U 盘、移动硬盘等。光盘使用不当，也会成为计算机病毒传播和寄生的"温床"。

（4）通过点对点通信系统和无线通道传播。QQ 连发器病毒能通过 QQ 这种点对点的聊天程序进行传播。

3）计算机病毒的类型

计算机病毒可分类方式很多，主要有以下 4 种。

（1）按照计算机病毒存在的媒体进行分类：可以分为网络病毒、文件病毒和引导型病毒。

（2）按照计算机病毒传染的方法进行分类：可以分为驻留型病毒和非驻留型病毒。

（3）按照计算机病毒的破坏能力进行分类：可以分为无害型、无危险型、危险型、非常危险型。

（4）按照计算机病毒特有的算法进行分类：可以分为伴随型病毒、蠕虫型病毒、寄生型病毒。

4）计算机病毒的预防

预防计算机病毒，应该从管理和技术两方面进行。

（1）从管理上预防病毒。计算机病毒的传染是通过一定途径来实现的，为此必须重视制定措施、法规，加强职业道德教育，不得传播更不能制造病毒。另外，还应采取一些有效方法来预防和抑制病毒的传染，比如谨慎地使用公用软件或硬件，任何新使用的软件或硬件（如磁盘）必须先检查，定期检测计算机上的磁盘和文件并及时消除病毒，对系统中的数据和文件要定期进行备份，对所有系统盘和文件等关键数据要进行写保护等。

（2）从技术上预防病毒。从技术上对病毒的预防有硬件保护和软件预防两种方法。

任何计算机病毒对系统的入侵都是利用 RAM 提供的自由空间及操作系统所提供的相

应的中断功能来达到传染的目的，因此可以通过增加硬件设备来保护系统，此硬件设备既能监视 RAM 中的常驻程序，又能阻止对外存储器的异常写操作，这样就能实现预防计算机病毒的目的。

软件预防方法是使用计算机病毒疫苗。计算机病毒疫苗是一种可执行程序，它能够监视系统的运行，当发现某些病毒入侵时可防止病毒入侵，当发现非法操作时能及时警告用户或直接拒绝这种操作，使病毒无法传播。

5）计算机病毒的清除

如果发现计算机感染了病毒，应立即清除。通常用人工处理或反病毒软件方式进行清除。

人工处理的方法有：用正常的文件覆盖被病毒感染的文件；删除被病毒感染的文件；重新格式化磁盘等。这种方法有一定的危险性，容易造成对文件的破坏。

用反病毒软件对病毒进行清除是一种较好的方法。常用的反病毒软件有瑞星、卡巴斯基、NOD32、NORTON、BitDefender 等。特别需要注意的是：要及时对反病毒软件进行升级更新，才能保持软件的良好杀毒性能。

4. 无线网络安全

无线网络具有可移动性、安装简单、高灵活性和扩展能力，作为对传统有线网络的延伸，在许多特殊环境中得到了广泛的应用。

然而，无线网络技术在为人们带来极大方便的同时，安全问题已经成为阻碍无线网络技术应用普及的一个主要障碍。

1）无线网络存在的安全问题

无线网络的信号是在开放空间中传输的，因此只要有合适的无线客户端设备，在合适的信号覆盖范围之内就可以接收无线网络的信号。正是由于无线网络的这一传输特性，无线网络存在的核心安全问题归结起来有以下 3 点：

（1）非法用户接入问题。如今的操作系统基本上都具有自动查找无线网络的功能，只要对无线网络有些基本的认识，对于不设防或是安全级别很低的无线网络，未授权的用户或黑客通过一般的攻击或是借助攻击工具都能够接入发现无线网络。一旦接入，非法用户将占用合法用户的网络带宽，恶意的非法用户甚至更改路由器的设置，导致合法用户无法正常登录，而有目的的非法接入者还会入侵合法用户的电脑窃取相关信息。

（2）非法接入点连接问题。无线局域网易于访问和配置简单的特性，使得任何人的计算机都可以通过自己购买的 AP 不经过授权而连入网络。有些公司员工为了方便使用，通常自行购买 AP，未经允许接入无线网络，这便是非法接入点。而在非法接入点信号覆盖范围内的任何人都可以连接和进入企业网络，这将带来很大的安全风险。

（3）数据安全问题。无线网络的信号是在开放空间中传输的，通过获取无线网络信号，非法用户或恶意攻击者可能会执行如下操作：

第一，通过 SSID 隐藏、WEP 加密、WPA 加密、MAC 过滤等非法手段破解无线网络的安全设置，达到以"合法"的身份进入无线网，导致"设备身份"被盗用。

第二，对传输信息进行窃听、截取和破坏。窃听以被动和无法察觉的方式入侵检测设备，即使网络不对外广播网络信息，只要能够发现任何明文信息，攻击者仍然可以使用一些网络工具（如 Ethereal）来监听和分析通信量，从而识别出可以破坏的信息。

2）无线网络的安全措施

（1）修改默认设置。多数无线网络的默认设置并未发挥最大的性能潜力，也没有提供最大的安全保证，因此用户在使用无线网络时应该修改其默认设置，达到安全目的。例如：修改无线路由器的默认安全口令，不要设置过于简单或常见的口令；禁用或修改网络管理协议（SNMP）设置，避免黑客利用其获取用户信息；禁用无线路由器的 DHCP 功能，防止蹭网；隐藏 SSID 或禁止 SSID 广播，防止被"蹭网"者搜到；启用 MAC 地址过滤，阻止未经授权的无线客户端访问 AP 及进入内网。

（2）合理使用。如果用户不需要 24 小时都提供服务，可以通过关闭设备而减少被黑客利用的机会。尽量把设备放置在房屋的中间而不是靠近窗户的位置，从而减小信号覆盖范围。对于使用无线网络的企业，应使用相应的工具，定期进行接入点检查，及时发现非法接入点，去除恶意设备，消除无线威胁。

（3）数据加密。为了保证数据不被非法读取，而且在接入点和无线设备之间传输的过程中不被修改，可以使用加密技术。无线网络目前使用的加密方式有连线对等加密（WEP），WiFi 保护接入（WPA），WiFi 保护接入 2（WPA2），国家标准无线局域网鉴别与保密基础结构（WAPI）等。

（4）建立无线虚拟专用网。VPN 即虚拟专用网，是一条穿过公用网络的安全、稳定的隧道。VPN 是企业内部网的扩展，通过它可以帮助远程用户、公司分支机构、商业伙伴及供应商同公司的内部网络建立可信的安全连接，并保证数据的安全传输。

（5）采用入侵检测系统。入侵检测系统（IDS）是一种主动保护自己免受攻击的网络安全系统。入侵检测系统可以实现对网络行为的实时检测，可以用来记录和阻止某些非法网络行为。

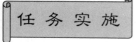

任 务 实 施

一、总体规划与设计方案

本任务所描述的是通过家庭局域网的连接和配置，实现光宽带上网的共享访问。家庭局域网设备列表，见表 3-2。家庭局域网结构图如图 3-16 所示。

表 3-2　家庭局域网设备列表

序号	设备名	数量	备注
1	台式机	2 台	或 IPTV
2	笔记本	1 台	或网络电视机顶盒
3	智能手机	1 部	
4	光猫	1 个	
5	TP-LINK 无线路由器	1 个	
6	网线	若干	

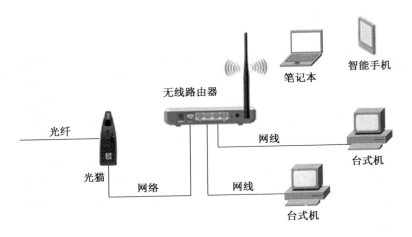

图 3-16　家庭局域网结构图

二、解决方案与步骤

1. 线路连接

光猫的各接口如图 3-17 所示，光纤接口为用户进线口，与网络运营商的网络配电箱相连。

无线路由器的各接口如图 3-18 所示，其中 WAN 口与光猫的网络接口相连，LAN 口与计算机相连。

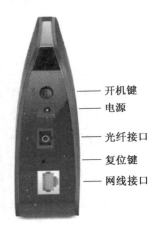

图 3-17　光猫的各接口

图 3-18　无线路由器的各接口

2. 无线路由器配置

连接好线路后，打开路由器电源，进行路由器设置。常见路由器的默认 IP 地址一般为 192.168.1.1，初始用户名和密码一般均为 admin。现以 Windows 7 操作系统和 TP-LINK WR845N 为例，进行无线路由器的设置。

1）管理界面登录

管理界面的登录有以下两种方法：

（1）通过 LAN 口进行路由器配置。需要将计算机的 IP 地址设置为 192.168.1.2 至 192.168.1.254 中的其中一个，使计算机和路由器处于同一网络，这样才能访问路由器管理界面。其具体设置步骤为：

①打开"控制面板"，单击"查看网络状态和任务"，如图 3-19 所示。

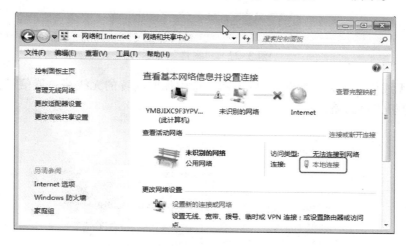

图 3-19　查看网络状态和任务

②单击"本地连接"→"属性"，打开"本地连接属性"对话框，如图 3-20 所示。

③选择"Internet 协议版本 4（TCP/IPv4）"，单击"属性"，打开"Internet 协议版本 4（TCP/IPv4）属性"对话框，设置计算机的 IP 地址、子网掩码、默认网关，如图 3-21 所示。

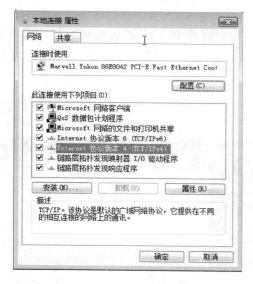

图 3-20　"本地连接属性"对话框

图 3-21　"Internet 协议版本 4（TCP/IPv4）属性"对话框

（2）通过无线连接进行路由器配置。由于每一台无线路由器默认情况都是开启 DHCP

服务，因此通过无线连接到路由器，路由器会自动分配一个 IP 地址给计算机。所以，通过无线连接进行路由器配置，就不需要对计算机进行 IP 地址的设置，只需要连接就行。其连接步骤如下：

①单击任务栏右下角"网络"图标，如图 3-22 所示。

图 3-22 "网络"图标

②打开无线信号列表，如图 3-23 所示。选中你要配置的无线路由器信号，单击"连接"，将计算机连接到路由器。

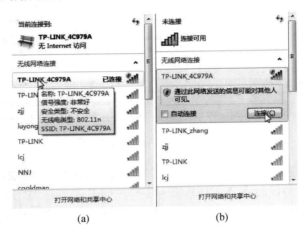

(a)   (b)

图 3-23 无线信号列表连接前和连接后

经过上述两种方式设置后登录路由器管理界面，打开 IE 浏览器，在地址栏中输入路由器的 IP 地址 192.168.1.1，打开路由器登录界面输入用户名和密码（图 3-24），单击"确定"，打开路由器管理界面（图 3-25）。

图 3-24 路由器登录界面

图 3-25 路由器管理界面

2）上网基本网络参数设置

打开管理界面后，首次登录会自动跳转到"设置向导"界面，可根据向导完成上网基本网络参数的设置。其设置步骤如下：

（1）单击"下一步"，进入"上网方式"选择页面，这里选择"PPPoE（ADSL 虚拟拨号）"方式，如图 3-26 所示。

（2）单击"下一步"，进入"上网账号"设置页面，输入上网账号和密码，如图 3-27 所示。

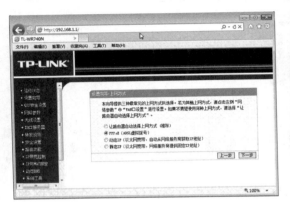

图 3-26　"上网方式"选择页面图

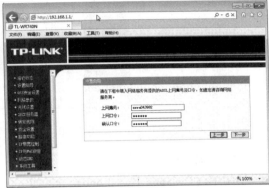

图 3-27　"上网账号"设置页面

（3）单击"下一步"，进入"无线设置"页面，设置路由器无线网络的基本参数以及无线安全，特别是无线网络密码需设置复杂些，防止他人恶意破解登录，如图 3-28 所示。

（4）单击"重启"按钮重启路由器，就可以访问 Internet，如图 3-29 所示。

（5）单击"下一步"，完成路由器上网基本网络参数的设置。

图 3-28　"无线设置"页面

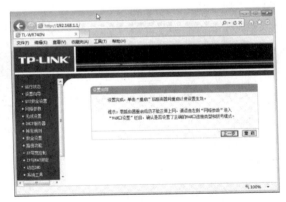

图 3-29　"设置完成"界面

3）开启无线功能

重启后，如果没有发现无线网络信号，则可能是无线网络功能没有开启。需要进入路由器管理界面进行开启。其操作步骤为：通过 LAN 口连接，登录路由器管理界面，点击

"无线设置"后进入"无线设置"页面，勾选"开启无线功能"，保存后重启路由器，如图 3-30 所示。

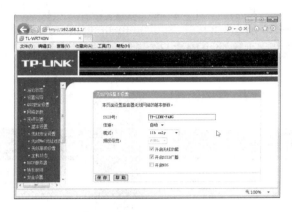

图 3-30 "无线网络基本设置"界面

4）DHCP 服务器功能

DHCP（Dynamic Host Configuration Protocol）即动态主机设置协议，是一个局域网的网络协议。两台连接到互联网上的电脑相互之间通信，必须有各自的 IP 地址，但由于现在的 IP 地址资源有限，宽带接入运营商不能做到给每个报装宽带的用户都分配一个固定的 IP 地址，所以要采用 DHCP 方式对上网的用户进行临时的地址分配。

TP-LINK 无线路由器中，同样具有这种功能，如图 3-31 所示。可以根据实际需要进行相关参数的设置。

由于 DHCP 采用的自动分配方式，有时会存在 DHCP 地址被盗用从而导致无法获取 IP 地址的现象。为了防止这种现象的发生，需对特定计算机进行 IP 地址的静态分配，如图 3-32 所示。

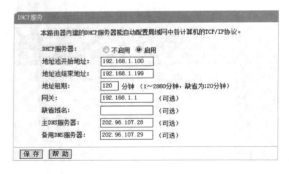

图 3-31 "DHCP 服务"界面

图 3-32 "静态地址分配"页面

5）无线 MAC 地址过滤功能

MAC 地址也称为物理地址或硬件地址，是由 48 位二进制数构成，一般用十六进制数表示，具有全球唯一性和不可更改性。在网络底层的物理传输过程中，就是通过物理地址来识别主机的。因此，对无线接入设备的 MAC 地址过滤，可以有效杜绝其他计算机访问无线网络。其设置步骤为：单击"无线设置"，选择"无线网络 MAC 地址过滤设置"选项，打开"无线网络 MAC 地址过滤设置"页面，设置效果如图 3-33 所示。

6）安全设置

为防止他人蹭网，占用网络资源，影响网络速度，可以对安全选项进行设置。其设置步骤为：单击"安全设置"→"防火墙设置"，打开"防火墙设置"页面，勾选"开启防火墙（防火墙的总开关）"选项和"开启 MAC 地址过滤"选项，选择"仅允许已设 MAC 地址列表中启用的 MAC 地址访问 Internet"，单击"保存"按钮完成设置，如图 3-34 所示。

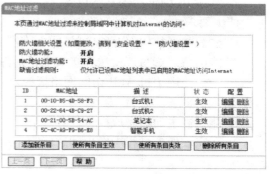

图 3-33　"无线网络 MAC 地址过滤设置"页面　　　　图 3-34　"防火墙设置"页面

该功能需要和"MAC 地址过滤"功能配合使用才能生效。其设置步骤为：单击"MAC 地址过滤"，打开"MAC 地址过滤"页面，单击"添加新条目"按钮，打开"MAC 地址过滤"添加页面，在对应文本框中填写需要添加的 MAC 地址和描述信息，如图 3-35 所示。

设置完成后如图 3-36 所示，表示该列表中的 4 个接入设备能访问 Internet，其他的则不能访问 Internet。

图 3-35　"MAC 地址过滤"页面　　　　图 3-36　"MAC 地址过滤"列表

7）备份和载入配置文件

为了防止硬件故障损坏、恢复出厂设置或者黑客攻击导致丢失路由器的配置信息，需要对路由器配置进行备份，在出现意外的时候能及时把备份载入到设备中，第一时间恢复设备和网络的正常运行。

TP-LINK 路由器提供"备份和载入配置文件"的功能，可以在配置完成后对配置进行备份，如图 3-37 所示。

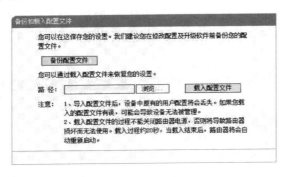

图 3-37　"备份和载入配置文件"页面

任务 2　计算机网上冲浪

任 务 概 述

通过互联网搜索信息是目前最有效、最快捷获取信息的途径。浏览网页信息的软件就是浏览器。网页浏览器主要通过 HTTP 协议与网页服务器交互并获取网页的。浏览器可以说是目前计算机中使用最频繁的客户端程序之一。

本任务是通过掌握浏览器的设置和使用技巧，有效地搜索、获取和下载信息资源。

知识要求：

1. 了解浏览器的窗口界面。

2. 掌握 IE 浏览器的基本设置。

能力要求：

1. 熟练掌握使用 IE 浏览器访问万维网。

2. 能申请、撰写、发送和接收电子邮件。

3. 学会使用手机 APP 访问网络资源。

态度要求：

1. 能积极主动的完成操作任务。

2. 在完成任务过程中发现问题能与小组成员交流、分析并解决问题。

相 关 知 识

一、认识 IE 浏览器

浏览器是万维网服务的客户端浏览程序，可向万维网服务器发送各种请求，并对从服务器发来的超文本信息和各种多媒体数据格式进行解释、显示和播放。浏览器种类繁多，目前市场上流行的网页浏览器有微软的 Internet Explorer、谷歌的 Chrome、火狐浏览器（Mozilla Firefox）、奇虎的 360 浏览器等。

Internet Explorer（简称 IE）浏览器是微软公司开发的基于超文本技术的 Web 浏览器，也是访问 Internet 必不可少的一种工具。其主要功能是对接收到的网页信息进行解释并将其显示给用户。通过浏览器，用户可以在计算机上方便地搜索、浏览、获取 Internet 上的丰富资源。Internet Explorer 目前已经升级到 Internet Explorer 11 版本。

Windows 桌面上和任务栏的"快速启动"工具栏中都有一个用于启动 IE 浏览器的快捷方式图标，只要双（或单）击该图标即可启动 IE 浏览器。启动 IE 浏览器后在屏幕上就会出现其初始界面（图 3-38），该窗口由以下 7 个部分组成。

（1）地址栏：集合了地址栏与搜索框功能，可输入要访问的网址。

（2）标题栏：IE 11 浏览器默认不开启各项导航按钮，标题栏上只保留"主页" 、"收藏夹、源和历史记录" 和"工具" 3 个按钮。

（3）命令栏：由"主页""源""阅读邮件""打印""帮助"等快捷按钮和"页面""安全""工具"快捷菜单项构成。

（4）浏览窗口：成功连接到指定网站或资源后，浏览窗口就会显示出相关网页。

（5）状态栏：左侧显示网页的加载进程或鼠标所指向资源的链接网址；右侧可以改变 Internet 页面缩放大小。网页文字相对较小，可以通过状态栏右端的页面缩放工具放大页面显示比例，这有助于用户更好地浏览页面。

（6）收藏夹栏：可以单击 按钮将当前浏览的网站直接添加到收藏夹栏上，方便随时打开。收藏夹栏还提供了建议网站、网页快讯库等功能。

（7）菜单栏：共由 6 个菜单组成，即"文件""编辑""查看""收藏夹""工具"和"帮助"菜单，每个菜单包含一组菜单命令。

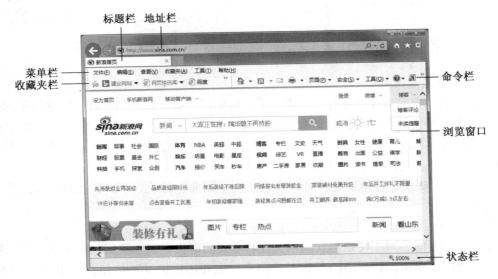

图 3-38　IE 11 浏览器窗口

二、使用浏览器浏览网页

在日常使用 Internet Explorer 的过程中，有必要掌握以下功能的正确使用方法，从而获取更好的浏览体验。

1. URL 地址浏览网页

在地址栏中直接输入所要访问网页的 URL 地址（如 www.baidu.com），单击"转到"按钮（→）或者按键盘上的"Enter"键，均可进入所要访问的网页；还可以单击地址栏右侧的下拉箭头▼，在弹出的下拉列表中选择曾经访问过的网页地址，从而快速访问网页。IE 11 可以自动保存以前输入过的内容，只要在地址栏中输入一部分以前输入过的网页地址，地址栏中就出现一个与该地址相匹配的网页地址同时弹出下拉列表，直接按键盘上的"Enter"键或从下拉列表中找到所需的网页地址并单击，即可转到该网页，如图 3-39 所示。

2. 选项卡浏览网页

通常用户在浏览网页时打开的页面数量会比较多，为了更好地管理和使用各个页面，选项卡成为主流 Web 浏览器的基本功能。打开多个选项卡的状态，如图 3-40 所示。

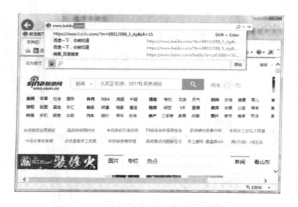

图 3-39　利用 IE 11 浏览网页

图 3-40　选项卡

3. 超链接浏览网页

网页上最重要的对象是超链接，进入某个网站后，就可以利用主页上提供的超链接进行网页的跳转和浏览。当鼠标指针在页面的某一对象上变成"手形"时，表明此时正指向一个超链接，同时 IE 浏览器的状态栏中显示出所链接页面的 URL 地址，单击即可链接到相应的网页。

利用 IE 11 提供的搜索功能，可以搜索新闻、词典、游戏、MP3、视频、地图等各种各样的信息。

4. 收藏夹浏览网页

在浏览网页时，对于特别喜欢的网页或者重要的网页可以收藏到收藏夹中。在网页处于打开状态时，单击标题栏中的"查看收藏夹、源和历史记录"按钮★，再单击"添加到收藏夹"按钮或选择"收藏夹"→"添加到收藏夹"命令，可将当前网页收藏到收藏夹中。下次再访问该网页时，在收藏夹中单击该网页的超链接，即可快速打开该网页，如

图 3-41 所示。

5. 历史记录浏览网页

"查看收藏夹、源和历史记录"按钮 ★ 下包含"历史记录"选项卡。"历史记录"选项卡中记录着最近访问过的网页地址，可以按照日期、访问次数等不同选项查看最近浏览过的网页，如图 3-42 所示。

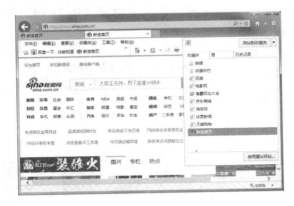
图 3-41　使用收藏夹浏览网页

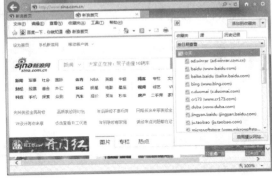
图 3-42　使用历史记录浏览网页

6. InPrivate 浏览网页

当用户在公共计算机上使用 IE 11 浏览网页时，可能最怕在浏览器上留下浏览或搜索历史记录的痕迹，以免被他人获得这些信息。通过使用 InPrivate 浏览功能，可以使浏览器不保留浏览历史记录、临时 Internet 文件、表单数据、Cookie 以及用户名和密码等信息。

单击命令栏中的"安全"菜单，在弹出的菜单中选择"InPrivate 浏览"命令，便可启动一个新的 InPrivate 浏览模式窗口，如图 3-43 所示。在普通浏览模式下使用组合键"Ctrl+Shift+P"，同样可以打开 InPrivate 浏览模式窗口。在该窗口中浏览网页不会保留任何与所访问网站相关的信息，关闭该窗口就会结束 InPrivate 浏览。

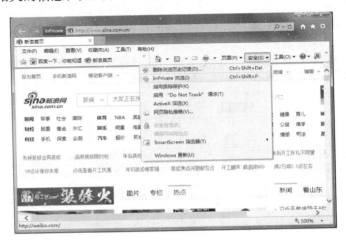
图 3-43　使用 InPrivate 浏览窗口

三、使用搜索引擎查找所需信息

利用 IE 11 提供的搜索功能，可以搜索新闻、词典、游戏、MP3、视频、地图等各种各样的信息。

1. 在地址栏中直接输入关键词

单击 IE 11 地址栏右端的"搜索"按钮，随后直接输入要搜索的关键词（图 3-44），按"Enter"键后 IE 将开始自动搜索，结果如图 3-45 所示。

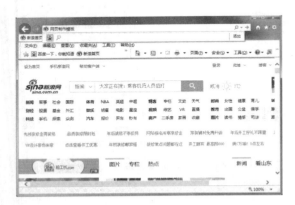

图 3-44　输入搜索关键词

图 3-45　搜索到的结果

2. 在当前网页中查找信息

在图 3-46 所示的"编辑"菜单中选择"在此页上查找"命令或者利用"Ctrl+F"组合键，浏览器菜单栏下方均会弹出一个"查找"工具栏。在"查找"文本框中输入要搜索的关键字，系统就在当前页面中搜索指定的内容，并将搜索到的匹配项突出显示。如果匹配项没有突出显示，可单击"查找"工具栏上的"突出显示所有匹配项"按钮。在"查找"文本框中输入"免费"，"查找"工具栏会显示搜索到 19 个匹配项，可以通过"上一个"或"下一个"按钮依次查看查找到的信息，如图 3-47 所示。

图 3-46　选择"在此页上查找"命令

图 3-47　在当前页查找信息

3. 通过搜索引擎网站查找信息

目前可以使用的搜索引擎网站有很多，如百度、谷歌、搜狗、搜搜、360搜索等。这些搜索引擎网站可以从 Internet 上搜集信息，在对信息进行组织和处理后，为用户提供检索服务，将用户检索的相关信息展示给用户，为用户提供专业的搜索服务。

四、保存所需信息

1. 脱机工作

脱机工作就是断开网络连接来浏览网页，即 IE 浏览器在不上网的情况下，查看原来看过的网页。脱机工作时，IE 将不再从网上重新下载网页，而是从本地硬盘上原来已下载的文件中读取该网页已下载的信息。这样可以节约网络流量，但是看到的网页不一定是最新的，而且超链接也无法连接到相应网页。

使用脱机工作的方法是：选择"文件"→"脱机工作"命令，就可以开始脱机工作了。

2. 将网页保存在本地计算机上

选择"文件"→"另存为"命令，弹出"保存网页"对话框，打开用于保存网页的文件夹，在"文件名"文本框中输入网页的名称，也可以使用默认网页名称。在"保存类型"下拉列表框中选择文件类型，如图 3-48 所示。

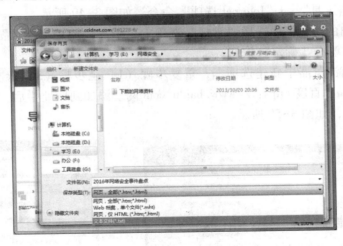

图 3-48　"保存网页"窗口

可以保存的网页文件类型有以下几种：

（1）网页，全部（＊.htm；＊.html）。将网页保存为 HTML 文件，同时保存网页上的图像、框架和样式表等内容。保存后会形成一个 HTML 文件和一个同名的文件夹。脱机浏览该网页时，网页的内容、布局及文字格式等保持不变。

（2）Web 档案，单个文件（＊.mht）。将网页的全部信息保存在一个以 MIME 标准编码的文件中，把图像、框架和样式表等内容打包成一个文件保存。脱机浏览该网页时，网页的内容、布局及文字格式等保持不变。

（3）网页，仅 HTML（＊.htm；＊.html）。使用该选项保存网页信息时，将网页保存成 HTML 文件，但不保存图像、声音或其他文件，所以保存的文件较小。脱机浏览该网页时，不显示图片，部分文字格式和网站框架会发生格式上的改变。

（4）文本文件（*.txt）。该选项将以纯文本格式保存网页上的所有文字信息。

3. 保存链接指向的内容

如果要保存超链接指向的内容（文档或应用程序），则右击该链接，在弹出的快捷菜单中选择"目标另存为"命令，在弹出的"另存为"对话框中选择要保存的文件名和文件夹，单击"保存"按钮，该网页就以 HTML 文档格式保存。

一、设置 IE 浏览器主页

在日常工作中，可以将每次上网都要浏览或使用的网页作为 IE 浏览器的主页，如新浪、百度、淘宝网、优酷网、hao123 网址之家等。IE 11 允许设置多个主页，当打开 IE 浏览器时，这些主页将全部被打开。其设置 IE 浏览器主页的操作步骤如下：

（1）打开 IE 浏览器，在地址栏中输入"https：//www.hao123.com"，按"Enter"键即可打开该网页。

（2）单击"工具"→"Internet 选项"命令，如图 3-49 所示。

（3）在弹出的对话框中选择"常规"选项卡，单击"使用当前页"按钮，网址会加入到地址栏中，单击"确定"按钮。

（4）在当前浏览器中新建选项卡，重复步骤（1）至步骤（3）依次将新浪 http：//www.sina.com.cn、百度 https：//www.baidu.com 网址添加到地址栏后，单击"确定"按钮完成全部设置，如图 3-50 所示。

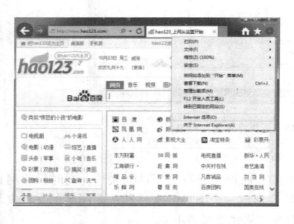

图 3-49　选择"Internet 选项"命令

图 3-50　设置多个主页

（5）打开 IE 浏览器，在地址栏中输入"https：//www.hao123.com"，新建两个选项卡分别在地址栏中输入"http：//www.sina.com.cn""https：//www.baidu.com"，单击如图 3-51 所示命令栏上"主页"按钮右侧的向下箭头，选择"添加或更改主页"命令，将弹出"添加或更改主页"对话框，可以进行主页设置，如图 3-52 所示。以后每次打开 IE 浏览器时，设定的 3 个主页会全部打开。

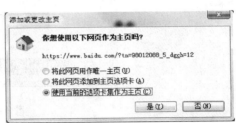

图 3-51　"添加或更改主页"命令　　　　图 3-52　"添加或更改主页"对话框

二、添加搜索引擎服务

用户可以根据自己的需要在 IE 11 地址栏右侧的"搜索"功能添加自己喜欢的搜索服务，如谷歌、百度、搜狗等。

用户可以到微软设立的加载项站点获取更多的搜索服务，其步骤如下：

（1）单击搜索图标右侧的向下箭头，选择"添加"按钮并单击，如图 3-53 所示。

（2）随后会转到加载项资源库，在这里选择自己喜欢的搜索程序，如图 3-54 所示。

图 3-53　单击"添加"按钮　　　　　　图 3-54　IE 11 搜索程序加载项页面

（3）此处以添加"360 搜索"为例，单击 360 搜索图标右侧的"添加至 Internet Explorer"按钮（图 3-54），在弹出的对话框中单击"添加"按钮即可（图 3-55）。如果需要将该项设置为默认搜索程序，可以选择对话框中的"将它设置为默认搜索提供程序"复选框。

当添加多个搜索程序后，可以在不打开搜索网站的情况下，单击地址栏右侧的搜索图

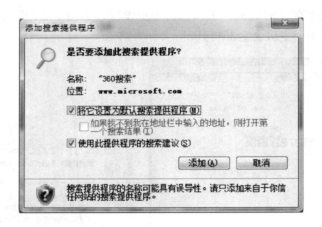

图 3-55　确认添加

标，在地址栏后输入要搜索的内容（图 3-56），然后在下拉列表中单击要使用的搜索程序，即可直接转到包含搜索结果的页面（图 3-57）。

图 3-56　输入搜索关键词选择搜索程序

图 3-57　转到 360 站点的搜索结果

三、下载资源

IE 11 浏览器中集成了一个轻量级的下载管理器。使用下载管理器，可以查看下载文件的状态，使用 SmartSreen 筛选器检测下载文件信息，对下载完成的文件提供全面的安全检查并显示下载文件的存储位置。下载管理器支持断点续传功能。

例如要从"百度图片"中下载喜欢的图片，可以利用下载管理器实现。其方法是：将鼠标指针移动到选中的图片上停留片刻，图片会突出显示，如图 3-58 所示；单击"下载原图"按钮，则会在浏览下方弹出一个保存提示框，如图 3-59 所示；单击"保存"按钮，图片将保存完成，并在浏览器下方弹出如图 3-60 所示的提示框。如果想将图片另存，可以单击"保存"按钮右侧的向下箭头，在下拉菜单中选择"另存为"命令，这可将该图片保存在指定的位置，并且可以对该文件进行重命名。

单击"打开"按钮可使用默认软件打开图片；单击"打开文件夹"按钮，则可查看该图片保存的路径；单击"查看下载"按钮将打开下载管理器；单击左下角的"选项"

链接，可以修改下载文件的默认存储路径，如图 3-61 所示。

图 3-58　选择需下载的图片

图 3-59　保存提示框

图 3-60　图片下载完成

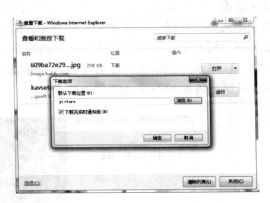
图 3-61　修改下载文件的默认存储路径

使用类似的方法可以利用下载管理器下载其他文件或软件等资源。

四、手机上网浏览网页

随着 4G 手机的广泛使用，通过手机浏览器浏览网页已经相当普遍。手机浏览器需要 Java 或智能手机的系统（如苹果的 IOS 系统或 Android 平台等）支持，目前国内知名度较高、用户数量较多的是 UC 手机浏览器、百度手机浏览器和 QQ 手机浏览器等。

1. UC 手机浏览器浏览

UC 手机浏览器采用最新的数据压缩优化技术（高达 80% 的压缩率），使页面载入速度大幅提升，提高浏览效率，节省上网流量，降低浏览费用。其以自动适应屏幕和缩放两种浏览模式，呈现最佳网络视觉效果。手机酷站、分类大全、互联网酷站等导航系统，囊括了多个热门、精彩的站点，无须输入，轻轻一点，即可进入绚丽多彩的网络世界。其浏览界面如图 3-62 所示。

2. 百度手机浏览器浏览

百度手机浏览器由百度公司研发，基于几十项技术创新的全新 webkit 增强内核，在

图 3-62　UC 手机浏览器浏览页面

浏览速度、网站兼容性、稳定性方面均有明显提升。百度手机浏览器具有丰富的特色功能：整句英汉互译，长按文本即可翻译，浏览国外网站毫无压力；翻屏按钮，单击即可自动滚屏，配合全新干净全屏效果，手机阅读者最爱；中文语音搜索，配合网络搜索推荐等功能，让搜索一触即达；更有单指滑动缩放、主体突出、夜间模式、截图分享等贴心功能。其浏览界面如图 3-63 所示。

图 3-63　百度手机浏览器浏览页面

五、电子邮箱的申请与使用

电子邮件（E-mail，Electronic Mail）是在 Internet 上使用最多的功能之一，用户可以通过电子邮件与 Internet 上的任何人进行联系，使用方法就像我们平时收发信件一样，但其快速和便捷的特点却是一般信件所无法比拟的。

Internet 上很多网站都为用户提供了免费邮箱，国内影响力较大的网站都提供这样的服务。一般用户申请一个免费邮箱既方便又经济。当然经常用邮箱发送重要信息的用户最好申请收费邮箱，以保证安全性。下面以网易免费邮箱为例，说明申请免费电子邮箱的操作过程。

1. 申请前应考虑的因素

（1）邮箱容量越大越好。邮箱容量越大，可以接收的电子邮件越多。同时，用户还应考虑其允许的一封邮件的大小，有的网站提供的邮箱容量虽然很大，但允许的每封电子邮件太小。

大容量的、可靠的免费邮箱还可用于保存用户的资料。用户可以将重要的资料发送到自己的免费邮箱中，在任何地方都能访问，非常方便。

（2）网站信誉。信誉好的网站可以提供可靠、长久的电子邮箱服务且服务质量较高，不会出现用户的邮箱不能使用的问题，也不会泄露用户的通信秘密。

（3）使用是否方便。应考虑邮箱是否使用 POP3 协议来访问，是否可使用浏览器来访问，访问速度如何，是否有特殊访问限制等问题。

2. 申请免费邮箱的具体步骤

（1）打开 IE 浏览器，在地址栏中输入"www. 163. com"，按"Enter"键，进入网易的主页（图 3-64），单击屏幕上方的"注册免费邮箱"超链接。

（2）进入注册网易免费邮箱页面（图 3-65），可以选择注册 163、126、yeah. net 三大免费邮箱。这里选择 163 邮箱，在第一行邮件地址栏右侧的下拉列表中选择"163. com"即可。

图 3-64　网易的主页　　　　　　图 3-65　注册网易免费邮箱

（3）经过不断改进，现在邮箱注册只需要一个页面。如图 3-66 所示，按页面提示填写邮件地址、密码等用户资料。注意带"＊"号的资料必须填写，密码应尽量避免使用电话号码、生日等，否则容易被盗。

（4）单击"立即注册"按钮后进入"注册成功"界面，如图 3-67 所示。关闭"注册成功"界面后，直接显示 163 邮箱主页，可以看到邮箱左侧列出了免费邮件服务的所有功能，用户根据自己的需要单击相应功能即可，如图 3-68 所示。

（5）要发送邮件，可单击"写信"按钮进入"163-邮箱写信"界面，然后输入相关内容。在"收件人"栏中输入接收邮件用户的邮箱地址，如图 3-69 所示。

一封电子邮件可以抄送给许多人（包括自己），格式同收件人的格式一样。只要单击发件人地址栏右侧的"抄送"链接，在"抄送"栏输入地址即可。不过需要注意，将多个收件人的电子邮件地址或姓名用"；"进行间隔。

图 3-66　用户资料填写界面

图 3-67　"注册成功"界面

图 3-68　登录进入邮箱

图 3-69　"163-邮箱写信"界面

　　无论将某人的电子邮件地址写在收件人的位置还是写在抄送的位置，此人都能够收到邮件。但这两种操作是有区别的，两者语气不同，抄送的目的可能仅是告诉或通知对方一声。具体怎么选择，视用户的理解而定，但用户使用抄送应慎重，避免产生不必要的误会。

　　除了抄送，还可以密送。两者的区别在于：抄送邮件，所有接收邮件的用户都能看到你发送给其他用户的邮件地址，即每个人都知道这封邮件还同时发给了谁。而密送则是每个接收邮件的用户只能看到自己的邮件地址。密送的操作也非常简单，和抄送一样，单击发件人邮箱右侧的"添加密送"链接，在"密送"栏输入地址即可。

　　在"主题"栏中可以输入邮件的主题，也可以不填。在下面的空白区域中输入邮件的主要内容，然后单击上方的"发送"按钮即可。按照上述这些方法，只能发送文本形式的邮件，如果要向朋友发送照片、图片或其他文件，可以通过"附件"发送。

　　单击"主题"栏下方的"添加附件"超链接，弹出"选择要上载的文件"对话框，如图 3-70 所示。选择要发送的文件，再单击"打开"按钮。

　　如果要同时发送多个附件，可重复上述步骤，但发送的附件有大小和数目的限制。文件太大，不能用附件发送。一般用户能发送附件的大小要小于 3 GB。

　　单击"发送"按钮，就可以把带附件的邮件发送出去。

（6）要收取邮件时，可单击左侧栏"收信"按钮，就可以进入收件箱查看、管理邮件，如图 3-71 所示。管理邮件包括删除、彻底删除、转发、举报、标记、移动等操作。当信箱中的邮件过多或一些邮件不再需要时，应及时将它们从信箱中清除，以确保信箱清洁及方便阅读邮件。

图 3-70　"选择要上载的文件"对话框

图 3-71　"收件箱"界面

任务 3　使用常用工具软件处理资料

任 务 概 述

　　毕业生要找工作，他通过网络下载了大量应聘资料，这些资料数量庞大，类型繁多，需要对其进行处理。

　　本任务是通过多媒体技术相关知识的学习，掌握 Windows 7 自带常用工具软件的使用和操作，运用 Windows 7 的常用软件完成对应聘资料的处理。

　　知识要求：

　　1. 了解多媒体技术相关知识。

　　2. 熟悉 Windows 7 自带常用工具软件的使用方法。

　　能力要求：

　　掌握 Windows 7 自带常用工具软件的操作方法。

　　态度要求：

　　1. 能自主动手操作。

　　2. 在完成任务过程中发现问题能与小组成员沟通交流、分析并解决问题。

相 关 知 识

一、多媒体技术

　　多媒体技术是指通过计算机对文字、数据、图形、图像、动画、声音等多种媒体信息进行综合处理和管理，使用户可以通过多种感官与计算机进行实时信息交互的技术，又称为计算机多媒体技术。

多媒体技术中的媒体主要是指利用电脑把文字、图形、影像、动画、声音及视频等媒体信息都数位化，并将其整合在一定的交互式界面上，使电脑具有交互展示不同媒体形态的能力。它极大地改变了人们获取信息的传统方法，符合人们在信息时代的阅读方式。多媒体技术的发展改变了计算机的使用领域，使计算机由办公室、实验室中的专用品变成了信息社会的普通工具，广泛应用于工业生产管理、学校教育、公共信息咨询、商业广告、军事指挥与训练，甚至家庭生活与娱乐等领域。

多媒体技术是多门学科的综合，而不是单独的一种技术。它涉及计算机技术、通信技术及现代媒体技术。多媒体技术的主要特点是综合性、集成性、交互性、实时性和数字化。

（1）综合性是指可对图、文、声、像等多种媒体进行综合处理，形成一个统一整体。

（2）集成性包括两方面的含义：一是指多媒体信息的集成，即文本、图像、动画、声音、视频等的集成；二是指操作这些媒体信息的设备和软件的集成。

（3）交互性是指在多媒体信息的传播过程中可以实现人机对话，用户可以通过多种方式与计算机交流信息，对计算机进行控制。

（4）实时性是指在人的感官系统允许的情况下进行的处理和交互。当人们给出操作命令，相应的媒体能够得到实时控制。

（5）数字化是指所有媒体信息都能转换成数字形式表示，计算机能对这些信息进行数据处理。

总之，多媒体技术使计算机成为能综合处理多种媒体信息，集文字、数字、图像、图形、声音和视频于一体，进而集成为综合的多媒体系统。使计算机进入家庭、艺术及社会生活的各个方面，从而极大地影响了人们的生活及生产方式，成为对人类有重大影响的技术。

二、使用系统工具处理媒体

Windows 7 附件所带小程序有很多，常用的附件有记事本、写字板、画图、截图工具和计算器。

1. 记事本

记事本是一个小型、简单的文本编辑器，其所创建的文件扩展名默认为".txt"。依次单击"开始"→"所有程序"→"附件"→"记事本"命令，将启动记事本程序，如图 3-72 所示。记事本不提供复杂的排版及打印格式等方面的功能，适合于编辑文本文件，其功能较写字板程序小得多，但它的优点是操作容易。

2. 写字板

写字板是一个 Windows 7 自带的用于文字处理的程序，其所创建的文件扩展名默认为".rtf"。依次单击"开始"→"所有程序"→"附件"→"写字板"命令，将启动写字板程序，如图 3-73 所示。其功能十分接近 Word 软件，可以说是 Word 软件的简化版本。写字板适用于日常的文字处理及图形处理的需要，可以用来建立文本，对文体进行编辑、排版，可实现图、文、表的混排，还可以以各种格式和风格打印出来。写字板与其他文字处理程序共享信息。

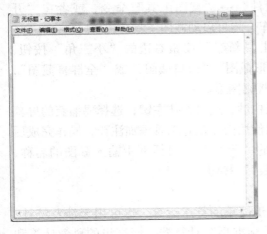

图 3-72 "记事本"窗口

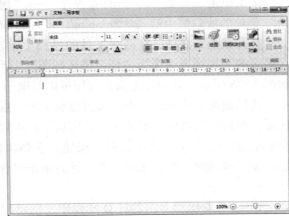

图 3-73 "写字板"窗口

3. 画图

画图是 Windows 中一个用于绘制、调色和编辑图片的简单、易用的图形处理程序，其所创建的文件扩展名默认为".bmp"，意为"位图"。用户可以使用它绘制黑白或彩色的图形，并可将这些图形存为位图文件，可以打印，也可以将它作为桌面背景，或者粘贴到另一个文档中，还可以使用"画图"查看和编辑扫描的照片等。依次单击"开始"→"所有程序"→"附件"→"画图"命令，将启动画图程序，如图 3-74 所示。

用绘图工具在画布上绘图完毕后，通过"画图"下拉菜单中的"保存"命令可以将图片保存为一个图片格式的文件。

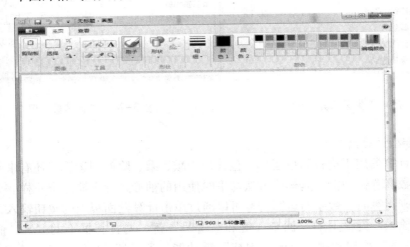

图 3-74 "画图"窗口

4. 截图工具

在生活中，经常用截图工具来截取图片以介绍某些知识或说明问题。一般的专业截图软件，需要设置好截图"热键"再截取，比较麻烦。在 Windows 7 中，使用系统自带的截图工具就可以方便地按任意形状截图。

依次单击"开始"→"所有程序"→"附件"→"截图工具"命令，或者在"开始"菜单的搜索框中键入"SnippingTool"并回车，均可启动截图工具。

打开截图工具后，在截图工具的界面上单击"新建"按钮右边的"小三角"按钮，从弹出的下拉列表中选择"任意格式截图""矩形截图""窗口截图"或"全屏幕截图"，如图3-75所示，其中任意格式截图可以截取不规则图形。

选择截图模式后，整个屏幕就像被蒙上一层白纱，此时按住左键，选择要捕获的屏幕区域，然后释放鼠标，截图工作就完成了；可以使用荧光笔等工具添加注释，操作完成后在标记窗口中单击"保存截图"按钮，在弹出的"另存为"对话框中输入截图的名称，选择保存截图的位置及保存类型，然后单击"保存"按钮。

5. 计算器

Windows 7 提供专门的计算器程序，既可用于简单的算术运算，也可用于涉及统计、三角函数等较为复杂的运算。简单计算可使用"标准型"计算器，而高级的科学计算和统计可使用"科学型"计算器。依次单击"开始"→"所有程序"→"附件"→计算器"命令，将启动计算器程序，如图3-76所示。

图3-75 "截图工具"窗口   图3-76 "计算器"窗口

1）标准型计算器

标准型计算器用于进行简单运算，包含加、减、乘、除四则运算，还有求平方根、百分数、求倒数和存储功能。其操作方法与平时使用的袖珍式计算器完全一样。

进行四则运算时，数字与运算符号可以通过单击计算器面板上的按钮输入，也可以直接从键盘上输入。键盘上的"回车"键和"等号"键，与计算器上的"="命令按钮功能相同；"退格"按钮和键盘上的"退格"键功能一致，都是删除最后一个数字；"CE"按钮用于清除计算器中当前显示的数值；"C"按钮用来彻底清除计算器中显示的当前结果。

2）科学型计算器

科学型计算器支持很多高级的数学运算，在标准型计算器窗口中，执行"查看/科学型"命令，则计算器转为科学型计算器。

一般情况下，不需要非常复杂的运算，这里仅介绍不同进制之间的数值转换。在"进制"框中，单选钮被选中的表示是当前数值的数制，如果要转换为其他数制，只需单击要转换到的数制即可。

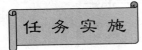

一、应聘资料的文字处理

借助于"记事本"，可将网上搜索到的有关简历书写技巧的一篇文章进行编辑、保存并打印输出。其操作如下：

（1）运用搜索技术在网上找到一篇介绍"书写简历"的文章，如图 3-77 所示。

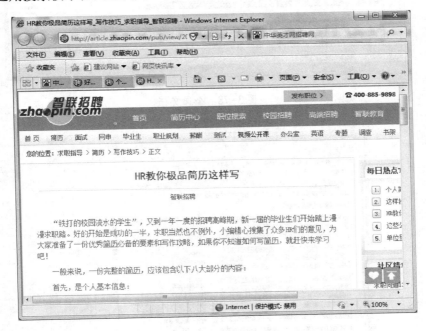

图 3-77　文档窗口

（2）在文档标题前面单击鼠标，然后滚动至文档最后，在文档最后处按"Shift"键并同时单击鼠标左键，这样可以选中文档所有内容，如图 3-78 所示。

（3）在选中文字内部右击，选"复制"命令，如图 3-79 所示。

（4）启动记事本程序，执行"编辑/粘贴"命令，将文档复制到记事本中，如图 3-80 所示。

（5）根据需要对文档的内容和格式进行编辑和修改，直到满意为止。编辑完成后执行"文件/另存为"选项，如图 3-81 所示。

（6）选择保存位置并命名文件名，点击"保存"按钮即可完成文件的编辑和保存，如图 3-82 所示。

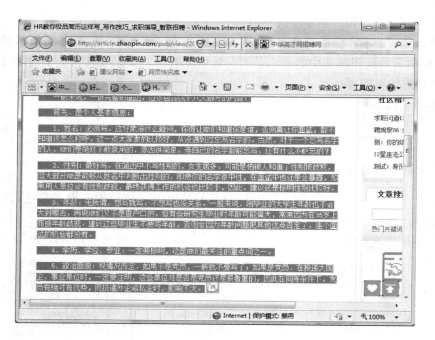

图 3-78　全选文档

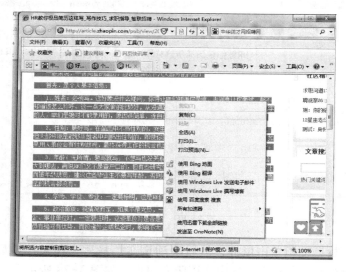

图 3-79　复制文档

（7）如果需要打印输出，首先要进行页面设置，执行"文件/页面设置"命令，打开如图 3-83 所示的"页面设置"对话框，设置纸张大小、打印方向和页边距等选项并准备好打印机，然后在记事本中执行"文件/打印"命令即可（图 3-84）。

二、应聘资料的其他媒体处理

借助 Windows 自带的录音机程序录制声音文件，如自我介绍的声音文件；根据需要，

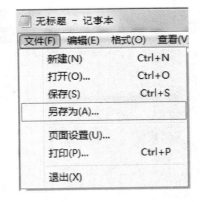

图 3-80　粘贴文档　　　　　　　　　　图 3-81　"保存"选项卡

图 3-82　保存文件

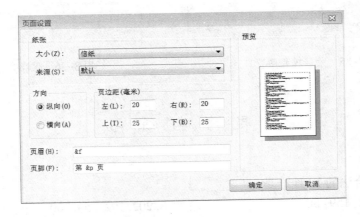

图 3-83　"页面设置"对话框

可将录制好的声音用到动画或视频文件中充当画外音，以增强作品的感染力。应聘资料中录制声音的操作如下：

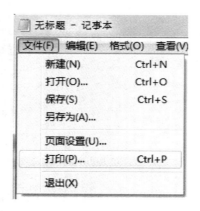

图 3-84 "打印"选项卡

（1）将准备好的话筒加入主机面板上音频输入插孔中，执行"开始/所有程序/附件/娱乐/录音机"命令，启动录音机程序，如图 3-85 所示。

（2）单击"  "按钮开始声音的录制，可以用话筒朗读事先准备好的自我介绍的稿子。完成后，单击" 停止录制(S) "按钮停止录音。

（3）执行"文件/保存"命令，打开保存文件对话框，选定保存的位置并为文件命名，单击"保存"按钮即完成声音的录制工作，如图 3-86 所示。

图 3-85　录音机程序窗口　　　　　　图 3-86　保存声音文件

思 考 与 练 习

1. 单选题

（1）下列合法的 IP 地址是_____。

A. 202：102：159：50　　　　　　B. 202. 102. 159. 300

C. 202，102，159，50　　　　　　D. 202. 102. 159. 50

（2）WWW 浏览器是_____。

A. 一种操作系统　　　　　　　　B. TCP/IP 体系中的协议

C. 浏览 WWW 的客户端软件　　　　D. 远程登录的程序

（3）当你从 Internet 获取邮件时，你的电子信箱是设在_____。

A. 你的计算机上　　　　　　　　B. 发信给你的计算机上

C. 你的 ISP 的服务器上　　　　　D. 根本不存在电子信箱

（4）以下选项中不正确的是_____。

A. 计算机网络由计算机系统通信链路和网络节点组成

B. 从逻辑功能上可以把计算机网络分为资源子网和通信子网

C. 网络节点主要负责网络中信息的发送、接收和转发

D. 资源子网提供计算机网络的通信功能，由通信链路组成

（5）DNS 指的是_____。

A. 文件传输协议　　　　　　　　B. 域名服务器

C. 用户数据报协议　　　　　　　D. 简单邮件传输协议

（6）域名与 IP 地址之间的关系是_____。

A. 一个域名对应多个 IP 地址　　B. 域名是 IP 地址的字符表示

C. 域名与 IP 地址没有关系　　　D. 访问页面时，只能使用域名

（7）局域网的英文缩写是_____。

A. WAN　　　　　B. MAN　　　　　C. JAN　　　　　D. LAN

（8）IPv6 是一种_____。

A. 协议　　　B. 图像处理软件　　C. 浏览器　　　D. 字处理软件

（9）通过_____可以把自己喜欢的或经常访问的 Web 页保存下来，这样以后就能快速打开这些网站。

A. 回收站　　　B. 浏览器　　　　C. 收藏夹　　　D. 我的电脑

（10）多媒体技术的特点不包括_____。

A. 多样性　　　B. 集成性　　　　C. 交互性　　　D. 连续性

2. 填空题

（1）常用的搜索引擎有_____、_____、_____等。

（2）通常将网络传输介质分为_____和_____两大类。

（3）Internet 所采用的通信协议是_____协议。

（4）有一个 URL 是"http：//www.tongji.edu.cn/"，表示这台服务器属于_____机构，该服务器的顶级域名是_____，表示_____。

（5）计算机网络常用的拓扑结构有_____、_____、_____、_____和网状。

（6）_____用于泛指那些专门利用电脑搞破坏或恶作剧的人。

（7）C 类 IP 地址，用前 3 个字节标识网络号，最后一个字节标识_____。

（8）_____是一种通过 Internet 以服务的方式提供动态可伸缩的虚拟化资源的计算模式。

（9）IPv4 的地址位数为_____位，IPv6 的地址位数为_____位。

（10）画图程序所创建的文件扩展名默认为_____。

3. 判断题

（1）HTTP 协议是一种电子邮件协议。（　　　）

（2）要将计算机连接到网络，必须在计算机上安装相应的网络组件。（　　）

（3）同一个 IP 地址可以有若干个不同的域名，但每个域名只能有一个 IP 地址与之对应。（　　）

（4）计算机病毒可以破坏硬件。（　　）

（5）用户在连接网络时，可以使用 IP 地址或者域名地址。（　　）

（6）使用浏览器访问 Internet 上的 Web 站点时，看到的第一个页面叫首页。（　　）

（7）Internet 域名系统中 cn 代表中国，GOV 代表教育机构。（　　）

（8）用户读完电子邮件后，邮件将自动从服务器中删除。（　　）

（9）网卡的英文简称是 NIC。（　　）

（10）物联网是新一代信息技术，其与互联网没有任何关系。（　　）

4．问答题

（1）什么是计算机网络？计算机网络的功能是什么？

（2）IE 地址栏中经常出现的 http 和 www 代表什么意思？

（3）什么是计算机犯罪？计算机犯罪有哪些特点？

（4）计算机病毒的传播途径有哪些？如何防治？

（5）多媒体技术有哪些特点？

5．操作题

（1）浏览"中国高职高专教育网"，网址为 http：//www.tech.net.cn，将主页添加到收藏夹，命名为"高职高专网"。

（2）设置 IE 浏览器主页地址为：http：//www.sxmtxy.com.cn/。

（3）使用百度搜索引擎查找并下载 QQ 软件。

（4）在网易网站上申请一个免费邮箱，并完成两项设置：在邮箱列表中每页显示 30 封邮件；启动某段日期自动回复功能，回复内容自设。

项目 4   Word 2010 基础应用

任务 1   认识 Word 2010

任务概述

Word 2010 是微软公司开发的 Office 2010 办公组件之一，是当前世界上最流行的文字编辑软件。要了解 Word 2010 的功能，认识 Word 2010 界面的组成，学会 Word 2010 启动、退出、文本编辑等基本操作。`

知识要求：

1. 了解 Word 2010 的基本功能、启动和退出。

2. 了解 Word 2010 的窗口组成与操作。

能力要求：

1. 熟悉 Word 2010 窗口的基本组成和各个对象的专业名称。

2. 能够熟练对窗口界面进行系统配置。

3. 熟练使用多种方法打开和退出 Word。

态度要求：

1. 能够认真熟悉 Word 窗口的专业术语。

2. 独立完成任务要求的各项操作。

相关知识

一、Word 2010 功能

Word 2010 是由 Microsoft 公司推出的一款集文字录入、编辑、排版、图文混排、制作表格、表格计算、图表、公式、模板和打印为一体的高级办公软件。相比以前版本 Microsoft Word 2010 增强后的功能可创建专业水准的文档，您可以更加轻松地与他人协同工作并可在任何地点访问您的文件。

二、Word 2010 启动与退出

1. Word 2010 *启动*

启动 Word 2010，可执行下列操作之一：

（1）执行"开始/所有程序/Microsoft Office/Microsoft Word 2010"命令。

（2）双击桌面上"Microsoft Word 2010"快捷方式图标。

（3）双击已有 Word 文档图标。

（4）直接执行 Microsoft Word 2010 应用程序文件。

2. Word 2010 退出

（1）单击 Word 窗口标题栏右端的"关闭"按钮。

（2）双击 Word 窗口标题栏左端的"控制菜单"按钮。

（3）执行快捷键"Alt+F4"。

（4）执行"文件/退出"命令。

三、Word 2010 窗口组成与操作

启动 Word 2010，在打开 Word 应用程序窗口的同时系统将自动新建一文档编辑窗口，并命名为"文档1"，如图 4-1 所示。

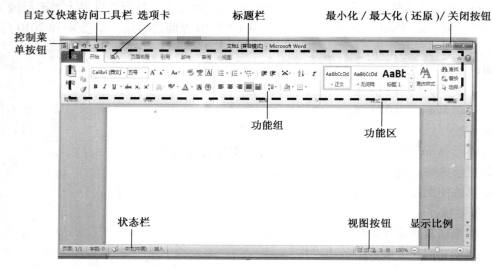

图 4-1　Word 2010 窗口

该窗口由 Word 程序窗口和 Word 文档窗口两部分组成，应用程序窗口由标题栏、选项卡、功能区、功能组、自定义快速访问工具栏、状态栏等组成；文档窗口由插入点、文本区、标尺、滚动条等组成。

（1）标题栏：位于窗口的最上方，用于显示当前文档名称和应用程序名称。

（2）控制菜单按钮：位于标题栏最左侧，实现调整大小、移动及关闭应用程序窗口等操作。

（3）功能区：通过使用功能区可实现软件的基本功能，代替以前旧版本的菜单栏和工具栏的功能，如图 4-2 所示。

图 4-2　功能区

（4）功能组：当单击功能区上的一些按钮不能实现所需要的全部功能时，可以单击

该组右下角的"组"按钮（）来弹出相应选项的对话框，对该类格式进行设置。

（5）选项卡：是 Word 对功能进行大类别划分，主要分为开始、插入、页面布局、引用、邮件、审阅和视图。功能区中的选项卡是动态变化的，可以通过"文件/选项/自定义功能区"来增加或者减少选项卡，此外选择相应文本区对象后将自动出现相关的选项卡和工具。如选中图片，将自动显示图片工具格式选项卡，如图 4-3 所示。

图 4-3　选项卡

（6）自定义快速访问工具栏：是用户将保存、撤销和重复键入等一些常用命令显示在其上，实现快速访问功能。

（7）状态栏：位于窗口的最下方，显示插入点在文档中的位置、文档的字数、文档当前所处的操作状态等信息。

（8）标尺：Word 窗口设置有水平标尺和垂直标尺。用于确定文档在屏幕和纸张上的显示位置，同时也可以用来调整页边距和段落的缩进。

（9）滚动条：有水平滚动条和垂直滚动条两种，用来滚动显示文件的不同部分。

（10）文本区：也称文档编辑区，在该区域内可以对文档进行编辑、插入、修改等各种操作。该区域的"I"型光标是"文本的插入点"，表示从此处开始编辑文档。

（11）视图按钮：在文档窗口的状态栏右侧有 5 个按钮，通过单击切换文档的显示方式。从左向右分别代表页面视图、阅读版式视图、Web 版式视图、大纲视图和草稿。

任 务 实 施

一、功能区的操作

Microsoft Word 从 Word 2003 升级到 Word 2007，其最显著的变化就是传统的菜单栏和工具栏被功能区所代替。通过单击窗口上方的选项卡切换到与之相对应的功能区面板。从 Word 2007 升级到 Word 2010，主要是使用"文件"按钮 文件 代替了 Word 2007 中的"Office"按钮 ，使用户更容易从 Word 2003 和 Word 2000 等旧版本中转移。

1. 功能区基本操作

在功能区中，单击相关的选项卡，可以切换至相应的选项区面板中，在出现的各种功能组中可设置相关选项。用户可以单击功能组右下角的 图标来显示选项对话框。

2. 使用快捷键访问功能区

系统允许用户使用快捷键访问功能区，具体做法是按下"Alt"键并松开，系统会提示相应的按键访问各个选项卡及功能组中的功能，如图 4-4 所示。

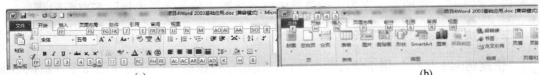

(a)　　　　　　　　　　　　　　　　(b)

图 4-4　快捷键访问功能区

3. 自定义功能区

在功能区上右击，在弹出的快捷菜单中选择"自定义功能区"命令（图4-5），或者通过"文件/选项"来设置此功能。

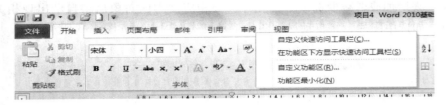

图4-5 "自定义功能区"快捷菜单

用户可以通过如图4-6所示的对话框，新建选项卡和组，调整选项卡在功能区的排序位置，按住鼠标左键拖动到相应的位置，并可以通过"导入/导出"按钮将设置迁移至其他计算机。

图4-6 "自定义功能区"对话框

4. 隐藏功能区

将功能区隐藏可以扩大文本区的显示范围，可以通过以下4种方法操作：

（1）双击任一选中的选项卡即可隐藏功能区，再次双击该功能区选项卡将取消隐藏。

（2）按快捷键"Ctrl+F1"直接隐藏功能区，再次按"Ctrl+F1"键则取消隐藏。

（3）可以直接单击功能区右上方的"功能区最小化"按钮 ⌃ 直接隐藏功能区，再次单击该按钮取消隐藏。

（4）在功能区任意位置右击，在弹出的菜单中选择"功能区最小化"将隐藏功能区。隐藏后，右击任一选项卡，在弹出的菜单中取消选择"功能区最小化"来取消隐藏。

二、"快速访问工具栏"设置

"快速访问工具栏"用于放置命令按钮，使用户快速启动经常使用的命令。默认情况下，"快速访问工具栏"中只有数量较少的命令，用户可以根据需要添加多个自定义命令。在功能区或者快速访问工具栏上右击，在弹出的快捷菜单中选择"自定义快速访问工具栏"命令（图4-5），或者通过"文件/选项"中的"快速访问工具栏"来添加或者删除部分功能。

任务2 制作培训通知

任务概述

学校将要举办一次多媒体课件制作培训，通知各位老师参加，通知内容一般包括时间、地点、主讲人、培训对象、培训内容等。

知识要求：

1. 掌握文档基本操作新建文档、打开文档、保存文档。

2. 掌握采用多种方法进行文本输入、编辑和格式化。

3. 掌握页面设置、打印预览和打印等操作。

能力要求：

1. 能够熟练完成文档的基本操作和格式设置。

2. 能够熟练完成文档的页面设置和打印。

态度要求：

1. 积极主动完成文档的各项操作。

2. 在操作过程中注意文档的保存和快捷键的灵活运用。

相关知识

一、文档基本操作

文档的基本操作主要有新建文档、保存文档、打开文档、多文档之间操作、关闭文档等操作。

1. 新建文档

（1）启动 Microsoft Word 2010 软件后，新建空白文档。启动 Word 软件时，系统会默认新建文件名为"文档1.docx"的空白文档，用户可以在此文档中文本区内输入信息。

（2）Word 软件已打开，建立新文档。Word 软件启动后，单击执行"文件/新建"命令，选择可用模板，默认为"空白文档"，再单击"创建"按钮新建文档（图4-7），也可直接执行快捷键"Ctrl+N"新建空白文档。

2. 打开文档

打开文档是将系统中已有的 Word 文件或 Word 支持的文件调入 Word 应用程序窗口进行编辑。

（1）双击相应的 Word 文件则启动 Word 软件并打开该文件。

（2）Word 已启动，通过"文件/打开"命令、快捷键"Ctrl+O"或者单击"快速启

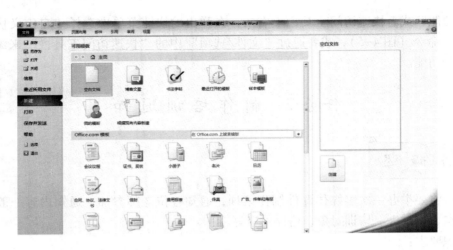

图 4-7 创建文档

动工具栏"中打开按钮 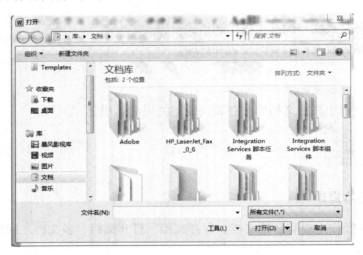，打开如图 4-8 所示的对话框。选择文件所在的位置、文件类型，选中要打开的文件名，单击"打开"按钮或双击该文件即打开文档。

图 4-8 "打开"对话框

3. 保存文档

1）新建文档保存

执行"文件/保存、另存为"命令、快捷键"Ctrl+S"或单击"快速启动工具栏"上的"保存"按钮，打开如图 4-9 所示的对话框。

输入或选择文档保存的路径和文件夹、文件名、文档的保存类型，单击"保存"按钮保存文件，并返回到文档的编辑状态。默认保存文件类型为"Word 文档（*.docx）"。

2）已有文档保存

执行"文件/保存"命令、快捷键"Ctrl+S"或单击"快速启动工具栏"上的"保存"按钮，将已有的 Word 文档按照原有位置和文件名保存，并用当前文件覆盖原文件。

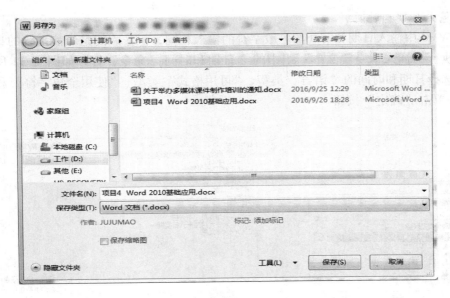

图 4-9 "另存为"对话框

3）已有文档的另存为

当用户需改变文件的保存路径或文件名时，执行"文件/另存为"菜单命令，打开"另存为"对话框，可改变文件的保存位置或文件名，单击"保存"按钮并返回新文档的编辑状态，不影响原文档。

二、输入文档

Word 文档中的文字可以是中文、英文和中英文的混合，其中还可以输入特殊的字符。

1. 中英文输入

首先将插入点定位到要输入内容处，然后输入内容。输入内容时应注意以下几点：

（1）英文字符、词汇及句子尽量使用英文字符，必要时可使用等宽英文字体。

（2）输入英文逗号和句点时应在其后跟随一个英文空格。

（3）一个段落文本输入完成后，按键盘上的"Enter"键，在段落结束处出现段落标记"↵"，同时一个新段落从下行开始。

（4）在段落中手工换行，执行快捷键"Shift+Enter"。

（5）修改文本内容时，将插入点定位于要修改的位置，再进行相应操作。若"状态栏"的文档当前操作为"插入"状态时，键入的文字将插入到插入点处，如为"改写"状态则输入的字符覆盖插入点右边的字符。可通过按键盘上的"Insert"键或者单击状态栏中的"改写"标记切换两种状态。

2. 输入数字

阿拉伯数字、算式和运算符一般应使用英文字符。若要把阿拉伯数字组成的数据变为其他数字形式的数据，可执行"插入"→"符号"组中的"编号"命令。打开如图 4-10所示的对话框，输入阿拉伯数字，选择编号类型，单击"确定"按钮，在文档中插入相应形式的数字数据。

3. 输入日期和时间

在 Word 中输入日期和时间与一般字符的输入相同，但输入的是当前系统的日期和时间，可执行"插入"→"文本"组中的"日期和时间"命令，打开如图 4-11 所示的对话框。选择日期和时间的"语言"类型、"可用格式"类型、"使用全角字符"和"自动更新"，单击"确定"按钮。

图 4-10 "数字"对话框

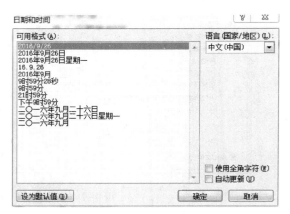

图 4-11 "日期和时间"对话框

注意：选择"使用全角字符"，则插入的数字显示为全角。若选择"自动更新"，再次打开时，日期和时间将自动更新为本次打开时的日期和时间。

4. 特殊字符的输入

Word 中提供了丰富的特殊字符，在日常文档编辑过程中会经常用到，而有的时候会用到键盘上没有的符号，可以通过"符号"对话框插入任意字体的任意字符和特殊符号，如版权符号、商标符号、段落标记以及 Unicode 字符等。输入特殊符号使用以下两种方法：

（1）"符号"对话框。选择"插入"→"符号"组中的"符号"→"其他符号"命令或者右击选择快捷菜单中的"插入符号"命令 插入符号(S)，打开如图 4-12 所示的对话框。

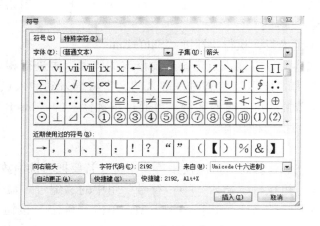

图 4-12 "符号"对话框

（2）中文输入法的"软键盘"。用户只需右击输入法或者直接点击输入法的"软键盘"选项，然后可以根据自己的需求进行不同的选择。再次单击输入法状态栏上的"软键盘"按钮即可关闭。

三、修改文档

修改文档（也称为编辑文档）是指文档已经存在字符、图形、表格等，进行删除、移动、复制、查找与替换文本、定位等操作。

1. 选择文本

在对 Word 文档编辑或排版时，必须先选择后操作。被选定的文本呈反像显示。

1）鼠标选定文本

（1）鼠标在文本区为"Ⅰ"型时，可用表 4-1 中的方法选择。

表4-1　文本区为"Ⅰ"型时的选择操作

操作	选择范围	操作	选择范围
拖动	多个字符	Shift+单击	插入点到单击处的所有字符
双击	中文一个标点符号、单字或词组；英文一个单词	Ctrl+单击	一句
三击	整个段落	Alt+拖动	垂直矩形区域

（2）鼠标在页面左侧的选择区为"⊿"反向光标时，可用表 4-2 中的方法选择。

表4-2　选择区选择操作

操作	选择范围	操作	选择范围
单击	选择一行	双击	选择一段
三击	选择全部文本	Ctrl+单击	选择全部文本

2）使用键盘选定文本

（1）组合键选择文本。用键盘选择时，需要首先将插入点定位于选择文本的开始处，然后用表 4-3 所列的选择组合键。

表4-3　选择组合键

操作	选择范围
Shift+→或←	插入点右边或左边的一个字符
Shift+↑或↓	选择到上行或下行同一位置之间的所有字符
Shift+Home 或 End	选择从插入点到行首或行尾的所有字符
Shift+PageUp 或 PageDown	选择向上或向下的一屏
Ctrl+Shift+→或←	选择插入点右边或左边的一个标点符号、单词（英文）、单字或词组
Ctrl+Shift+↑或↓	选择插入点到段首或段尾的所有字符
Ctrl+Shift+Home	选择插入点到文档首的所有字符
Ctrl+Shift+End	选择插入点到文档尾的所有字符
Ctrl+A	选择整个文档

（2）"F8"扩展键选择文本。需要首先将插入点定位于选择文本的开始处，用表4-4中的方法可选择相应的文本范围。按"Esc"键可取消扩展模式。

表4-4 "F8"扩展键选择文本

操作	选 择 范 围
按一次	切换到扩展模式（注意：可使用光标移动键选择）
按两次	选择插入点所在处的字或词组、单词（英文）
按三次	选择插入点所在处一句
按四次	选择插入点所在的段落
按五次	选择整个文档

2. 删除文本

选择要删除的文本，按"Delete"键或"Backspace"键即可将其删除。如果未选择文本，按"Delete"键删除插入点后面的文本，按"Backspace"键可删除插入点之前的文本。

3. 移动文本

移动文本就是将选择的文本从一个位置移到另一个位置。有两种操作方法：

（1）拖动移动文本。选择要移动的文本，直接拖动被选择的文本到目标位置。

（2）利用剪切板移动文本。选择要移动的文本，单击"开始/剪切"按钮或使用快捷键"Ctrl+X"；将插入点定位到移动的目标位置；执行"开始/粘贴"按钮或使用快捷键"Ctrl+V"。

4. 复制文本

1）拖动复制文本

选择欲复制的文本，按住键盘上"Ctrl"键的同时，拖动选择的文本到目标位置，先释放鼠标键，再释放键盘上的"Ctrl"键。

2）剪贴板复制文本

选择要复制的文本，单击"开始/复制"按钮或使用快捷键"Ctrl+C"将文本临时保存在剪贴板中；将插入点定位到复制的目标位置，执行"开始/粘贴"按钮或使用快捷键"Ctrl+V"复制文本。

可通过单击"开始"选项卡"剪贴板"组右下角的 按钮显示和关闭剪贴板。

5. 撤销和恢复操作

如果误删除文本需返回到之前的状态，单击"快速访问工具栏"上的"撤销"按钮 或使用快捷键"Ctrl+Z"。如果需要撤销多步操作可以单击下拉按钮进行选择。

可以单击"快速访问工具栏"上的"恢复"按钮 或使用快捷键"Ctrl+Y"。

6. 查找与替换和定位文本

使用查找和替换功能，不仅可以在文档中查找和替换普通字符，而且还可以查找和替换特殊的字符，如段落标记、制表位、分页符等特殊字符。定位是根据指定的条件，快速将插入点定位在所需要的位置，可定位到页、节、书签、批注、脚注和尾注、域、表格、图形、格式、对象和标题等。

执行"开始"选项卡"编辑"组中的"查找""替换"或"定位"命令，或执行快捷键"Ctrl+F""Ctrl+H""Ctrl+G"或按"F5"键，均可以打开如图4-13所示的对话框，完成查找、替换和定位操作。

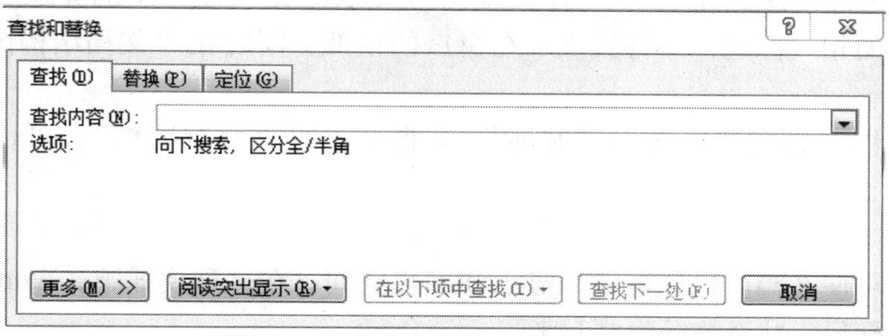

图 4-13 "查找和替换"对话框

单击"更多"按钮，可设置更多的查找或替换选项，也可以查找或替换排版格式（如字体、段落、样式的设置）、特殊字符（如制表符、分页符、分栏符）、同音单词、单词的各种形式等。在搜索选项中，若选择"使用通配符"复选框，则"＊"和"？"作为通配符使用进行查找。

另外，执行"Shift+F5"键可定位到前一编辑位置。此命令连续重复使用3次，即可以回到前3次操作所在的位置。

四、文档视图

1. 页面视图

页面视图主要用于排版打印、编辑页眉和页脚、调整页边距、分栏、编辑图形对象。可以看到打印出的页面中文字、图片和其他元素的位置，也可以看到分页、页眉、页脚、页边距的大小，反映了实际打印输出的状态。

2. 阅读版式视图

阅读版式视图是以图书的分栏样式显示文档，也可以进行文档的修改、查找和替换等操作。"文件"按钮、功能区等窗口元素被隐藏起来。在阅读版式视图中，用户可以单击"工具"按钮选择各种阅读工具。

3. Web版式视图

Web版式视图可创建或显示Web页或文档。能优化Web页面，使其外观与在Internet上发布时的外观一致；可以显示背景、自选图形和其他Web文档，也是查看Web文档时常用的视图方式。

4. 大纲视图

大纲视图用来显示文档的层次结构，使用大纲视图可建立和修改文档的大纲，特别适合写文档时先写提纲再写文章的方式。在大纲视图中，可以通过拖动标题来移动、复制和重新组织文本。还可以通过折叠文档来查看主要标题，或者展开文档查看所有标题和正文内容。大纲视图中不显示页边距、页眉和页脚、图片和背景。

5. 草稿

草稿取消了页面边距、分栏、页眉页脚和图片等元素，仅显示标题和正文，是最节省计算机系统硬件资源的视图方式。

6. 文档结构图

文档结构图是能够显示文档的标题列表。使用"文档结构图"可以对整个文档快速进行浏览，同时还能跟踪在文档中的位置。单击"文档结构图"中的标题后，Word 就会跳转到文档中的相应标题，并将其显示在窗口的顶部，同时在"文档结构图"中突出显示该标题。

执行"视图"选项卡，选中"显示"功能组中的"导航窗格"，可以显示或隐藏"文档结构图"。

7. 全屏显示

全屏显示可使文档窗口获得最大显示和编辑空间。在这种模式下，Word 窗口的标题栏、功能区、标尺、状态栏等隐藏起来。

可以通过"文件/选项"中"自定义功能区"添加"全屏显示"命令，然后返回功能区单击"全屏显示"或者直接使用快捷键"Alt+U+V"即可切换到全屏幕显示。按键盘上的"Esc"键，返回到原来的视图。

五、页面设置

页面设置功能可以完成纸张大小、页面边距和文档窗格等属性的设置。一般在下载打印文档之前，需要设置页面属性。单击"页面布局/页面设置"的右下角按钮 或鼠标双击垂直标尺或水平标尺的上半部分，打开如图 4-14 所示的对话框，其中包括"页边距""纸张""版式"和"文档网格"4 个选项卡。

1. "页边距"选项卡

"页边距"选项卡如图 4-14 所示，用于设置页边距、纸张方向和页码范围。

图 4-14　"页面设置"对话框

页边距是页面四周的空白区域。通常情况下，在页边距区域放置页码、页眉和页脚等项目；在页边距内的正文区域中插入文字和图形等。

（1）"上、下、左、右"页边距：可设置正文边界与页面边界之间的距离。

（2）"装订线位置"与"装订线"：可利用微调设置"装订线"的宽度或在其后的文本框中输入合适的宽度数值。在"装订线位置"下拉列表中选择出现装订线的合适位置。

（3）"纸张方向"：用来设置指定纸型的方向，系统默认"纵向"。

（4）"页码范围"：当文档为多页时，还可在"页码范围"选项组中设置多页排版方式。"对称页边距"：可使文档打印成双面时，两面的文本区域相对称，此时"页边距"选项组中的"左""右"微调框将变为"内侧""外侧"微调框，利用微调按钮可设置两对称页的内部间距和外侧页边距。

2. "纸张"选项卡

"纸张"选项卡用于设置纸张的大小和纸张来源。

（1）"纸张大小"下拉列表框：用来选择需要的纸张大小，其大小显示在"宽度"和"高度"文本框中。如果选择"自定义大小"纸张，需要在"宽度"和"高度"文本框中输入纸张的宽度和高度。

（2）"默认"按钮：用来将已设置的纸张大小和方向作为默认值。

（3）"应用于"：用于设置该纸型设置的应用范围。应用范围可以是"整篇文档"或"插入点之后"；如果文档中使用"分节符"，应用范围也可为"本节"。

3. "版式"选项卡

该选项卡可以设置节的起始位置、页眉和页脚是奇偶页不同或首页不同、垂直对齐方式等；也可设置页眉、页脚与页面边界之间的距离等。

4. "文档网格"选项卡

该选项卡可以设置每行中的字符数、每页的行数、字符跨距、行跨度、字体、字号、栏数、正文竖向或横向排列。更改了每行字符数，字符跨度将自动调整以适应更改后的设置；更改了每页行数，行跨度将自动调整以适应经过更改的设置。

注意：切换到页面视图，将鼠标指针指向水平标尺或垂直标尺上的页边距边界。当鼠标指针变成"双箭头" ⟺ 时，拖动可改变页边距边界。如要指定精确的页边距值，在拖动边界的同时按住"Alt"键，标尺上会显示页边距值。

六、文本格式化设置

格式化设置是按照一定的要求改变文档的操作，包括改变字符、段落和页面外观等。Microsoft Word 2010 除了提供传统的字体、字号等文档格式化操作外，还提供了主题功能，文档主题和样式是一组格式选项，其中可以包括颜色主题（一组颜色）、字体主题（一组标题和正文字体）和效果主题（一组线条和填充效果），可以快速而轻松修饰文件。

1. 主题和样式

通过应用文档主题，可以使文档具有专业外观。Microsoft Word 提供许多内置的文档主题，用户还可以通过自定义并保存文档主题来创建个性化的文档主题。文档主题可在 Office 程序之间共享，这样 Office 文档都具有相同的统一外观。文档主题中包含多种样式，在应用主题后，用户可以通过修改样式来分别个性化颜色、字体和特殊效果等全局选项。

"主题"功能在"页面布局"选项卡中,"样式"功能在"开始"选项卡中。

2. 字符格式化

字符是指文档中一切可打印的文字、数字、标点符号和特殊的符号。

字体是用于描述字符在屏幕上显示以及打印出来的字样。Word 中可使用的字体主要取决于计算机系统内安装的字体和打印机所安装的字体。Word 中常用的中文字体有宋体、楷体、黑体和仿宋,数字、英文和符号的常用字体有 Times New Roman、Arial 等。一般中文黑体与英文 Arial 相对应,中文其他字体与 Times New Roman 相对应。

字形是指为字符添加特殊变化的样式,如加粗、斜体等。

字号是指字符的大小。Word 系统已设的字号中,字号越大,字符的尺寸越小。字号也以"磅"为单位表示(1 磅=0.353 mm),磅值越大,字符的尺寸越大。

对字符格式设置包括字体、字号、字型、字符颜色、字符下划线、字符横向的缩放、字符间距等。要对字符进行格式化设置时,先选定要设置的字符,然后再对其作各种设置和修饰。

字符格式化可利用"开始"选项卡"字体"功能组的命令按钮、右下角按钮 及右击选择快捷菜单选择"字体"命令和快捷键等弹出"字体"对话框进行设置。

1)利用"字体"对话框设置

打开如图 4-15 所示的"字体"对话框。

图 4-15 "字体"对话框

(1)"字体"选项卡。该选项卡可同时设置字符的中文字体、西文字体、字形、字号及颜色;还可以为字符设置下划线及着重号;对选定的内容设置不同效果,同时显示应用所选项的文档外观。

常用中文字体有:宋体、仿宋体、楷体、黑体等。

常用西文字体有:Times New Roman、Arial、Arial Black 等。

下划线有：<u>单线</u>、<u>字 下 加线</u>、<u>双线</u>、**<u>粗线</u>**、<u>细点线</u>、<u>虚线</u>、<u>波浪线</u>、<u>双波浪线</u>等。

效果有：~~删除线~~、~~双删除线~~、上标^2、下标$_2$等。

（2）"高级"选项卡。该选项卡，可设置字符的缩放、间距和位置。

缩放：确定字符水平缩放的比例或输入缩放的比例。可将所选字符修饰为扁体或长体，如缩放 80%、缩放 100%、缩放 150% 等。

间距：横向加宽或紧缩所选字符间距，如 加宽3磅 、标准、 紧缩1磅 。默认字符间距为 1 磅。

位置：纵向提升或降低所选字符在行中的位置，如 提升5磅 、 标准 、 降低5磅 。

2）利用"开始"选项卡"字体"功能组按钮和组合键设置（表 4-5）

表 4-5　设置字符格式的"字体"功能组按钮和组合键

功能组按钮	组合键	操 作 功 能
宋体 ▼	Ctrl+Shift+F	设置字体
五号 ▼	Ctrl+Shift+P	设置字号
U	Ctrl+U	设置或取消文字下划线的设置
B	Ctrl+B	设置或取消字形加粗的设置
I	Ctrl+I	设置或取消字形倾斜的设置
A ▼		单击右边的小三角可打开调色板，设置字符颜色
A▲ A▼		增大字号和减小字号
A		设置字符边框
A		设置字符底纹

3. 段落格式化

段落是一定数量的字符（包括空行）、图形、对象等的集合。在 Word 中，段落是以"Enter"键进行区分的。在完成一段文字的输入后，按"Enter"键会在段落的结束处出现一个段落标记"↵"。

段落标记不仅标识一个段落的结束，而且还存储该段落的排版格式。若删除段落标记，同时也就删除该段落的格式。段落的格式设置主要包括：段落的缩进、间距、对齐方式等。

在对段落进行格式设置时，首先要选择段落，然后设置段落格式。要对一个段落进行格式设置，只需将插入光标定位到段落的任意一个位置；要对多个段落进行格式设置，需选中要格式设置段落的全部或部分数据。段落的设置可以利用"段落"对话框、"水平标尺"和"开始/段落"功能组按钮进行。

1）利用"段落"对话框进行段落设置

右击选择快捷菜单"段落"命令，即可打开如图 4-16 所示的"段落"对话框。该对话框有 3 个选项卡：

（1）"缩进和间距"选项卡。该选项卡为段落格式设置的主要选项卡，可以设置段落的缩进、间距、对齐方式等。

缩进：行或段落的前后位置留出一定的空白距离。它包括左缩进、右缩进和特殊格式

图 4-16   "段落"对话框

缩进。左缩进是指对于整个段落的左侧向右缩进一定距离；右缩进是指对于整个段落的右侧向左缩进一定距离；特殊格式缩进是指单击下拉列表按钮"▼"可设置"首行缩进"和"悬挂缩进"。"首行缩进"是指整个段落的第一行向右缩进一定距离，而首行以外的各行都保持不变；"悬挂缩进"是指段落的首行文本不变，而除首行外的文本向右缩进一定的距离。

间距：包括段落之间的间距和段落中各行之间的间距。段落间距有段前间距、段后间距和行距。段前间距是指在原行距的基础上，在段落之前额外添加一定的空白间距。段后间距是指在原行距的基础上，在段落之后额外添加一定的空白间距。行距是表示各行文本间的垂直距离。

在默认情况下，Microsoft Word 采用单倍行距。所选行距将影响所选段落或包含插入点的段落中的各行文本。在行距下拉列表中可设置的行距有：在选中"如果定义了文档网格，则对齐网格"的状态下，单倍行距为网格行距或其整数倍（大于五号字时），否则为字符和图片的最高高度；"1.5 倍行距"是指行距为单倍行距的 1.5 倍；"2 倍行距"是指行距为单倍行距的 2 倍；"多倍行距"是指行距为单倍行距"设置值"倍，"设置值"可为小数，默认值为 3。在取消了"如果定义了文档网格，则对齐网格"的状态下，"最小值"行距才有实际意义。在"设置值"框中键入或选择所需行距，可使行距为指定的值，默认值为网格的高度；选择"固定值"，则强制行距为指定的值，Word 不进行调整，各行间距相等，使过高的部分不显示，默认值为网格的高度。

对齐方式：文本段落在左右边界内的水平方向对齐。"左对齐"是使所选文本段落各行左边对齐，右边可不对齐；"居中"是使所选文本以段落各行中部对齐，左、右两边可不对齐；"右对齐"是使所选文本段落各行右边对齐，左边可不对齐；"两端对齐"是自动调整字符之间的间距，使所选文本段落各行两端同时对齐，每段最后一行不产生效果；"分散对齐"是自动调整字符之间的间距，使所选段落各行等宽对齐。

（2）"换行和分页"选项卡。可进行分页处段落的设置和取消行号及断字的设置。

（3）"中文版式"选项卡。该选项卡可设置换行规则和字符间距自动调整的规则。

2）利用"水平标尺"和"段落"功能组按钮进行段落设置

（1）利用"水平标尺"进行段落缩进设置。拖动水平标尺上的游标可设置段落的缩进。拖动"▽"游标，可设置首行缩进；拖动"⬒"中的"⬔"游标，可设置悬挂缩进；拖动"⬒"中的"▢"游标，可设置左缩进；拖动右端"⬔"游标，可设置右缩进。

（2）利用"段落"功能组按钮和组合键进行段落设置（表4-6）。

表4-6　段落设置"格式"工具栏按钮和组合键

"段落"功能组按钮	组合键	操作功能
掉	Ctrl+M	增加左缩进一个字符位置
掉	Ctrl+Shift+M	减少左缩进一个字符位置
	Ctrl+T	增加首行缩进一个字符位置
	Ctrl+Shift+T	减少首行缩进一个字符位置
	Ctrl+L	左对齐
掌	Ctrl+E	居中对齐
掌	Ctrl+R	右对齐
掌	Ctrl+J	两端对齐
掌		分散对齐

4. 项目符号及编号

在 Word 中，可以快速地给列表项标注项目符号或为序列项添加编号，这样使文章的层次分明，便于阅读和理解，找到重点。

1）自动生成编号和项目符号

输入文档时，若在段落的开始输入"a."、"1."、"（1）"、"一、"、"第一章"等起始编号，段落结束按"Enter"键，则自动将本段落转换为编号列表，同时在下一段落的开始自动添加编号列表；若在段落的开始输入"＊""－"类型的符号，且在其后加圆点、空格或制表符时，段落结束按"Enter"键，则自动将本段落转换为项目符号列表，同时在下一段落的开始自动添加项目符号列表。

Word 默认启动"自动项目符号列表"和"自动编号列表"功能。若要取消自动生成编号或项目符号功能，执行"文件/选项/校对"中的"自动更正选项"按钮命令，在"自动更正"对话框的"键入时自动套用格式"选项卡中，取消"自动项目符号列表"和"自动编号列表"两项的复选选择。

2）创建项目符号与编号

如果需要标注的项目符号或编号的内容已输入，这时可以先选定这些内容，然后执行

"开始"选项卡"段落"功能组中"项目符号"和"编号"命令，从相应的列表中选择一种项目符号或编号格式，这时所有选定的内容将以段落为单位被添加上指定的项目符号或编号。也可以在选定需添加项目符号和编号的内容之后，右击选择快捷菜单中的"项目符号"或"编号"按钮，将选定的内容添加系统默认的项目符号或编号。

3）自定义项目符号与编号

如果对已标注的项目符号或编号格式不满意，可以自定义。单击"开始"选项卡"段落"功能组中"项目符号"或"编号" 三 ▼ 三 ▼ 后的按钮 ▼ ，打开"定义新项目符号"或"定义新编号格式"对话框进行项目符号或编号的自定义。

4）取消项目符号或编号

如果将文档中标注为项目符号或编号的内容恢复为普通文本，可以先选定已标注为项目符号或编号的全部内容，然后单击"开始"选项卡"段落"功能组中的"项目符号"按钮或"编号"按钮，使其成弹起状态，则此项目符号或编号将被自动删除。也可单击"项目符号"或"编号"后的按钮 ▼ 中选择"无"。

5. 格式刷

格式刷的作用将某些字符的字体、字形甚至段落的格式复制、传递给其他字符或段落，使两者具有相同的格式效果。使用格式刷可以方便地进行字符、段落的设置。

1）一次格式的复制

选定格式源（要复制的格式）后，单击"开始"→"剪贴板"选项组上的"格式刷"按钮 ⬙ 格式刷 ，鼠标指针变为刷子和插入光标。将鼠标移至要应用复制格式的字符前，按住鼠标左键并拖动鼠标至需应用复制格式的字符结束处，松开鼠标左键即可完成格式复制。

2）多次格式的复制

选定格式源（要复制的格式）后，双击"开始"→"剪贴板"选项组上的"格式刷"按钮 ⬙ 格式刷 ，可多次利用鼠标在不同文本中应用复制格式。应用复制完成后，单击"格式刷"按钮或按"Esc"键取消格式刷。

6. 分栏

分栏指在页面上分列排列文档。它主要用于报纸、期刊的排版。Word可以将文档按同一格式分栏，也可以根据需要在同一文档的不同部分创建不同的分栏。

1）建立分栏

在页面视图下，选择需要分栏的文本或将插入点定位于需要的节中，执行"页面布局/页面设置"中的分栏命令，选择分栏列表选项或者点击"更多分栏"打开如图4-17所示的"分栏"对话框进行设置，然后确定。

在"分栏"对话框中，在"预设"区域可设置分栏的数目及分栏的形式；在"栏数"中可以设置分栏的数目，最多11栏；在"宽度和间距"区域中，可设置每栏的宽度和栏间的间距；若选择"栏宽相等"，每栏具有相同的宽度且栏间有相同间距；若选择"分隔线"，可在栏间显示分隔线。

"应用于"可指定以上分栏设置的应用范围。如果文档中没有分节符，默认范围为整个文档，也可应用于插入点之后；如果有分节符，默认范围为本节，也可应用于插入点之后；如果选择了文本，默认范围为所选文字，也可应用于整个文本。

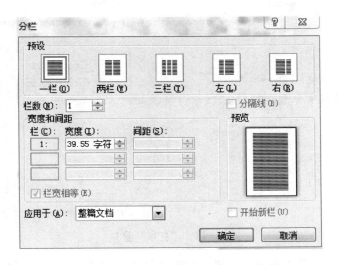

图 4-17 "分栏"对话框

2）均衡栏长

Word 文档的内容不满整页时，分栏后内容可能集中在第一栏或前几个栏内，成为一个不等长的栏，这时需要均衡栏长。

均衡栏长的方法是：将插入点定位于要均衡分栏的结尾，然后执行"插入/分隔符"命令，在打开的"分隔符"对话框中选择"分节符类型"中的"连续"单选项，确定后将插入分节符（连续），从而使内容均衡地分配到各栏中。

3）创建跨栏标题

在排版时，一般只需对文章的内容分栏，标题不必分栏。若将标题和文章的内容一起进行分栏，则需将插入点定位于标题之后，然后打开"分隔符"对话框，选择"分节符类型"中的"连续"选项，插入分节符（连续），再将标题分栏数设置为一栏，也可将标题设置为跨栏标题。

七、文档打印

1. 打印预览

打印预览功能可以使用户在文档打印之前看到打印后的效果。可以选择"文件"→"打印"命令或者按"Ctrl+P"组合键在窗口右侧查看预览效果，如图 4-18 所示。

用户可以通过调整对话框右下角的显示比例滑块来按照比例预览文档。

2. 打印文档

用户可以在打印选项区域选择打印全部或者部分文档。在打印之前可以预览文档查看效果。

打印份数：在文本框中输入或者按钮调节需要打印文档的份数。

打印机：从打印机列表中选择安装的打印机。单击"打印机属性"按钮可设置打印机选项。

打印范围：在下拉列表框中选择要打印的内容或者直接在"页数"后的文本框中输入打印的页数，如"打印所有页""打印所选内容""打印当前页""打印自定义范围"。

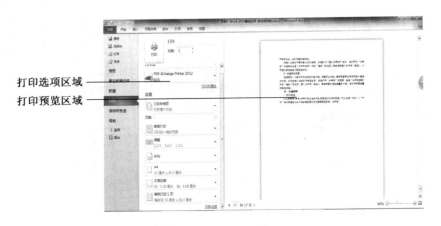

图 4-18   "打印"窗口

图 4-19   "打印"
按钮

自定义范围的设置：打印从第 1 页到第 10 页时，输入"1-10,"；打印指定的页面时，输入"1，3，5"；要打印 3、4、5、8、10、11、12 页时，则输入"3-5，8，10-12"。同时，可以设置单面打印或者手动双面打印，调整中设置逐份打印或者逐页打印，纸张方向横向或者纵向，纸张大小，页边距和设置每版打印页数。

设置完所有选项，最后单击如图 4-19 所示的"打印"按钮，可以立即打印文档。

任 务 实 施

一、培训通知的编辑与格式设置

1. 新建文档

执行"开始/所有程序/Microsoft Office/Microsoft Word 2010"命令，启动 Word 2010，同时自动建立一个文件名为"文档 1. docx"的新空文档。

2. 保存 Word 文档

（1）单击"快速访问工具栏"上的"保存"按钮或者"文件"→"保存"命令，打开"另存为"对话框（图 4-20）。

（2）选择 Word 文档保存在"桌面"上，文件名为"培训通知"，保存文档类型为"Word 文档（＊. docx）"，单击"确定"按钮。

3. 文本添加

（1）打开"培训通知 . txt"文本文件，执行快捷键"Ctrl+A"全选及"Ctrl+C"复制命令。

（2）在"培训通知"Word 文档中，执行快捷键"Ctrl+V"粘贴命令。

4. 文本的查找和替换

将文档中所有英文状态的逗号和句号（"，""."）替换为中文状态逗号和句号（"，""。"）。其操作步骤如下：

图 4-20　"另存为"对话框

（1）执行"开始/编辑"，点击"替换"命令，打开"查找和替换"对话框。

（2）在"查找内容（N）"文本框中输入英文半角","。

（3）单击"替换"选项卡，在"替换为（I）"文本框中输入中文分号","。

（4）单击"全部替换"按钮。

（5）同样方法，英文的句号替换为中文的句号。

5. 文本的复制与移动

将"培训主讲人和培训主题"两行内容移动到"培训时间"之上。其操作步骤如下：

（1）鼠标在"培训主讲人"之前单击，将插入点定位到"培"之前。

（2）按住"Shift"键，鼠标在下一行"设计与制作"之后单击。

（3）执行"开始/剪切"命令或快捷键"Ctrl+X"。

（4）将插入点定位到"培训时间"之前。

（5）执行"开始/粘贴"命令或快捷键"Ctrl+V"。

步骤（1）、（2）可以使用页面左侧的反向光标拖动选择两行。步骤（3）至步骤（5）可以使用按住鼠标左键不放拖动内容到相应位置松开鼠标。

6. 字体设置

（1）选定字符"关于举办多媒体课件制作培训的通知"，执行"开始"选项卡"字体"组中命令或者右击选择快捷菜单"字体"命令，打开"字体"对话框。设置中文字体为"黑体"，字形为"加粗"，字号为"三号"。

（2）选定字符"各系部、专业室："，设置字体为"华文楷体"，设置字号为"四号"，设置字形为"加粗"效果。单击"开始"选项卡"剪贴板"组中的"格式刷"按钮 格式刷，使最后3行内容的格式效果和"各系部、专业室："相同。

（3）其他字符设置字体为"宋体""四号"。

（4）选择"培训主讲人"，在"字体"对话框中"下划线线型"选择"双波浪线"，用"格式刷"命令将"培训主题、培训时间、培训地点、培训对象、培训要求、联系方式”加“双波浪线”。

7. 段落设置

（1）选中标题段，单击“开始/段落”组中命令按钮▤或执行其组合键“Ctrl+E”，设置对齐方式为“居中”。

（2）选中第一段，右击选择快捷菜单“段落”命令，打开“段落”对话框，设置首行缩进“2 字符”，段前间距为“0.5 行”。

（3）除第一段和最后 3 行外，其他段落设置特殊格式缩进为“首行缩进 2 字符”，行距为“固定值 25 磅”。

（4）设置最后 3 行内容对齐方式为“右对齐”。

8. 设置项目符号

（1）选中第三、四、五、六、七段，单击“开始/段落”组中“编号”命令后的下拉按钮，选择“编号库”中编号“一、”，如图 4-21 所示。

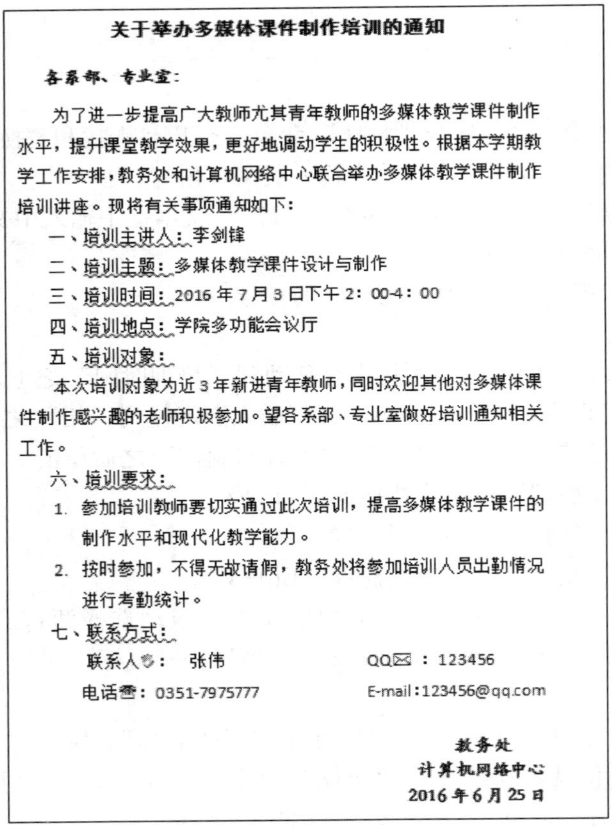

关于举办多媒体课件制作培训的通知

各系部、专业室：

为了进一步提高广大教师尤其青年教师的多媒体教学课件制作水平，提升课堂教学效果，更好地调动学生的积极性。根据本学期教学工作安排，教务处和计算机网络中心联合举办多媒体教学课件制作培训讲座。现将有关事项通知如下：

一、培训主讲人：李剑锋

二、培训主题：多媒体教学课件设计与制作

三、培训时间：2016 年 7 月 3 日下午 2：00-4：00

四、培训地点：学院多功能会议厅

五、培训对象：

本次培训对象为近 3 年新进青年教师，同时欢迎其他对多媒体课件制作感兴趣的老师积极参加。望各系部、专业室做好培训通知相关工作。

六、培训要求：

1. 参加培训教师要切实通过此次培训，提高多媒体教学课件的制作水平和现代化教学能力。
2. 按时参加，不得无故请假，教务处将参加培训人员出勤情况进行考勤统计。

七、联系方式：

联系人☺：张伟　　QQ✉：123456

电话☎：0351-7975777　　E-mail：123456@qq.com

教务处

计算机网络中心

2016 年 6 月 25 日

图 4-21　“培训通知”预览图

（2）使用“格式刷”将“培训要求”和“联系方式”设置和第三段格式效果相同。

（3）将第十、十一段设置编号“1.”如图 4-21 所示。

9. 插入特殊字符

（1）在光标定位在“联系人”后，选择“插入”选项卡，在“符号”组中单击“符号"下拉按钮，在下拉列表中选择"其他符号命令，打开"符号"对话框。在"符号"对话框"符号"选项卡中"字体"下拉类别中选择"Wingdings"选项，选中 ✋ 符号，单击"插入"按钮完成。

（2）同样的方法，在下拉类别中选择"Wingdings2"选项，在"电话"后插入 ☎ 符号；选择"Wingdings"选项，在"QQ"后插入 ✉ 符号。

10. 分栏

选中文中最后4行文字，选择"页面布局"选项卡，点击"页面设置"组中的"分栏"命令，在下拉列表中选择"两栏"或者"更多分栏"进行设置。

11. 保存文档

将现编辑中的文本等内容按照默认的文件名存盘。

二、培训通知的页面设置与打印

1. 页面设置

执行"页面布局/页面设置"命令，打开"页面设置"对话框，"页边距"选项卡中上下页边距分别为"2.5厘米"，左右页边距分别为"3厘米"和"纸张"选项卡均使用默认值。

2. 打印预览并打印

执行"文件/打印"命令，在打印预览窗口中可设置相应选项，整体效果如图4-21所示。如需打印，点击"打印"按钮。

任务3 制作个人求职简历

任务概述

个人求职简历的书写直接影响着求职者的成败，不仅在内容上要详尽真实而且格式上要美观大方。要写清楚个人的基本资料（姓名、年龄、学历、专业等），简单描述个人的爱好及特长、职业技能证书、在校获奖情况、工作时间经历等信息，最后对自己做客观合理的评价。

知识要求：

1. 熟悉表格的基本概念，包括行、列、单元格。

2. 熟悉表格的基本操作。

能力要求：

1. 能够熟练掌握建立表格的各种方法。

2. 熟练掌握制作和编辑表格的操作。

态度要求：

1. 结合自己实际情况填充表格的各项内容。

2. 积极主动查找简历的各种模板并进行制作。

一、建立表格

1. 插入表格

（1）使用"表格"菜单。将光标定位至需要插入表格的位置，在"插入"选项卡的"表格"组中，单击"表格"按钮下方的下拉箭头，然后在"插入表格"下，拖动鼠标选择需要插入的行数和列数，建立表格。

（2）使用"插入表格"对话框。将光标定位至需要插入表格的位置，在"插入"选项卡的"表格"组中选择"表格"→"插入表格"命令，在如图4-22所示的"插入表格"对话框中，设置行数、列数和"自动调整"后单击"确定"按钮插入表格。

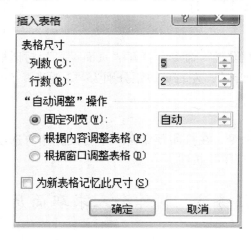

图4-22　"插入表格"对话框

（3）使用表格模板。Word提供了一组预先设置好格式的表格模板，表格模板包含示例数据，可以方便用户选择插入表格的样式。切换至"插入"选项卡"表格"组中的"表格"→"快速表格"，可在列表中预览将要插入表格的模板。选中相应的选项后，将会把表格插入至光标处。

2. 绘制表格

选择"插入"选项卡"表格"组中的"表格"→"绘制表格"命令，光标将变为"铅笔"形，鼠标指向需要绘制表格的起始位置，拖动鼠标到表格的结束位置，出现的矩形框就是表格的外边框，接着可以继续拖动鼠标绘制多行和多列。同时在选项卡后出现"表格工具"选项组中的"设计"和"布局"两个选项卡，用来实现表格的各种操作功能。

3. 将文本转换成表格

选中使用空格、制表符等相同分隔符号的有规律文字，在"插入"选项卡"表格"组中选择"表格"→"文本转换成表格"命令，设置转换成表格的行和列后，可将文字转换成表格。

二、选择表格

表格是由水平排列和垂直排列的单元格组成的矩形区域，前者一组为行，后者一组为列，单元格是表格的基本单位。选择表格对象的方法有多种，表4-7列出了使用鼠标、键盘和命令选择表格元素的主要方法。

表4-7 表格的选择方法

选择对象	操作对象	操 作 方 法
全表	鼠标	插入点定位于表格中，单击表格的左上角 ⊞
	键盘	插入点定位于表格中，NumLock 灯关闭，按"Alt+5"
	命令	执行"布局/表/选择表格"命令
单行	鼠标	鼠标光标在左页边距，其光标为 ⤴ 时单击
	键盘	插入点在表格的首列或末列，按"Shift+→或←"，选所有行单元格
	命令	执行"布局/表/选择行"命令
单列	鼠标	鼠标光标在表格上侧，其光标为 ↓ 时单击
	键盘	插入点在表格的首行或末行，按"Shift+↑或↓"，选所有列单元格
	命令	执行"布局/表/选择列"命令
单元格	鼠标	鼠标从需选择的单元格左侧指向时，其光标为 ➚ 时单击
	键盘	插入点定位在需选择单元格的开始，按"Shift+→"
	命令	执行"布局/表/选择单元格"命令

三、表格的操作

1. 单元格操作

1）插入单元格

单击"布局"选项卡中"行和列"组中"表格插入单元格"命令按钮 ▣，打开如图4-23所示的"插入单元格"对话框，若选择"活动单元格右移"，可在所选单元格处左边插入新单元格，当前单元格和其后的单元格右移；若选择"活动单元格下移"，可在所选单元格处上方插入新单元格，当前单元格和其下的单元格下移。

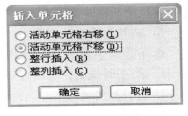

图4-23 "插入单元格"对话框

注意：该对话框不仅可以插入单元格，而且可插入空行或列。

2）删除单元格

将插入点定位在需删除单元格的位置，单击"布局"选项卡中"行和列"组"删除"按钮下的"删除单元格"命令，打开如图4-24所示的"删除单元格"对话框，选择"右侧单元格左移"或"下方单元格上移"，单

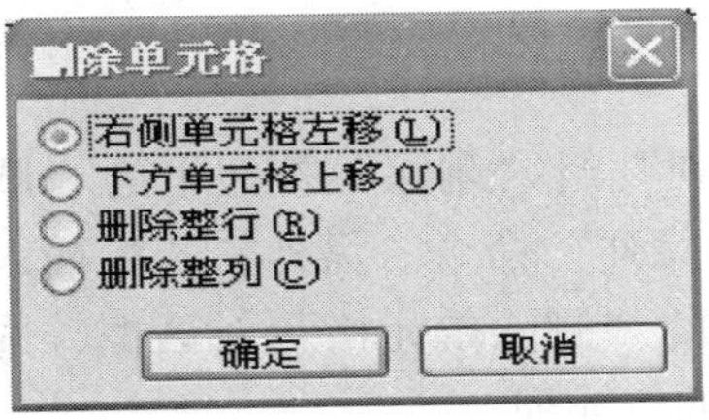

图4-24 "删除单元格"对话框

击"确定"按钮,即可删除一个单元格。

3）合并和拆分单元格

（1）合并单元格。合并单元格就是将选择的两个或多个单元格合并为一个单元格。单击"布局"选项卡中"合并"组中"合并单元格"命令或右击选择快捷菜单"合并单元格"命令,完成单元格的合并。

（2）拆分单元格。选择需要拆分的一个或多个单元格,单击"布局"选项卡中"合并"组中"拆分单元格"命令,打开"拆分单元格"对话框。如果选择对话框中的"拆分前合并单元格"选项,则将选择的单元格先合并为一个单元格,然后再拆分为指定的行数及列数;否则,直接将选择的单元格拆分为指定的行数及列数。

4）设置单元格数据的对齐方式

在表格中输入数据之后,不仅能够和一般文本一样设置单元格数据的水平对齐方式,而且能够设置垂直对齐方式为靠上、居中、靠下对齐。执行"布局"选项卡"表"组中的"属性"命令,在"表格属性"对话框的"单元格"选项卡中进行设置。

5）复制、移动

在表格编辑时,用户不仅能够对单元格、行、列和表格进行操作,而且还可以对表格内容进行复制和移动操作。

选择要复制或移动的单元格、行、列,如果是移动,则将其拖动到要移动的位置;如果是复制选定内容,则按住"Ctrl"键的同时将选定内容拖动到要复制的位置。

注意:如果只将单元格中文本复制或移动,只选定单元格中文本,而不包括段落标记。

6）清除表格数据

选择需要清除数据的行、列、单元格,然后按"Delete"键,可以清除单元格数据,而不删除单元格及其设置。

7）调整单元格的宽度

选择需调整宽度的单元格,鼠标指向所选择单元格的列格线,并且鼠标指针为"↔"形态时拖动,可改变单元格的宽度。

2. 行、列的操作

1）插入行、列

将光标定位在单元格中,执行"表格工具"选项组中的"布局"选项卡,单击"行和列"组中的"在上方插入"和"在下方插入"按钮,则在当前行的上方或下方插入行。单击"行和列"组中的"在左侧插入"和"在右侧插入"按钮,则在当前行的左侧或右侧插入列。若在如图 4-23 所示的"插入单元格"对话框中选择"整行插入"或"整列插入",可在所选单元格的上方插入行或左边插入列。

2）删除行、列

选择要删除的行或列,单击"布局"选项卡中"行和列"组"删除"按钮下的"删除行"或"删除列"命令或者右击选择"删除行"或"删除列"命令。另外,若将插入点定位在要删除行或列中的某单元格,打开如图 4-24 所示的"删除单元格"对话框,选择"删除整行"或"删除整列"选项,可删除插入点所在的行或列。

3）调整列宽度

调整列宽的方法有以下 3 种：

（1）鼠标指向要调整列的列格线并指针为"＋┃＋"形态时，拖动可改变相邻列的宽度；按住"Shift"键拖动可改变列格线左侧列的宽度及表格的宽度。

（2）插入点定位在表格中，水平标尺上将出现列标记，鼠标指向要调整列的列标记并提示"移动表格列"，指针为"↔"形态时拖动，可改变列标记左侧列的宽度和表格的宽度。若拖动时按下"Shift"键，只改变相邻列的宽度，不改变表格宽度。

注意：执行以上两种操作，按下"Alt"键拖动时，将显示列宽度；按下"Ctrl"键拖动时，将调整列格线左边列变大或变小，列格线右边所有列相对变小或变大，表格总宽度不变。

（3）要精确调整列宽度，需先选择列，执行"布局"选项卡"表"组中的"属性"命令或右击选择快捷菜单中的"表格属性"命令，打开如图 4-25 所示的"表格属性"对话框，在"列"选项卡中选择"指定宽度"，在其后的文本框中输入列的宽度值。

注意：使用"表格属性"对话框设置列宽度时，若该对话框的"表格"选项卡中指定了表格宽度，表格的宽度不会改变，只改变列的相对宽度。

图 4-25　"表格属性"对话框

4）调整行高

鼠标指向行格线或水平标尺的行标记时，鼠标光标变为"╪"或"↕"，拖动时可改变行的高度。

精确调整行高，执行"布局"选项卡"表"组中的"属性"命令，打开"表格属性"对话框，选择"行"选项卡，然后指定行高度。

5）平均分布行高和列宽

（1）平均分布行高。选择需平均分布行高的两行或多行，执行"布局"选项卡"单元格大小"组中的"分布行"命令或右击选择快捷菜单"平均分布各行"命令，可使行高不同的行成为行高相同的行。

（2）平均分布列宽。选择需平均分布列宽的两列或多列，执行"布局"选项卡"单元格大小"组中的"分布列"命令或右击选择快捷菜单"平均分布各列"命令，可使列宽不同的列成为列宽相同的列。

3. 表格操作

1）表格设置

（1）缩放表格。当鼠标光标指向表格的右下角缩放控点"□"时，鼠标变为"↖"，拖动控点，表格按比例均匀缩放。

（2）利用"表格属性"选项卡。将插入点定位于表格中，执行"布局"选项卡"表"组中的"属性"命令或右击选择快捷菜单中的"表格属性"命令，打开如图 4-26 所示的"表格属性"对话框"表格"选项卡，在"尺寸"区域选择"指定宽度"，并在其后的文本框中输入数值，选择相应单位，可指定表格的宽度。在"对齐方式"区域中，选择图示选项可设置表格在页面中的对齐方式"左对齐""居中""右对齐"。在"文字环绕"区域中，可设置表格与文字是否环绕；若设置表格与文字环绕，则"对齐方式"中的选项"左缩进"不可使用。单击"选项"按钮打开"表格选项"对话框，用户可设置需要的单元格边距和单元格间距。

图 4-26　"表格属性"对话框"表格"选项卡

表格在页面中的对齐方式也可在"开始"选项卡"段落"组中的"左对齐""居中"或"右对齐"工具按钮设置。

2）拆分表格

拆分表格是将一个表格拆分成两个表格。表格的拆分只能横向拆分，不能竖向拆分。操作时，将插入点定位于成为新表格首行的任意单元格内，执行"布局"选项卡"合并"

组中的"拆分表格"命令，这样一个表格拆分成两个表格。

注意：要将两个表格合并成一个表格，只需删除两表格之间的段落标记。

3）表格的边框和底纹

在默认情况下，Word 建立的表格边框线为"黑色"，宽度"0.5 磅"。

利用"边框和底纹"对话框，在表格中选定需要修饰的区域，单击"表格工具"选项组"设计"选项卡"绘图边框"功能组中的按钮 或者右击选择快捷菜单"边框和底纹"命令，打开"边框和底纹"对话框，在该对话框的"边框"选项卡中设置边框的线型、颜色、宽度；在"底纹"选项卡中设置所选区域单元格的填充颜色和填充图案。

4）表格自动套用格式

用 Word 建立表格后，不仅可利用命令完成对表格的设置，而且可用预设的表格格式快速地进行设置。

鼠标光标定位于表格中，执行"设计"选项卡"表格样式"功能组中命令，在如图 4-27 所示的"表格格式"列表中选择适合的样式。

图 4-27 "表格样式"列表

5）表格的删除

鼠标光标定位于要删除的表格中，单击"布局"选项卡中"行和列"组"删除"按钮下的"删除表格"命令，或者用鼠标选中整个表格右击选择快捷菜单"删除表格"命令。

任 务 实 施

一、实现表格插入

1. 新建个人求职简历文档

启动 Word，建立一个文件名为"个人求职简历.docx"的新空文档，输入标题"个人求职简历"，并设置字体为"宋体"，字号为"三号""加粗""居中"效果。

2. 表格插入

插入表格有以下两种方法：

（1）在"插入"选项卡的"表格"组中，选择"表格"→"插入表格"命令，打开"插入表格"对话框，设置行数为"6"，列数为"6"。

（2）在"插入"选项卡的"表格"组中，单击"表格"按钮下方的下拉箭头，然后在"插入表格"下拖动鼠标选择需要插入的行数和列数。

二、列的操作

1. 插入

将插入点定位于表格中最后一列任意单元格内，执行"表格工具"选项组中的"布局"选项卡，单击"行和列"组中"在右侧插入"命令。

2. 列宽

鼠标光标在表格上侧，其光标为"↓"时单击，利用"Ctrl"键选择1、2、3、5列，执行"布局"选项卡"表"组中的"属性"命令或右击选择快捷菜单中"表格属性"命令，在"表格属性"对话框中设置列宽为"2.15厘米"。同样的方法设置4、6列列宽为"1.8厘米"，7列列宽为"3厘米"。

3. 底纹

选择1、3、5列，单击"表格工具"选项组"设计"选项卡"绘图边框"功能组中的按钮▨，或右击选择快捷菜单中"边框和底纹"命令，打开"边框和底纹"对话框，在"底纹"选项卡中设置图案样式为"20%"。

三、行的操作

1. 行高

当光标移动至表格左侧并变为"↗"时单击，利用"Shift"键或拖动鼠标选择前5行，右击选择快捷菜单中的"表格属性"命令，在"表格属性"对话框中设置行高为"1厘米"；用同样的方法设置第6行，行高为"3.5厘米"。

2. 插入

将插入点定位于表格中最后一行单元格外，按"Enter"键插入一行。选择最后两行，执行"布局"选项卡，单击"行和列"组中"在下方插入"按钮，插入两行。用同样的方法再插入两行。

3. 删除

选择最后一行，单击"布局"选项卡中"行和列"组"删除"命令下的"删除行"或右击快捷菜单选择"删除行"命令。

四、构建表的模型

1. 合并

选中第7列的1~4行，单击"布局"选项卡中"合并"组中"合并单元格"命令或右击选择快捷菜单"合并单元格"命令。用同样的方法合并第4行的4~6列，第5行的4~7列，第6~10行的2~7列，如图4-28所示。

2. 表格外框线

插入点定位于表格中，单击表格的左上角按钮⊞，选择整表。右击选择快捷菜单"边框和底纹"命令，在对话框中设置表格外框线为双线，内框线为单实线。

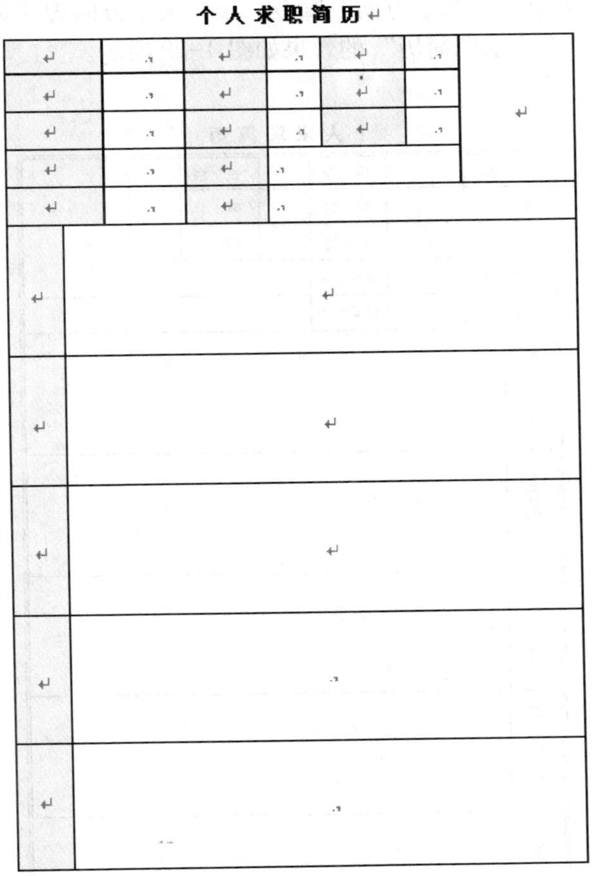

个 人 求 职 简 历

图 4-28 构建表的模型效果图

五、改变单元格属性

1. 水平及垂直对齐

选中整个表格，右击选择快捷菜单中"单元格对齐方式"为"中部居中"，设置单元格所有文本为水平和垂直方向全部"中部居中"。

2. 文本的垂直对齐

选中第 4 行第 4 列单元格和第 5 行第 4 列单元格，右击选择快捷菜单中"单元格对齐方式"为"中部两端对齐"按钮，设置单元格文本水平方向为"中部两端对齐"和垂直方向为"水平居中"。

六、调整表格成为不规则

选中第 1 列 6~10 行单元格，将调整点移动到表格内第一条垂直线上，并在指针为"↔"形态时拖动，调整列为合适列宽。

七、更改单元格的文字方向

选中第 1 列 6~10 行单元格，执行"布局"选项卡"对齐方式"中的"文字方向"

命令或右击选择快捷菜单中“文字方向”命令，设置文字方向为“纵向”。

完成以上操作，“个人求职简历”的效果如图 4-29 所示。

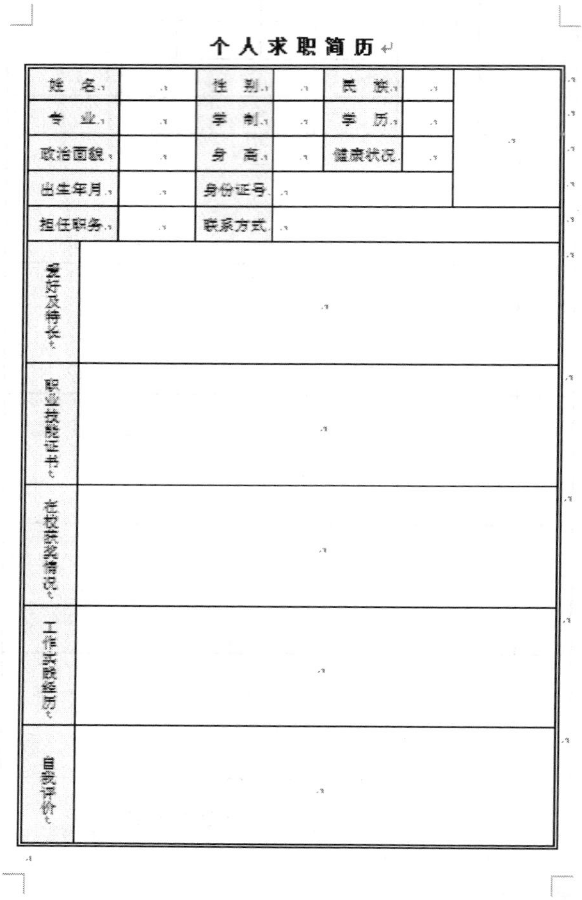

个人求职简历

姓　名		性　别		民　族		
专　业		学　制		学　历		
政治面貌		身　高		健康状况		
出生年月		身份证号				
担任职务		联系方式				
爱好及特长						
职业技能证书						
在校获奖情况						
工作实践经历						
自我评价						

图 4-29　个人简历效果图

任务 4　使用表格处理班级成绩

任务概述

利用 Word 中表格的功能处理班级期末成绩，计算个人的平均成绩和班级各门功课的平均分和总成绩，并对其中的个人平均成绩进行排序。

知识要求：

1. 了解表格和文本之间的转换。
2. 熟悉表格中数据的计算与排序。
3. 熟悉表格的修饰。

能力要求：

1. 能够熟练掌握表格中的函数和单元格的引用。

2. 能够熟练掌握表格格式的设置。

态度要求：

1. 主动结合本班成绩完成表格的操作。

2. 在实际应用过程中灵活使用表格各种功能。

一、转换表格

在 Word 文档中输入用于文本转为表格的内容。一般每一段落对应表格的一行，段落中可以用特殊字符分隔表格单元格数据。常用分隔的特殊字符有制表位"Tab"，也可使用英文逗号、句号或空格等。文本转换为表格时，先选择需要转换为表格的文本，在"插入"选项卡"表格"组中，选择"表格"→"文本转换成表格"命令，打开如图 4-30 所示的"将文字转换成表格"对话框，进行列数、行数等设置，尤其在"文字分隔位置"区域中选择所需的分隔符，单击"确定"按钮，文本将转换成表格。

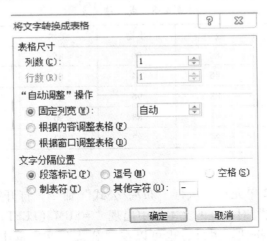

图 4-30　"将文字转换成表格"对话框

二、表格数据的计算

Word 提供简单的表格计算功能，即在表格中可以进行算术运算，还可以使用 Word 提供的粘贴函数进行其他类型的计算。在计算表格数据时，公式由引用单元格地址、粘贴函数和运算符组成。

1. 单元格地址的编号原则

从上向下用 1、2、3…表示行号，从左向右用英文字母 A、B、C…表示列号，单元格的地址由列号和行号组合而成。如 D5 表示位于 4 列、5 行的单元格。

2. 引用单元格

引用单元格主要引用在粘贴函数，有以下 4 种情况：

（1）引用多单元格。用逗号分隔各个单元格，表示引用单独的多个单元格。例如，"=sum（a1，b2，c3）"表示对 a1、b2、c3 单元格数据求和。

（2）引用一个区域。用冒号分隔表格中一个连续区域的首尾单元格地址，表示引用一个区域单元格。如果引用整行或整列，用冒号分隔行号或列号。例如，"=sum（b2：c3）"表示对 b2、c2、b3、c3 单元格数据求和；"=average（b：d）"表示对 b、c、d 列数据求平均值。

（3）引用多区域。用逗号分隔引用的各区域，表示引用多区域。例如"=sum（a1：b2，c3：d4）"。

（4）引用另一个表格中的单元格。应用域和书签标记表格，可引用其他表格中的单元格或从表格外部引用单元格。例如，"{=sum（table41：2）}"表示用书签"table4"所标记表格中的 1 行和 2 行数据求和。

3. 表格计算

Word 表格计算功能可以由"布局/公式"命令的方法实现。现以"布局/公式"命令方法为例，计算成绩表（表 4-8）中的总分及平均分。

表 4-8 成 绩 表

姓名	语文	数学	生物	美术	总分	平均分
赵明	93	80	90	85	348	87.00
张亮	92	86	84	84	346	86.50
李力	97	88	96	88	369	92.25
孙奇	92	91	88	90	361	90.25
汪江	92	94	82	92	360	90.00

1）计算总分步骤

将插入点定位在 F2 单元格，执行"布局/公式"命令，打开如图 4-31 所示的"公式"对话框，在"公式"对话框的文本框中出现"=SUM（LEFT）"，这意味将左边的各项相加；单击"确定"按钮。另外，也可以在"公式"文本框中输入"=B2+C2+D2+E2"或"=SUM（B2：E2）"，计算结果相同。重复上述步骤，计算出所有人的总分。

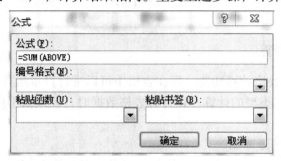

图 4-31 "公式"对话框

2）计算平均分步骤

将插入点定位在 G2 单元格，执行"布局/公式"命令，打开图 4-31 所示的"公式"对话框，在"公式"文本框中输入"＝AVERAGE（B2：E2）"；在"数字格式"的下拉列表中选择"0.00"，单击"确定"按钮。

这里的"AVERAGE"是求平均值的函数。单击"公式"对话框中的"粘贴函数"下拉列表按钮可以查看函数名和选择所要的函数。重复上述步骤，计算出所有人的平均分。

三、表格数据的排序

如果要对表格中的数据排序，就需要利用"排序"对话框排序。其操作步骤如下：

（1）将插入点定位于排序表格，切换至"表格工具"选项组中的"布局"选项卡，单击"数据"组中的排序按钮 ，打开如图 4-32 所示的"排序"对话框。

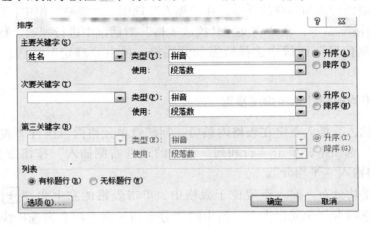

图 4-32 "排序"对话框

（2）在该对话框中"主要关键字"下设置排序列的列名或标题；在"类型"列表中选择排序类型为"笔画""拼音""数字"或"日期"；选择排序结果的显示方式为"升序"或"降序"等。若排序列不止一列，在"次要关键字"的设置中重复以上步骤设置。

（3）在"列表"区域中可指定表格是否有标题行；若表格有标题，而未选择"有标题行"，则排序时标题行将参加排序。

四、表格修饰

1. 标题行重复

标题行重复是指当一个表格超过一页时，在后续各页上重复表格标题。操作时，先选择表格的标题行，然后执行"布局"选项卡"数据"组中的"标题行重复"命令，该表格的后续页上将显示该标题行。

注意：只能在页面视图或打印出的文档中看到重复的表格标题。

2. 插入斜线表头

Word 2003 等版本有内置的斜线表头选项，而 Word 2010 没有这个专门功能，但可以用其他方法实现这个功能。将插入点定位于需要添加斜线单元格中，选择"设计"选项卡"表格样式"组中"边框"命令中的"斜下框线"或"斜上框线"按钮进行设置，或者通过点击"插入"选项卡"插图"组"形状"命令中"直线"来实现多种斜线表头。

任 务 实 施

一、转换表格数据步骤

（1）启动 Word，建立一个文件名为"班级成绩表.doc"的新空文档。

（2）打开素材库中的"成绩表.txt"文本文件，执行快捷键"Ctrl+A"及"Ctrl+C"命令。

（3）在"班级成绩表.doc"文档中，执行快捷键"Ctrl+V"命令。

（4）选择需要转换为表格的文本，在"插入"选项卡"表格"组中，选择"表格"→"文本转换成表格"命令，在"将文字转换成表格"对话框中进行列数、行数等设置，尤其在"文字分隔位置"区域中选择所需的分隔符，单击"确定"按钮，文本将转换成表格。

二、学生平均成绩计算和排序步骤

（1）列的插入。插入点定在表格内最后一列任意单元格内，执行"表格工具"选项组中的"布局"选项卡，单击"行和列"组中的"在右侧插入"按钮命令，插入一列。在 H1 单元格内输入"平均分"。

（2）列的平均分布。插入点定位于表格中，单击表格的左上角"⊞"，选择整表。执行"布局"选项卡"单元格大小"组中的"分布列"命令或右击选择快捷菜单"平均分布各列"命令。

（3）计算平均成绩。插入点定位在 H2 单元格，执行"布局/公式"命令，在"公式"文本框中输入"=AVERAGE（left）"；在"数字格式"的下拉列表中选择"0.00"，单击"确定"按钮。重复上述步骤或按"F4"键，计算出所有学生的平均分。

（4）成绩排序。插入点定位在"平均"分列任意单元格中，切换至"布局"选项卡，单击"数据"组中的排序按钮 ↓，打开"排序"对话框，在排序对话框中主要关键字下选择"平均分"字段，在"类型"列表中选择"数字"，选择排序结果的显示方式为"降序"；次要关键字下选择"姓名"字段，在"类型"列表中选择"拼音"，选择排序结果的显示方式为"升序"，实现多关键字的排序。

三、课程总成绩及平均成绩计算步骤

1. 行的插入

（1）插入点定在最后一行边框外的段落标记处，按回车键，则插入一行。

（2）插入点定在表格内最后一行任意单元格内，右击选择快捷菜单中"插入"→"在下方插入行"命令，则插入另一行。

（3）在 A32 单元格内输入"总成绩"，并将 A32 和 B32 单元格合并。在 A33 单元格

内输入"均分",并将 A33 和 B33 单元格合并。

2. 计算总成绩

插入点定位在 C32 单元格,执行"布局/公式"命令,在"公式"对话框的文本框中出现"=SUM(Above)",单击"确定"按钮。

重复上述步骤或按"F4",计算出所有课程的总成绩。

3. 计算平均成绩

插入点定位在 C33 单元格,执行"布局/公式"命令,在"公式"文本框中输入"=AVERAGE(C2:C31)";在"编号格式"的下拉列表中选择"0.00",单击"确定"按钮。重复上述步骤,计算出所有课程的均分。

4. 数据行设置

(1)行高。选中整表,右击选择快捷菜单"表格属性"命令,在"表格属性"对话框设置行高为"1 厘米"。选中表格内第一行,用同样的方法设置行高为"1.5 厘米"。

(2)单元格对齐方式。选中整表,右击选择"单元格对齐方式"为"中部居中"。

(3)字体设置。选中表格内第一行,设置字体为"宋体",字形为"加粗",字号为"小四"。用同样的方法,设置最后两行的"总成绩"和"均分"为同样的效果。

5. 标题行的设置

(1)标题行重复。选中表格内第一行,执行"布局"选项卡"数据"组中的"标题行重复"命令。

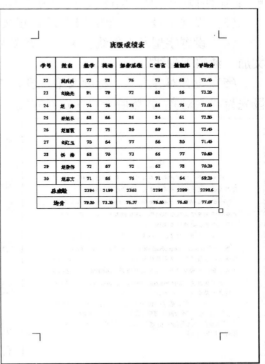

图 4-33 "班级成绩表"效果图

（2）标题设置：

①插入点定在表格内第一行任意单元格内，右击选择快捷菜单中“插入”→“在上方插入行”命令。

②选中第一行所有单元格，右击选择快捷菜单“合并单元格”命令。

③输入标题“班级成绩表”，设置字体为“宋体”，字号为“三号”“加粗”“居中”效果。

④选中第一行单元格，右击选择快捷菜单“边框和底纹”命令，在“边框”选项卡中设置“上框线”“左框线”和“右框线”为无。

完成以上操作，“班级成绩表”效果如图 4-33 所示。

拓 展 知 识

一、文档基本排版

1. 能力要求及内容

（1）创建“电脑”Word 文档，打开“电脑 . txt”文本文件，复制其全部内容。

（2）设置字体：标题为“黑体”；第一段为“楷体”；第二段中文为“隶书”，英文为“Times new Roman”；第三段中文为“行楷”，英文为“Times new Roman”并“加粗”；第四段中文为“黑体”，英文为“Arial”。

（3）设置字号：标题为“四号”；正文为“小四号”。

（4）设置字型及下划线：第二段英文为“倾斜”；第三段英文为“加粗”；第四段英文加“波浪下划线”。

（5）设置对齐方式：标题及第一段为“居中对齐”；第二段为“右对齐”；第三、四段先为“左对齐”，然后为“两端对齐”。

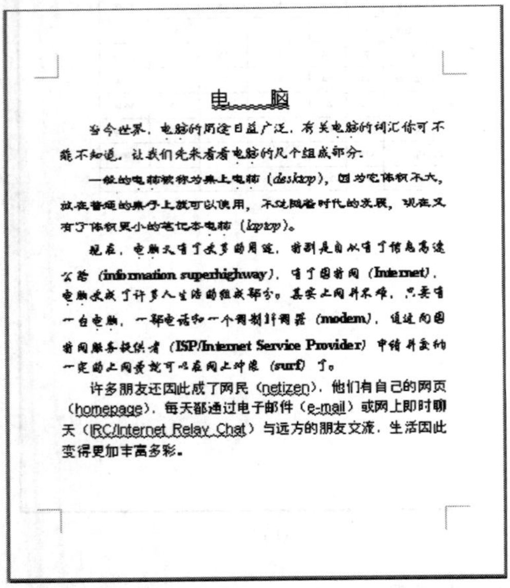

电 脑

当今世界，电脑的用途日益广泛，有关电脑的词汇你可不能不知道，让我们先来看看电脑的几个组成部分。

一般的电脑被称为桌上电脑（*desktop*），因为它体积不大，放在普通的桌子上就可以使用，不过随着时代的发展，现在又有了体积更小的笔记本电脑（*laptop*）。

现在，电脑又有了更多的用途，特别是自从有了信息高速公路（**information superhighway**），有了因特网（**Internet**），电脑更成了许多人生活的组成部分。其实上网并不难，只要有一台电脑，一部电话和一个调制解调器（**modem**），通过向因特网服务提供者（**ISP/Internet Service Provider**）申请并交纳一定的上网费就可以在网上冲浪（**surf**）了。

许多朋友还因此成了网民（netizen），他们有自己的网页（homepage），每天都通过电子邮件（e-mail）或网上即时聊天（IRC/Internet Relay Chat）与远方的朋友交流，生活因此变得更加丰富多彩。

图 4-34 文档基本排版效果图

（6）设置段落缩进：正文全部首行缩进“2 字符”，第二段落左右缩进“2 字符”。

（7）设置间距：正文行间距为“1.5 倍行距”，第二段落的段前、段后设置为“0.5 行”间距。

（8）查找中文中“电脑”两字符，并为其下加着重号。

（9）设置下划线：为标题增加双波浪下划线线，颜色为“蓝色”。

（10）页面设置：纸张大小为“大 32 开”；页边距上为“2.5 厘米”、下“2.1 厘米”，左和右为“2 厘米”。

（11）打印预览并保存。

2. 效果图

文档基本排版效果如图 4-34 所示。

二、制作加油卡开户申请表

1. 能力要求及内容

（1）启动 Word 2010，文档保存为“中石化加油卡开户申请表 . docx”。

（2）设置页面方向“横向”，上下左右页边距“1 cm”，水平方向和垂直方向都“居中”。

（3）插入表格并录入效果图中内容。

（4）调整表格行的高度和列的宽度并合并、移动单元格。

（5）表的标题字体为“宋体”，字号“20 磅”“加粗”“居中”。

（6）表格内文字字体为“宋体”，字号“10 磅”。

（7）“客户填写”“声明”所在合并单元格方向为竖向。

（8）设置表格的边框线，如图 4-35 所示。

（9）保存文档。

2. 效果图（图 4-35）

中石化加油卡开户申请表

年　月　日　编号：

<table>
<tr><td rowspan="7">客户填写</td><td colspan="6">单位用户</td><td colspan="4">个人用户</td></tr>
<tr><td>单位名称</td><td colspan="2"></td><td>通信地址</td><td colspan="2"></td><td>姓名</td><td></td><td>邮政编码</td><td></td></tr>
<tr><td>经办人</td><td></td><td>联系电话</td><td></td><td>邮政编码</td><td></td><td>通信地址</td><td colspan="3"></td></tr>
<tr><td>证件名称</td><td></td><td>证件号码</td><td colspan="3"></td><td>联系电话</td><td></td><td>证件类型</td><td></td></tr>
<tr><td>申请司机卡数量</td><td></td><td>使用密码</td><td colspan="3">是 □ 否 □</td><td>证件号码</td><td colspan="3"></td></tr>
<tr><td>定点加油站名称</td><td colspan="5"></td><td>车牌号码</td><td></td><td>使用密码</td><td>是 □否 □</td></tr>
<tr><td>声明</td><td colspan="5">兹声明以上填写情况均属实，本单位及所有持卡人愿意接受中石化加油卡章程及合约的约束。
单位公章：　法人印章：　经办人签字：
年　月　日</td><td>声明</td><td colspan="3">兹声明以上填写情况均属实，本人愿意接受中石化加油卡章程及合约的约束。
申请人签名：
年　月　日</td></tr>
<tr><td colspan="11">发卡储值点盖章：
复核：　经办：　年　月　日</td></tr>
<tr><td colspan="11">填表须知：
1．填表前请您仔细阅读申请表正面的《中石化加油卡章程》及背面的《中石化加油卡申领合约》的所有条款。
2．填表前，申请单位或个人如在声明栏签字盖章，即表示申请单位或个人认同并遵守有关约定。
3．申请表请使用蓝（黑）色签字笔或钢笔填写，字迹工整、清晰，并保证填写内容真实、准确、有效。
4．有效证件类型：居民身份证、驾驶证、军官证。</td></tr>
</table>

图 4-35　中石化加油卡开户申请表效果图

思 考 与 练 习

1. 填空题

（1）按住________键，同时移动光标指向某一句，然后________鼠标左键选择完整的句子。

（2）打印有直接单击________按钮和通过________设置参数后再打印两种方式。

（3）在 Word 表格中，可使用________组合键使光标移到当前列的第一个单元格。

（4）在按下________键时可以在移动表格线时等比例增减右方单元格宽度。

（5）在 Word 中，要查看文档的统计信息（如页数、段落数、字数、字节数等）和一般信息，可以选择选项卡下的_____命令。

（6）在_____选项卡下可选择 Word 提供的多种表格样式，使新建的表格具有现成的格式。

（7）在 Word 编辑界面中，用于说明文档边界、_____和_____或所对应正文宽度的工具称为标尺。

（8）表示第 1 行第 1 列单元格至第 4 行第 2 列单元格的区域的引用符为_____。

（9）在默认状态下，Word 的表格线是不可打印的_____。

（10）在"段落"对话框的"缩进和间距"选项卡中，"特殊格式"选择中一般有_____和_____两种设置。

2. 单选题

（1）大部分软件按_____键时会显示联机帮助。

A. F1   B. F2   C. F3   D. F4

（2）在表格中输入字符时，当字符到达单元格右边界时，光标会_____。

A. 移至下一单元格   B. 自动转至下一列

C. 光标停在原位不动   D. 自动转至下一行

（3）执行_____选项卡下命令可以显示与隐藏标尺。

A. 视图   B. 格式   C. 工具   D. 窗口

（4）表示单元格区域第 2 列第 1 行至第 4 列第 5 行的引用符为_____。

A. B1：D5   B. 1B：5D   C. A2：E4   D. 2A：4E

（5）以下_____文件格式与文字处理应用程序兼容。

A. wav   B. mp3   C. rtf   D. xls

（6）如果将文本格式复制到另一文本块中，可通过单击"开始"选项卡中_____按钮操作。

A. 复制   B. 剪切   C. 粘贴   D. 格式刷

（7）为避免一段文字显示在不同的页面上，应选中选项_____。

A. 段中不分页   B. 与下段同页   C. 孤行控制   D. 段前分页

（8）选定一行文字，单击"剪切"按钮后_____。

A. 文字还在原位   B. 文字被放到剪贴板上

C. 文字被移到其他位置   D. 文字被复制

（9）在_____视图下需要设置纸张大小以便显示。

A. 页面   B. 大纲   C. 普通   D. 草稿

（10）Word 自动检查所输入的单词是否正确的功能是_____。

A. 自动更正   B. 拼写和语法   C. 修订   D. 语言

（11）下列_____在草稿视图下可以看到。

A. 文字   B. 页脚   C. 图片   D. 页眉

（12）要删除文档中段落的多余行，会通过删除以下_____格式标记来删除多余行。

A. ■   B. ↵   C. ●   D. →

（13）下列_____不属于段落格式。

A. 行间距　　　　　　B. 段落间距　　　　　　C. 字间距　　　　　　D. 制表位

（14）如图4-36所示的图片中所框选的区域的名称是_____。

A. 分隔符　　　　　　B. 装订线

C. 边距　　　　　　　D. 页脚

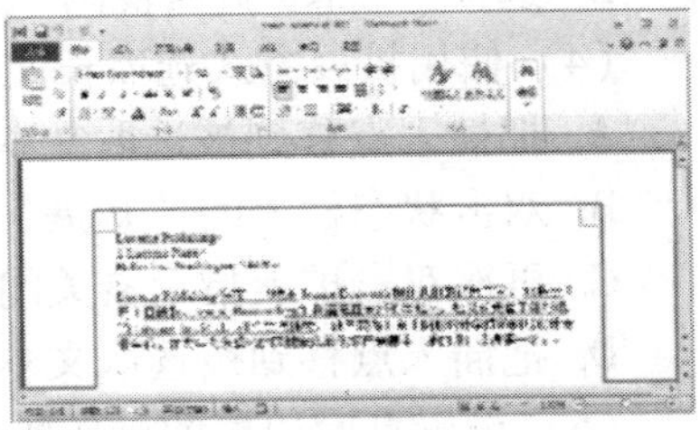

图4-36　框选内容

（15）在Word中，查找操作_____。

A. 可以无格式或带格式进行，还可以查找一些特殊的非打印字符

B. 不能查找非打印字符

C. 不能查找带格式字符

D. 删除了插入点及其前面的所有内容

3. 判断题

（1）在Word中，最下方能找到页数、节数和列数的是"状态栏"。（　　　）

（2）打印预览窗口只能显示文档的打印效果，不能进行文档编辑操作。（　　　）

（3）要启动Word，首先必须启动Windows系统。（　　　）

（4）第一次保存文档，单击"保存"按钮，会打开"保存"对话框。（　　　）

（5）如果设置表格为无边框格式，则在编辑区不会显示表格线。（　　　）

（6）表格的列间距指相邻两列之间的空格的宽度。（　　　）

（7）打印功能只能打印编辑文档，不能打印批注、样式、自动图文集等。（　　　）

（8）不同的计算机可供选择的字体都是一样的。（　　　）

（9）使字符间距扩大的方法是在字符之间添加空格。（　　　）

（10）不能同时打开两份以上的文档。（　　　）

4. 排序题

（1）在Word"自定义快速访问工具栏"中添加"打印预览和打印"按钮，可以执行的操作顺序为_____。

A. 单击"添加"按钮，则"打印预览和打印"命令添加至右侧列表中

B. 单击"快速访问工具栏"标签，在左侧"常用命令"列表中选择"打印预览和打印"命令

C. 单击"确定"按钮，则"打印预览和打印"命令出现在"自定义快速访问工具栏"中

D. 执行"文件/选项"命令，打开"Word选项"对话框

（2）Word文档设置密码的操作顺序为_____。

A. 单击"保护文档"按钮，在下拉列表选择"用密码进行加密"

B. 执行"文件/信息"命令

C. 打开需要加密的Word文档

D. 分别两次在"加密文档"中输入密码，点"确定"退出

（3）使用标尺设置页边距的操作顺序为_____。

A. 拖到适当的位置后，松开鼠标左键

B. 将插入点设置在要改变页边距的节中。如果文档没有分节，则将改变整个文档的

页边距

C. 将鼠标指向标尺的页边距线，鼠标指针将变成双向箭头

D. 选择"视图/页面视图"命令切换到页面视图

（4）使用扩展方式选取长文本的操作顺序为_____。

A. 把插入点移到被选取文本最后一个字的右边单击，即可选定扩展区的文本

B. 双击状态栏上的"扩展"指示器

C. 再次双击扩展指示器关闭扩展模式

D. 把插入点移到被选取文本第一个字的左边单击

（5）设置页面边框的操作顺序为_____。

A. 在"应用于"列表框中选择"整篇文档"选项，单击"确定"按钮完成

B. 插入点放在页面的任意位置处

C. 分别在"设置""线型""颜色""宽度""艺术型"选项区中进行选择，完成需要的页面边框样式的设置

D. 执行"页面布局/页面边框"命令，弹出"边框和底纹"对话框，默认在"页面边框"选项卡

5. 问答题

（1）如何给文档设置打开权限密码？

（2）为什么在 Word 文档中，有时文字下方会出现绿色或红色的波浪线？有什么含义？

（3）在 Word 中字符大小的单位和范围是怎样规定的？

（4）如果在选择的字符中同时包含中文字符和英文字符，选择何种方式设置字符的格式效果比较好？

（5）Word 中表格跨页后如何实现在其下一页也显示同样的标题？

6. 连线题

标题栏	放置写入信息的区域	Ctrl+P	撤销
文档窗口	包含与文件控制、编辑、查看或帮助相关项目	Ctrl+A	查找
滚动条	位于顶部的区域，显示"文件/程序"	Ctrl+Z	全选
选项卡	位于底部的区域，显示页码、字数、缩放控件	Ctrl+Q	打印
状态栏	向上翻页/向下翻页或横向拖动的控制区域	Ctrl+O	退出
		Ctrl+F	打开

项目5 Word 2010 综合应用

任务1 毕业设计论文排版

毕业生编写论文时，为了使文档的结构层次清晰，通常要设置多级标题。每级标题和正文均采用特定的文档格式，为任务 3 的目录编排也带来便利。

知识要求：

1. 了解样式的基本概念。

2. 熟悉各种分隔符的正确使用。

3. 了解尾注、页眉和页脚的基本概念。

能力要求：

1. 能够熟练新建、引用和修改样式。

2. 能够熟练插入分隔符、尾注、页眉和页脚的操作。

态度要求：

1. 根据学习内容主动练习各种文档的排版格式。

2. 在实际应用过程中，能够快速完成各种基本操作。

相 关 知 识

一、样式

1. 样式的概念

样式是用样式名保存的一系列文本格式的集合。一个样式可包含字体、段落、边框和底纹、项目符号等格式。使用样式可以快速格式化文本，用同一样式格式化的文本具有相同的格式。

样式根据应用对象不同分为字符样式、段落样式、链接段落和字符样式、表格样式和列表样式。字符样式只局限于字符的设置；段落样式是对整个段落设置的格式。链接段落和字符样式将用于段落和字符两种级别；表格样式主要用于表格；列表样式主要用于项目符号和编号列表。在样式名后有"a"时，则表示为字符样式；有"↵"时，表示为段落样式。

用户可以引用系统提供的样式，对系统样式进行修改，以达到快速格式化文档。也可以引用自己创建的新样式对文档格式化。

切换到"开始"选项卡，在"样式"组中提供各种样式供用户选择，也可以通过单击该组按钮打开如图 5-1 所示的"样式"任务窗格，有新建、修改、删除和应用样式。

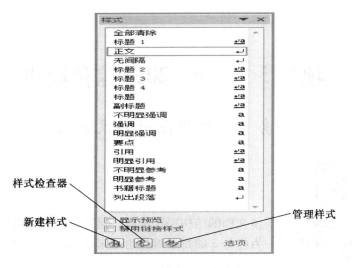

图 5-1 "样式"任务窗格

2. 引用样式

　　将光标定位于文档中要应用样式的段落或选中相应的字符,切换到"开始"选项卡,在"样式"组中单击快速样式列表框中的样式,即可将该样式应用于当前段落或所选字符。

3. 修改已有样式和新建样式

　　切换到"开始"选项卡,在"样式"组的快速样式库中右击需要修改的样式,在弹出的菜单中选择"修改"命令,打开"修改样式"对话框,如图 5-2 所示。通过该对话框可以将字符字体、字号、字形、颜色和段落格式等修改。如果对字体格式、段落格式等有进一步修改需求,可以单击"格式"按钮,在弹出的下拉列表选择相应的命令,在相应的对话框中进行修改,修改完成后单击"确定"按钮返回"修改样式"对话框,再单击"确定"按钮返回文档编辑状态。

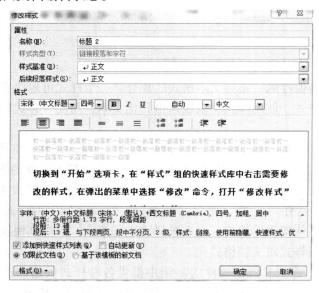

图 5-2 "修改样式"对话框

若在"修改样式"对话框中选择"自动更新"复选框，修改的样式会自动应用到所有的该样式。

切换到"开始"选项卡，在"样式"组中单击该组右下角的显示"样式"窗口按钮，打开如图5-1所示的"样式"任务窗格，单击"新建样式"按钮，打开"新建样式"对话框，可建立新的样式。

4. 清除样式

如果要清除已经应用的样式，可以选中要清除样式的文本，然后切换到"开始"选项卡，单击"样式"组右下角的"显示样式"对话框按钮，在打开的"样式"任务窗格中选择"全部清除"命令即可。

二、分隔符

使用分隔符改变文档中一个或多个页面的版式或格式。如使用分隔符可以分隔文档中的目录和正文，以便正文的页码编号从1开始，也可以为文档的不同节创建不同的页眉或页脚。在"开始"选项卡中"段落"组的"显示/隐藏编辑标记"按钮 ↯ 按下时，可显示分隔符。分隔符有分页符、分栏符、换行符及分节符。

1. 分页符

分页符位于文档中上页的结束、下页的开始处。分页符有"自动"分页符（软分页符）和"人工"分页符（硬分页符）两种。

1）自动分页符

当文档中的文本、图形等充满一页时，Word会插入一个"自动"分页符，并另起新页。自动分页受页面设置和段落设置的控制。在普通视图中，自动分页符显示为横穿页面的单点划线。

2）人工分页符

根据文档内容要求，如需要文字未充满页面时新起一页，需在指定位置强制分页，可以插入手动分页符。切换至"页面布局"选项卡，单击"页面设置"组中的"分隔符"，在下拉列表中选择"分页符"命令或切换至"插入"选项卡，单击"页"组中的"分页"命令，也可执行快捷键"Ctrl+Enter"，插入人工分页符。

2. 分栏符

对文档进行分栏后，Word文档会在适当的位置自动分栏，若希望某一内容出现在下栏的顶部，则可用插入分栏符的方法实现，具体步骤为：

（1）在页面视图中，将插入点置于另起新栏的位置。

（2）切换至"页面布局"选项卡，单击"页面设置"组中的"分隔符"，在下拉列表中选择"分栏符"命令。插入分栏符后，则分栏符后面的内容将被强制转入下一栏显示。

注意：必须先将文档分栏后再使用此功能。

3. 换行符

换行符表示结束当前行的同时，将开始新行，并且处于同一段落中。一般情况下，在当前行输完字符后光标自动切换到下一行。如文档需要强制换行，则在"页面布局"选项卡单击"页面设置"组中的"分隔符"，在下拉列表中选择"自动换行符"命令或快捷键"Shift+Enter"插入换行符。自动换行符标记为"↓"，换行符属于格式标记，一般在文档中不可见。

4. 分节符

Word默认整个文档是一个节，根据需要可将一个文档设置为多个节，并可为每节设置不同的页边距、纸张方向、页眉和页脚以及页码的顺序等格式。分节符是表示上节结束、下节开始而插入的标记。在页面视图中，分节符显示为包含有"分节符"字样的双虚线。

切换至"页面布局"选项卡，执行"页面设置"组中的"分隔符"按钮可进行分隔符的选择。"下一页"分节符表示插入分节符并在下一页上开始新节。例如，第一页纸张方向为"纵向"，在文本末尾插入"下一页"分节符后，可将第二页纸张方向设置为"横向"显示。"连续"分节符表示插入分节符并在同一页显示新节。常用于"奇数页"或"偶数页"表示插入分节符并在下一个奇数页或偶数页开始新节。例如，需要各章始终从奇数页或偶数页开始。

注意：删除分隔符的方法是在"显示/隐藏编辑标记"按钮按下 ⚡ 时，选中相应的分隔符，单击键盘上的"Delete"键删除。

三、页眉和页脚

页眉和页脚是指显示并打印在每一页的顶部和底部的文本或图片，如标题、页码、日期、作者姓名或公司名称等标志。页眉和页脚只会出现在页面视图和打印出的文档中，不能在Web版式视图或浏览器中显示和打印页眉和页脚。

页眉和页脚内容可以每页相同，也可以通过插入分隔符为奇数页和偶数页设置不同的页眉和页脚。

1. 插入页眉和页脚

（1）切换至"插入"选项卡在"页眉和页脚"组中单击"页眉"下拉按钮，在弹出的下拉列表中选择需要的页眉样式或者选择"编辑页眉"命令，也可以直接双击纸张的页眉区域。此时在页面顶部出现页眉编辑区，同时自动增加"页眉和页脚工具"选项组和"设计"选项卡，可以对页眉进行设置，如图5-3所示。

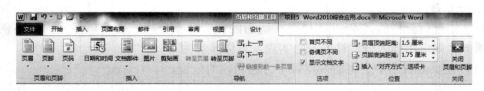

图5-3　页眉和页脚"设计"选项卡

（2）在页眉编辑区输入需要显示的文本。通过"设计"选项卡可以在页眉处插入页码、日期和时间、图片、剪贴画、文档部件、首页不同、奇偶页等设置。此时，系统默认文档的正文呈灰色显示。

（3）退出页眉和页脚编辑状态，单击"设计"选项卡上的"关闭"按钮，或者双击文本的编辑区域。

（4）页脚的设置与页眉的设置操作类似。

2. 修改页眉和页脚

在"页眉和页脚"组中单击"页眉"或"页脚"下拉按钮，在弹出的下拉列表中选择"编辑页眉"或"编辑页脚"命令，也可以双击页眉区或者页脚区进行修改。

3. 设置页码

在"设计"选项卡"页眉和页脚"组中单击"页码"下拉按钮，如图5-4所示，在其下拉列表中选择页码显示的位置和页码的样式。在"编辑页码格式"对话框中可以设置编号格式、起始页码等信息。

图5-4 "页眉和页脚"组

四、脚注和尾注

脚注和尾注用于对文档的文本提供解释、批注以及相关的参考资料。脚注可以位于页面的底端或文字的下方；尾注可以位于节的结尾或文档的结尾。选中要插入脚注或尾注的文本，切换至"引用"选项卡"脚注"组中，点击"插入脚注"或"插入尾注"命令即可进入编辑状态，输入注释的内容。在选择的文本处会出现脚注或尾注的标记。脚注和尾注还可以通过快捷键来插入。使用"Ctrl+Alt+F"快捷键可直接插入脚注，使用"Ctrl+Alt+D"快捷键可直接插入尾注。

单击"脚注"组的组按钮，打开"脚注和尾注"对话框（图5-5），在该对话框中可以修改脚注和尾注的显示位置、编号格式、互相转换等设置。在"编号"下拉列表框中可以设置"每节重新编号"或"每页重新编号"，即可以在整个文档中使用一种编号方案，也可以在文档的每节或每页使用不同的编号方案。

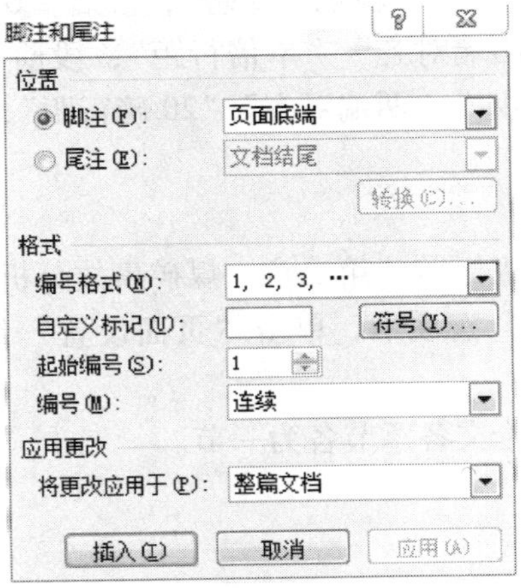

图5-5 "脚注和尾注"对话框

在屏幕上查看文档时，只需将鼠标指针停留在文档中的注释引用标记上便可以查看注释。注释文本会出现在标记上方。

删除脚注或尾注时，需删除文档窗口中的注释引用标记，而不是注释文本。如果删除了一个自动编号的注释引用标记，Word 会自动对注释进行重新编号。

任务实施

一、样式排版

以样式排版的方法完成素材库提供的《煤矿风险信息集成与智能预警研究》论文的排版。

1. 引用样式

（1）选择第一级标题"第一章　绪论"内容，切换到"开始"选项卡，在"样式"组中选择"标题1"样式。使用"格式刷"功能对论文"第二章、第三章、第四章"章节标题进行相同格式设置。

（2）同样的操作，对论文第二级标题（如1.1、1.2、1.3）和第三级标题（如1.2.1、1.2.2）设置成样式标题2及标题3的格式。

2. 修改样式

（1）选择"第一章　绪论"标题。

（2）切换到"开始"选项卡，在"样式"组的快速样式库中右击需修改的样式"标题1"，选择"修改"命令。

（3）在"修改样式"对话框中，修改"标题1"样式为"华文新魏""小三""加粗""居中""单倍行距"，段前"6磅"，段后"6磅"。

（4）选择"自动更新"复选框，单击"确定"按钮。

（5）同样的操作，在"修改样式"对话框中，修改"标题2"样式为"黑体""四号""加粗""居中""单倍行距"，段前"6磅"，段后"6磅"；修改"标题3"样式为"黑体""小四""加粗""两端对齐""单倍行距"，段前"6磅"，段后"6磅"；修改"正文"样式为"宋体""小四""两端对齐""20磅行距"，首行缩进"2个字符"。

二、使用分隔符

（1）将插入点定在第二级标题"第二章　煤矿事故分析与事故预防"之前。

（2）切换至"页面布局"选项卡，单击"页面设置"组中的"分隔符"，在下拉列表中选择"下一页"命令。

（3）重复上述步骤，使论文各章节各为一节。

三、设置页眉和页脚

1. 设置页眉

（1）将插入点定在第一章或第一节内容任意处。

（2）切换至"插入"选项卡在"页眉和页脚"组中单击"页眉"下拉按钮，选择"编辑页眉"命令或双击页眉区域，此时插入点位于页眉区中间，删除素材中的页眉和页脚。

（3）切换至"开始"选项卡"段落"组中，选择"两端对齐"命令，将插入点移至页眉区的左侧。

（4）输入文本。例如，输入"煤矿风险信息集成与智能预警研究　绪论"。可以对文本进行字体、字号和字形等设置。

（5）单击"设计"选项卡上的"关闭页眉和页脚"按钮，或者双击文本的编辑区域退出页眉的设置。

（6）双击第二章或第二节页眉区域，切换至"页眉和页脚工具"选项组"设计"选项卡"导航"组，单击"链接到前一条页眉"按钮 链接到前一条页眉，取消"与上一节相同"的格式，然后设置第二节的页眉，设置前后效果如图 5-6 所示。

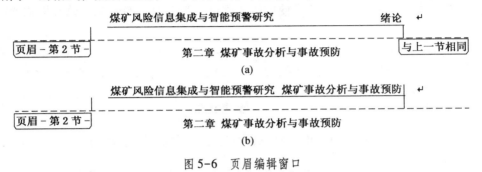

图 5-6　页眉编辑窗口

（7）同样的操作，设置各章节的页眉。

2. 插入页码

（1）双击页脚区域，切换到页脚区，在"设计"选项卡选择"页码"→"页面底端"→"普通数字 2"格式。

（2）双击文本区，即可返回文本编辑状态。

四、设置尾注

1. 插入尾注

（1）将插入点定为在论文"1.2.1 国内安全管理研究现状"内容中"陈红等（2005）"后面。

（2）切换至"引用"选项卡"脚注"组中，单击"脚注"组按钮 ，在"脚注和尾注"对话框中"尾注"位置选择"文档结尾"，"编号格式"下拉列表中选择"1.2.3…"的格式；起始编号为 1；"编号方式"为"连续"，在"应用更改"选项组中选择应用于"整篇文档"。

（3）点击"插入"按钮，即可返回在注释中输入文本。

2. 尾注格式设置

（1）选中尾注中的编号。

（2）按快捷键"Ctrl+Shift+="可以使序号不再是上标，或用鼠标右击选择快捷菜单"字体"，在字体对话框中去掉"效果"栏中"上标"前打钩。

（3）在编号前后输入英文状态下的中括号。

3. 去除"尾注分隔符"和"尾注延续分隔符"

（1）选择进入草稿视图。

（2）在"引用"选项卡"脚注"组中选择"显示备注"命令，此时编辑界面分为两部分，下面的编辑框是尾注编辑框。

（3）选择尾注编辑框中的"尾注分隔符"命令，出现一条横线，选择该横线并删除；再选择"尾注延续分隔符"，也会出现一条横线，选择该横线并删除，设置完成后再切换至页面视图。

4. 参考文献的插入

（1）将插入点定为在正文末尾处，切换至"页面布局"选项卡，执行"页面设置"组中的"分隔符"→"下一页"命令，使尾注另起一页。

（2）输入文字"参考文献"，并使用格式刷设置为标题一的效果。设置格式如图5-7所示。

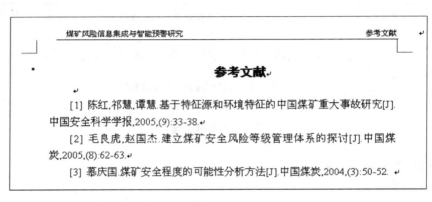

图 5-7 "参考文献"效果图

任务 2 毕业设计论文插入对象

任 务 概 述

任务1已完成毕业设计论文的基本排版，但在论文中有许多插图、表格、公式需要按要求整洁美观地插入到论文中，使文章的版式变得更加美观，而且增强文档的时效性和实用性。

知识要求：

了解各种对象的基本概念。

能力要求：

1. 能够熟练掌握图片和形状的各种操作。

2. 能够灵活运用艺术字、图表、SmartArt、题注和交叉引用的操作。

态度要求：

1. 灵活运用插入各种对象。

2. 操作过程中出现问题时能够主动与同学交流并解决问题。

为了提高文档的可读性，增强文档的美观，在文档中常插入一些其他对象，包括图片、剪贴画、形状、SmartArt、图表、超链接、书签、交叉引用、文本框、艺术字、公式等对象。

一、图片和剪贴画

1. 插入来自文件的图片

切换到"插入"选项卡，在"插图"组中单击"图片"按钮，在弹出的"插入图片"对话框中选择图片完成操作。

2. 插入 Word 自带的剪贴画

剪贴画是 Word 为用户提供的一种素材库。切换至"插入"选项卡，在"插图"组中单击"剪贴画"按钮，在文档右侧弹出"剪贴画"窗格，在搜索框中输入相应的文字或直接点击"搜索"按钮来搜集素材，选中素材后点击素材右侧的三角按钮，选择插入、复制、复制到收藏夹等操作，如图 5-8 所示。

3. 改变图片大小

选中图片，将鼠标指向图片四角的控制点○，按下鼠标左键并拖动，可将图片按原有比例改变大小；将鼠标指向图片的四边中间的控制点□，按下鼠标左键拖动，可将图片高度和宽度进行调整；将鼠标指向图片上方的绿色控制点○，按下鼠标左键拖动，可将图片按照任意角度旋转，如图 5-9 所示。也可准确设置图片大小，选中图片，

图 5-8 "剪贴画"窗格

切换到"图片工具"选项组的"格式"选项卡，在"大小"组中的"高度"和"宽度"文本框中输入相应的值，如图 5-10 所示。

图 5-9 图片选择控制点

图 5-10 图片的高度和宽度

4. 裁剪图片

用户可以裁剪对象的垂直和水平边缘，隐藏或修整部分图片。切换至"图片工具"

选项组的"格式"选项卡，单击"大小"组中的裁剪命令按钮 即可裁剪图片。

用户可以通过单击"裁剪"按钮下的下拉箭头，选择将图片裁剪为指定形状、设置纵横比例及调整裁剪区域和背景等选项。

5. 文字环绕方式

文字环绕方式是指文档中文字与插入图片之间的相对关系。选中图片，切换到"图片工具"选项组中"格式"选项卡，在"排列"组中"自动换行"或右键快捷菜单选择"自动换行"命令。文字环绕方式包括：

（1）四周型环绕。文字排列于图片四周。

（2）紧密型环绕。如果是线框式图形，则文字排列于图形外缘，排列可能是不规范的。一些情况下还可以选择文字集中位于两边、左边、右边和最大边（较宽的一边）。

（3）衬于文字下方。浮在文字之下，成为底图，对文字无影响。

（4）浮于文字上方。浮在文字之上，覆盖文字，对文字无影响。

（5）上下型环绕。图片左右无文字。

（6）穿越型环绕。文字与图片画面可重叠显示。

（7）编辑环绕顶点。用于自定义所选图片或图形的穿越型环绕区域。编辑时先选择一个浮动图片，再选择该选项，可拖动控点编辑环绕区域。

6. 图片其他设置

可在"格式"选项卡的"图片样式"组中设置图片的样式，如外观样式、图片边框、图片效果、图片版式等。单击"排列"组中的"旋转"按钮可水平、垂直旋转图片。

二、形状

形状即 Word 2003 版本中的自选图形，是在文件中添加一个形状，或者合并多个形状以生成一个绘图或一个更为复杂的形状。可用的形状包括：线条、基本几何形状、箭头、公式形状、流程图形状、星、旗帜和标注。添加一个或多个形状后，可以在其中添加文字、项目符号、编号和快速样式。

1. 插入形状

切换至"插入"选项卡，单击"插入"组中的"形状"下拉按钮，在弹出的下拉列表中选择形状，再在文档中绘制选中的图形。

同时在功能区内出现"绘图工具"选项组和"格式"选项卡，可以对绘制的图形进行各种设置。

2. 设置形状

（1）外观样式。选择形状的总体外观样式，可切换至"格式"选项卡，单击"形状样式"组列表框中的样式，或者单击"其他"按钮 ，在弹出的下拉列表中选择其他样式。

（2）形状填充。选中形状，单击"形状样式"组中的"形状填充"下拉按钮，在弹出的下拉列表中选择颜色、图片、渐变和纹理等填充图形。

（3）形状轮廓。对选中形状的轮廓颜色、粗细和线型进行设置。

（4）形状效果。选中形状，单击"形状效果"下拉按钮，在弹出的下拉列表中选择某种效果，如阴影、映像、发光、柔化边缘、棱台和三维旋转。

（5）添加文字。选中形状并右击，在弹出的快捷菜单选择"添加文字"命令，在图形中间可输入文本。

（6）艺术字样式。对添加在形状内的文字可以设置为艺术字，并对艺术字进行文本填充、文本效果和文本轮廓等设置。

（7）组合和取消组合。选择需要组合的多个对象后，切换至"格式"选项卡"排列"组中的"组合/组合"命令或执行右击选择快捷菜单中"组合/组合"命令，可使多个对象组合为一体，组合体可以一起移动位置、缩放。

如需取消组合，执行切换至"格式"选项卡"排列"组中的"组合/取消组合"命令或执行右击选择快捷菜单中"组合/取消组合"命令，使组合体解体，然后编辑单个对象。

（8）叠放次序。插入到文档中的浮动对象是分层的，每个对象为一个层，可以相互重叠，但只有最上面的对象完全可见，其他对象可能被覆盖。选择要改变叠放次序的对象，执行"格式"选项卡"排列"组中的"上移一层"或"下移一层"按钮下拉列表中的命令，或执行右击选择快捷菜单中"置于顶层"或"置于底层"子菜单下的命令，如图 5-11 所示。

（a）　　　　　　　　　　　　　　　（b）

图 5-11　设置形状叠放次序

注意：要创建正方形或圆形，可在拖动形状的同时按住"Shift"键。按住键盘上的"Ctrl"键同时进行拖动，可以快速复制形状。按住"Shift"键同时依次单击要选择的各个形状，可以选择多个形状。

三、艺术字

艺术字是可添加到文档的装饰性文本。在 Word 中可插入艺术字，也可将选中的文字转换成艺术字。切换至"插入"选项卡，单击"文本"组中的"艺术字"按钮，选择要插入艺术字的风格，然后在文本区的文本框中"请在此放置您的文字"处输入文字，完成后单击文本区即可显示艺术字的效果。

艺术字是一种特殊文字效果的图形对象，因此图形的修饰方法也适用艺术字，如填充、线条颜色、线型、阴影和三维效果等。通过"格式"选项卡"艺术字样式"组中的"文本效果"→"转换"可设置艺术字形态，如图 5-12 所示。

四、文本框

文本框是一个可以在其中放置文本、图片、表格等内容的矩形框。文本框分为横排文本框和竖排文本框两种类型，两个及以上文本框时可以实现文本链接。文本框的各种设置

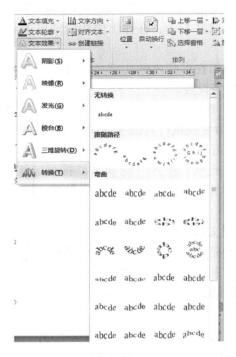

图 5-12　设置"艺术字"文本效果

与形状的操作相似。

1. 插入文本框

切换到"插入"选项卡，单击"文本"组中"文本框"按钮，在弹出的下拉列表中选择文本框的样式或选择绘制文本框命令，鼠标变为"**✚**"，按住左键不放拖动鼠标绘制大小合适的文本框。

2. 链接文本框

链接文本框是文本从当前文本框传递到链接文本框。操作时先选择源文本框，切换至"格式"选项卡"文本"组中，单击"创建链接"按钮 ⊂⊃ 创建链接 ，鼠标光标变为"水杯状" 🥤 时，将鼠标指针移至第二个文本框上，鼠标指针变为倾倒的"水杯状" 🥤 ，单击鼠标左键，就完成了文本框的链接。

3. 移动文本框

将鼠标指针移动到文本框的外框线上时，鼠标指针变为 ⇕ 形状，单击选中文本框的同时按住鼠标左键，拖动文本框到合适的位置。

五、图表

Word 图表是以图形方式来显示数据，使数据的表示更加直观，分析更为方便。通过插入图表按钮将 Excel 图表嵌入到 Word 中。

切换到"插入"选项卡，在"插图"组中单击"图表"按钮，打开"插入图表"对话框，在左侧列表中选择需要创建的图表类型，在右侧图表子类型列表中选择合适的图表，单击"确定"按钮，将并排打开的 Word 窗口和 Excel 窗口，首先在 Excel 窗口中编辑图表数据，同时 Word 窗口中将同步显示图表结果，完成 Excel 表格数据的编辑后关闭 Excel 窗口，在 Word 窗口中可以看到创建完成的 Word 图表。

六、屏幕截图

Word 2010 提供了屏幕截图功能，用户在编写文档时，可以直接截取程序窗口或屏幕上某个区域的图像，这些图像将自动插入当前插入点光标所在的位置。

首先需要将准备截取的窗口不要设置为最小化，单击"插入"选项卡在"插图"组中单击"屏幕截图"按钮，在"可用视窗"窗口中选择截取的窗口图片。如果当前屏幕上有多个窗口没有最小化，则会在这个小窗口中显示多个图片，选中的窗口截图图片将被自动插入到当前文档中；或者选择"屏幕剪辑"命令 ⌗ 屏幕剪辑(C)，拖动鼠标选择活动窗口的一部分并释放鼠标，则选取的部分将作为图片插入到文档页面中。

七、SmartArt

SmartArt 图形是信息的可视表示形式，可以从多种不同布局中进行选择，从而快速轻松地创建所需形式，以便有效地传达信息或观点。创建 SmartArt 图形时，系统将提示您选择一种 SmartArt 图形类型，如"流程""层次结构""循环"或"关系"。每种类型的 SmartArt 图形包含几个不同的布局。借助 Word 提供的 SmartArt 功能，用户可以在 Word 文档中插入丰富多彩、表现力丰富的 SmartArt 示意图。

在"插入"选项卡的"插图"组中，单击"SmartArt"命令，在"选择 SmartArt 图形"对话框中单击所需的类型和布局，并单击"确定"按钮，然后在文本区单击 SmartArt 图形中的框并输入合适的文本，如图 5-13 所示。

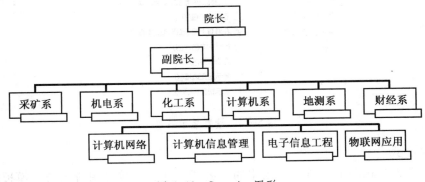

图 5-13　SmartArt 图形

八、题注和交叉引用

1. 题注

在书籍、论文等正式文件中，往往需要对图片和表格添加编号和名称，如图 1-2×××或表 1-2×××。题注是可以添加到表格、图表、公式或其他项目上的编号标签。选中需要插入题注的对象，切换至"引用"选项卡"题注"组中的"插入题注"命令或右击在快捷菜单选择"插入题注",打开"题注"对话框,选择标签或新建标签及设置编号即可插入题注;也可在插入表格、图表、公式或其他项目时自动插入题注。

2. 交叉引用

交叉引用是对文档中其他位置内容(包括标题、脚注、书签、题注、编号等)的引用。创建交叉引用时,切换至"引用"选项卡"题注"组中选择"交叉引用"命令,或"插入"选项卡"链接"组中选择"交叉引用"命令,打开"交叉引用"对话框,选择"引用类型""引用内容"和"引用哪一个"列表框中引用的项目即可插入。

题注编号和交叉引用可通过更新域实现自动更新。

九、其他对象

1. 书签

书签主要用于标识和命名文档中的某一位置或选择的对象,以便以后引用或定位。

(1)添加书签。选择要设置书签的对象或位置,执行"插入"选项卡,选择"链接"组中的"书签"命令,打开"书签"对话框输入书签名,单击"添加"按钮,新的书签名将出现在列表中。

(2)删除书签。在"书签"对话框的列表框中选中要删除的书签名,单击"删除"按钮。

(3)显示书签。显示书签时,执行"文件/选项"命令,打开"Word 选项"对话框,在左侧选择"高级"→"显示文档内容"下选择"显示书签"复选项,在文本区即可显示书签,如图 5-14 所示。

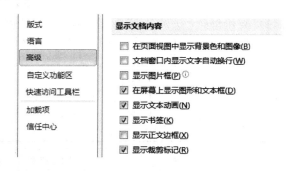

图 5-14　设置显示书签

2. 数学公式

单击"插入"选项卡"符号"组中的"公式"按钮,选择内置的公式模板或者单击"插入新公式"按钮,打开如图 5-15 所示的"公式工具"选项组,通过功能区选择数学公式的工具、符号和结构。

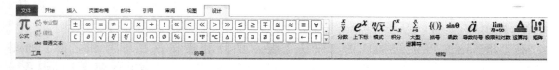

图 5-15　"公式工具"选项组

3．超链接

超链接是将文档中的文字或图片与其他位置的相关信息链接起来。当单击建立超链接的文字或图片时，就可以跳转到相关信息的位置。超链接可以跳转到其他文档或网页上，也可以跳转到本文档的某个位置。

选中要设置超链接的文本或图片，切换到"插入"选项卡，在"链接"组中单击"超链接"按钮打开"插入超级链接"对话框，用户可以根据需要修改链接地址等项目，完成修改后单击"确定"按钮即可，如图5-16所示。

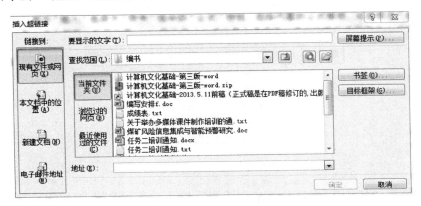

图5-16 "插入超链接"对话框

任务实施

一、绘制图形

以素材《煤矿风险信息集成与智能预警研究》论文中的研究技术路线图为例，完成图形绘制。

（1）切换到"插入"选项卡，单击"文本"组中"文本框"按钮，选择绘制文本框命令，鼠标变为"✛"，按住左键不放拖动鼠标绘制文本框。

（2）选中该文本框，用鼠标拖动"尺寸控点"适当调整文本框的大小。

（3）用鼠标右击文本框，从快捷菜单中单击"添加文字"菜单命令，在文本框中输入"参考文献、资料收集整理"文本，并将该文本设置为"宋体""五号""水平居中对齐"。

（4）同样的方法再绘制文本框，调整大小，输入内容。

（5）切换至"插入"选项卡，单击"插入"组中的"形状"下拉按钮，在弹出的下拉列表中选择"线条/箭头"命令，连接两文本框。

（6）重复上述步骤，绘制论文《煤矿风险信息集成与智能预警研究》研究技术路线图中的各图形，如图5-17所示。

二、制作图表

制作论文中的图表并对图表中数据进行编辑，其步骤如下。

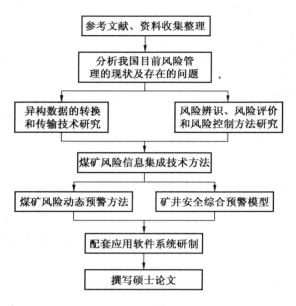

图 5-17   研究技术路线图

（1）切换到"插入"选项卡，在"插图"组中单击"图表"按钮，打开"插入图表"对话框，如图 5-18 所示。

图 5-18   "插入图表"对话框

（2）在"插入图表"对话框的"图表类型"列表框中选择"折线图"类型，在"子图表类型"列表框中选择"带数据标记的折线图"类型，单击"确定"按钮，同时打开 Excel 文件，如图 5-19 所示。

（3）在打开的 Excel 文档中将数据修改为图表所需的数据，如图 5-20 所示。同时在 Word 文档中出现"图表工具"选项组和该组下的"设计""布局""格式"选项卡。

（4）切换至"设计"选项卡"数据"组中，单击"选择数据"命令打开"选择数据源"对话框，在数据图表区域文本框中点击 📊 按钮，则从 Excel 文档表中选择数据区域

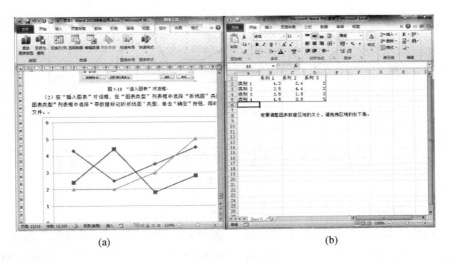

(a)   (b)

图 5-19　Excel 文件打开

A	B	C	D	E	F	G	H	I	J	K	L	M	N	O	P	Q	R	S	T
年份	1990	1991	1992	1993	1994	1995	1996	1997	1998	1999	2000	2001	2002	2003	2004	2005	2006	2007	2008
死亡人数（人）	6515	5446	4942	5152	6574	6222	6142	6441	5859	5331	5432	4948	6995	6434	6027	5986	4746	3786	3210

图 5-20　图表显示的数据

A1：T2，然后再单击 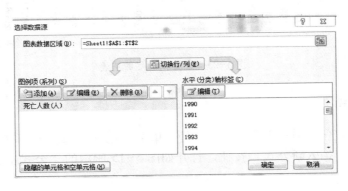 按钮返回到原窗口，并单击"切换行/列"按钮，如图 5-21
所示。

图 5-21　"选择数据源"对话框

（5）切换至"布局"选项卡"标签"组中，单击"图表标题"在下拉列表中选择
"无"，则图表标题"死亡人数（人）"不显示；单击"图例"在下拉列表中选择"无"，
则在右侧的图例 ◆ 死亡人数（人）将不显示；单击"数据标签"在下拉列表选择"右"，
则数据标签放置在数据点的右侧，如图 5-22 所示。

（6）在图表区双击"垂直轴"或右击"垂直轴"在快捷菜单选择"设置坐标轴格
式"命令，打开"坐标轴"对话框，选择"坐标轴选项"，在"最小值"选择"固定"
并在文本框中输入"2000"，点击"关闭"按钮。

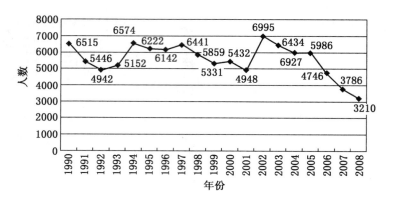

图 5-22　设置中的图表

（7）选中"绘图区"，切换至"格式"选项卡"形状样式"选项组，点击"形状填充"按钮 ◇ 形状填充 在下拉列表中选择一种颜色填充，设置完成后的图表如图 5-23 所示。

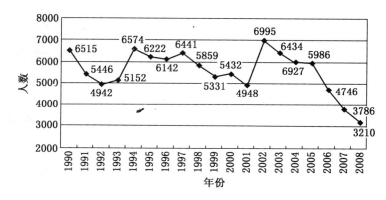

图 5-23　设置完成后的图表

三、插入公式

（1）将光标定位在需输入公式的文本处，单击"插入"选项卡"符号"组中的"公式"按钮，单击"插入新公式"按钮，打开如图 5-15 所示的"公式工具"选项组"设计"选项卡。

（2）在文本区出现 在此处键入公式。，切换至"设计"选项卡"结构"组中，单击"上下标"下拉列表中的"下标"命令 ▯▯。

（3）在公式编辑处出现 ▯▯，输入"m"，在下标位置输入"i"。

（4）将光标定位于 m_i 后，在"结构"组中选择"括号"的"方括号"（▯），并在括号内输入"j"。

（5）按照以上方法，输入以下所示公式。

$$m_i(j) = \frac{B_i(j)\,a_i}{\sum_j B_i(j)}$$

（6）最后单击公式右下角"公式选项" ▼，在下拉列表选择"两端对齐"→"整体居中"命令。

四、添加题注和交叉引用

1. 插入题注

以论文第二章的图为例，格式为图 2.1。

（1）选中需插入题注的图片，切换至"引用"选项卡"题注"组中的"插入题注"命令或右击在快捷菜单选择"插入题注"，打开"题注"对话框，如图 5-24 所示。

图 5-24　"题注"对话框

（2）在"题注"对话框中，单击"新建标签"按钮，打开"新建标签"对话框。

（3）在"新建标签"对话框的标签文本框中输入"图 2."，单击"确定"按钮，返回"题注"对话框。

（4）在"题注"对话框中，选择"选项"组中位置为"所选项目下方"，单击"确定"按钮，该图下方出现题注"图 2.1"，然后输入图的名称"1990—2008 年全国煤矿事故死亡人数趋势"即可，同时可以修改文本字体、对齐方式等格式．如图 5-25 所示。

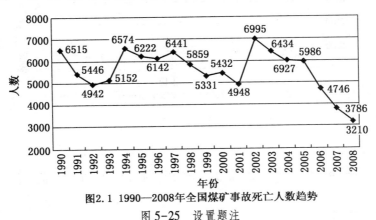

图2.1 1990—2008年全国煤矿事故死亡人数趋势

图 5-25　设置题注

（5）采用类似的方法，将其他图片（在下方）或表格（在上方）插入题注。

2. 插入交叉引用

（1）将光标定位至第二章第一段"见"的后面。

（2）切换至"引用"选项卡"题注"组中选择"交叉引用"命令，或者"插入"选项卡"链接"组中选择"交叉引用"命令。

（3）打开"交叉引用"对话框，在"引用类型"下拉列表框中选择"图2."，在"引用内容"中选择"只有标签和编号"，在"引用哪一个"列表框中选择"图2.1 1990—2008年全国煤矿事故死亡人数趋势"，然后点击"插入"按钮，如图5-26所示。

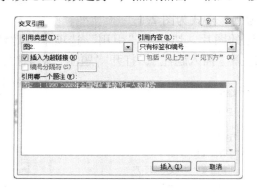

图5-26 "交叉引用"对话框

（4）插入"交叉引用"效果图如图5-27所示。

2.1 全国煤矿安全状况

根据煤矿事故数据统计显示，1990年以来，全国煤矿事故死亡人数和百万吨死亡率均有下降的趋势，如图2.1所示。

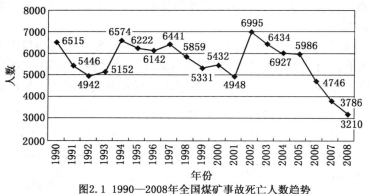

图2.1 1990—2008年全国煤矿事故死亡人数趋势

图5-27 插入"交叉引用"效果图

任务3 毕业设计论文封面及目录制作

任务概述

毕业论文由封面、目录、正文等组成，前两个任务已完成正文的排版，接着需要完成目录和封面的设置，完成毕业设计论文封面及目录的制作。

知识要求：

1. 了解标题样式和目录。

2. 了解封面和页面背景。

能力要求：

1. 能够熟练使用标题样式以及创建目录。

2. 能够熟练插入封面和页面背景的操作。

态度要求：

1. 能够独立完成论文的各项操作过程。

2. 积极与同学交流操作的心得体会。

相 关 知 识

目录是文档若干级别的标题列表，用户可以通过目录查阅文档主题和标题的页码，Word 文档还可以利用目录实现文档的快速浏览。在 Word 中可以利用菜单命令和域来实现自动编制和管理目录。

一、内置的标题样式创建目录

内置的标题样式是指一篇文档中所有的标题使用了内置的标题样式。切换到"引用"选项卡，在"目录"组中单击"目录"下拉按钮，在下拉列表中选择"插入目录"命令，打开"目录"对话框，如图 5-28 所示。在"目录"选项卡中，通过设置"显示页码""页码右对齐""制表符前导符""格式"及"显示级别"，确定后文档中自动插入目录。

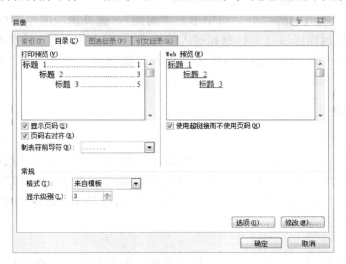

图 5-28 "目录"对话框

二、用自定义样式创建目录

文档应用了自定义标题样式，插入目录时，在"目录"对话框的"目录"选项卡中，除需设置"显示页码""页码右对齐""制表符前导符""格式"及"显示级别"选项外，还需单击"选项"按钮，打开如图 5-29 所示的"目录选项"对话框，设置目录中自定义样式应用的"有效样式"目录级别。单击"确定"按钮后返回到"目录"对话框，点击"确定"按钮即可。

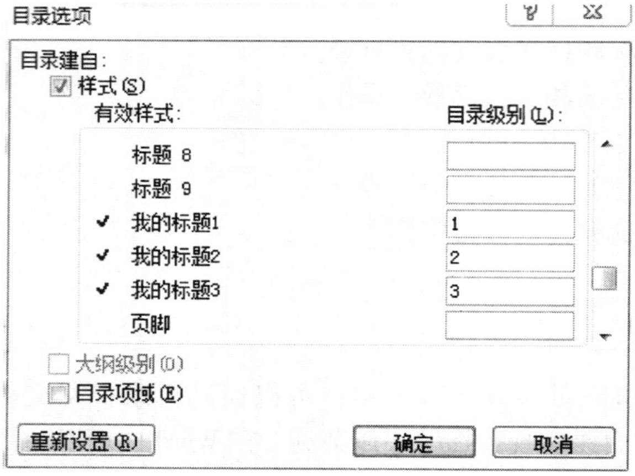

图 5-29 "目录选项"对话框

三、插入封面

Microsoft Word 2010 提供了一个封面库，其中包含预先设计的各种封面，使用起来很方便。选择一种封面，并用自己的文本替换示例文本。无论光标显示在文档中的什么位置，总是在文档的开始处插入封面。

在"插入"选项卡上的"页"组中单击"封面"，选择选项库中的封面布局，插入封面后通过单击选择封面区域（如标题和键入的文本）可以使用自己的文本替换示例文本。若要删除使用 Word 插入的封面，请单击"插入"选项卡，单击"页"组中的"封面"，然后单击"删除当前封面"。

四、页面背景

1. 水印

切换至"页面布局"选项卡，在"页面背景"组中选择"水印"按钮，在下拉列表中选择选项库中的水印或者单击"自定义水印"命令，打开"水印"对话框（图 5-30），可以为整篇文档添加水印。在"自定义水印"可以是图片水印和文字水印，该水印衬于每页文字的下方。

2. 页面颜色

切换至"页面布局"选项卡，在"页面背景"组中选择"页面颜色"按钮，在下拉列表中选择背景色，为整篇文档添加背景色。默认情况下，颜色不会打印出来。如需要打印背景色，需在"文件"→"选项"→"显示"勾选中"打印背景色和图像"，才可以在打印机上打印。

3. 页面边框

在"页面背景"组中选择"页面边框"按钮，打开"边框和底纹"对话框为整篇

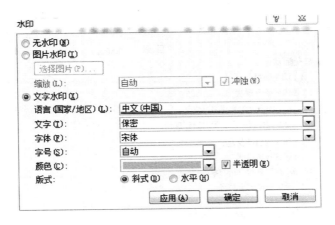

图 5-30 "水印"对话框

文档设置边框。此对话框可以设置边框线类型、颜色和左右范围，也可以设置表格边框和底纹。

任务实施

一、目录的生成和格式化设置

1. 目录生成

（1）插入点定位在"第一章 绪论"标题前。

（2）切换至"页面布局"选项卡，单击"页面设置"组中的"分隔符"，在下拉列表中选择"分节符"中"下一页"命令。

（3）双击当前页的页眉，切换至"页眉和页脚工具"选项组"设计"选项卡"导航"组，单击"链接到前一条页眉"按钮 链接到前一条页眉，取消"与上一节相同"的格式，使得正文和目录为不同节，同样的方法设置页脚区域。

（4）切换至目录节页眉，将页眉修改为"山西大学硕士学位论文　目录"。

（5）插入点定位在目录节文本区中，在"开始"选项卡"样式"组中单击按钮 ，在下拉列表中选择"清除格式命令"将原有格式清除。

（6）输入文字"目录"并设置字体为"宋体"，字号为"三号"，字符间距为"20磅"，行距为"1.5 倍行距"，对齐方式"居中"。

（7）切换到"引用"选项卡，在"目录"组中单击"目录"下拉按钮，在下拉列表中选择"插入目录"命令，打开如图 5-28 所示的"目录"对话框。

（8）在对话框中勾选"显示页码"和"页码右对齐"复选框；"制表符和前导符"选择"………"；显示级别选择"3"。

（9）单击"确定"按钮，自动生成目录。

（10）选中所有目录，设置中文字体为"宋体"，英文字体为"Times New Roman"，字号为"五号"，行距为"1.5 倍行距"，如图 5-31 所示。

图 5-31　目录编辑窗口

2. 目录页脚设置

（1）双击页脚区域，切换至"设计"选项卡"页眉和页脚"组中单击"页码"命令，在下拉列表选择"设置页码格式"命令。

（2）在"页码格式"对话框中"编号格式"下拉组合框中选择"罗马格式字符"，在"页码编号"中选择"起始页码"从"I"开始，如图 5-32 所示。

（3）单击"确定"按钮，则原页码变为设置的页码格式。

图 5-32　"页码格式"对话框

二、封面设计

1. 封面设置

（1）在"插入"选项卡上的"页"组中单击"封面"，选择选项库中的"传统型"封面布局。

（2）删除原有封面的内容，输入"硕士学位论文"，设置为"宋体""小一号""加粗""水平居中"。

（3）输入中英文题目。中文题目"居中"，字体"华文细黑""加粗"，字号"二号"，行距"多倍行距1.25"，前段、后段间距均为"0行"，取消网格对齐选项。英文题目与中文题目对应"居中"，字体"Times New Roman"，字号"三号""加粗"，行距"多倍行距1.25"，前段、后段间距均为"0行"，取消网格对齐选项。

（4）输入论文作者相关信息内容。内容设置为"宋体""三号""1.5倍行距""首行缩进6.59字符"。

（5）输入学校中英文名称。中文为"华文行楷""小二""居中对齐""多倍行距1.25"；英文为"Times New Roman""小四""居中对齐""多倍行距1.25"。

通过设置段落间距或按"Enter"键的方法，调整段落到合适的位置。

2. 背景设置

（1）切换至"页面布局"选项卡，在"页面背景"组中选择"页面颜色"按钮 ，在下拉列表中选择"填充效果"命令。

（2）打开"填充效果"对话框（图5-33），选择"纹理"选项卡，设置纹理为"蓝色面巾纸"，单击"确定"按钮。

（3）在"文件"→"选项"→"显示"勾选中"打印背景色和图像"，单击"确定"。打印预览封面设置效果如图5-34所示（背景为纸张颜色）。

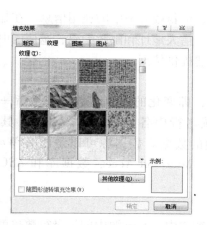

图5-33 "填充效果"对话框

图5-34 封面设置效果

任务4 批量制作入学通知书

任务概述

Word邮件合并功能在学校工作中应用越来越广泛，极大地提高了学校的工作效率。通过此项功能可以制作学生成绩通知单、打印荣誉证书、录取通知书和准考证等。

知识要求：

1. 了解邮件合并的基本概念。

2. 了解邮件合并的步骤。

能力要求：

1. 能够熟练创建主文档和数据源。

2. 能够熟练掌握邮件合并的操作过程。

态度要求：

1. 学会邮件合并在生活中的运用。

2. 在操作过程中发现问题、分析问题并解决问题。

相 关 知 识

一、邮件合并的概念

邮件合并是指将一系列信息输入到固定格式的文档中，功能是用来创建套用信函、邮件标签、信封或分类，从而生成多个不同的子文档。

二、邮件合并的步骤

1. 建主文档

主文档是指要重复出现在套用信函、邮件标签、信封或分类中的通用信息。在邮件合并中，所含文档是固定不变的内容，例如信封上的寄信人地址和邮政编码、邀请函中的内容、会议通知等。主文档的建立为数据源文档的创建提供依据。

2. 创建数据源

数据源文件中包含要合并到主文档中的信息，即变化的内容。数据源是指一张二维表，由若干数据行组成，首行称为域名行，域名行中各列均以域名开头；其余每行为一条记录，包含在各个合并文档中各不相同的数据。数据源可以是已有 Word 表格、Microsoft Outlook 联系人列表、Excel 工作表、Microsoft Access 数据库和 ASC Ⅱ 码文本文件。

3. 邮件合并

将数据源中的相应字段合并到主文档的固定内容之中。数据源中的记录行数也就是主文档生成的份数。

邮件合并可以利用邮件合并分步向导和邮件合并命令完成。

（1）邮件合并分步向导：切换至"邮件"选项卡"开始邮件合并"组中单击"开始邮件合并"按钮，在下拉列表中选择"邮件合并分步向导"命令完成邮件合并。

（2）邮件合并命令：通过"邮件"选项卡中的所有功能组中的命令完成邮件合并任务。

任 务 实 施

下面以制作学生录取通知书为例，介绍使用"邮件合并"完成录取通知书的制作过程。

一、建立主文档

（1）启动 Word 2010，创建新文档。

（2）切换至"页面布局"选项卡，单击"页面设置"组右下角组按钮 ，打开"页面设置"对话框，选择"页边距"选项卡，将上、下页边距设置为"2 厘米"，左、右页边距设置为"3 厘米"，方向为"横向"。

（3）选择"纸张"选项卡，"纸张大小"选择"自定义大小"选项，输入宽度"22厘米"，高度"15 厘米"。

（4）输入入学通知书中的内容，格式设置如图 5-35 所示。

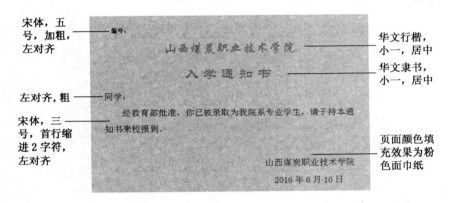

图 5-35　主文档内容

（5）将此文档保存名为"入学通知书．docx"。

二、创建数据源

在相同目录下建立文档为"学生表．docx"，内容见表 5-1。

表 5-1　入学通知书学生信息表

编号	姓名	系别	专业	报到日期
0001	贺少伟	计算机信息	计算机网络技术	9 月 19 日
0002	柴随心	计算机信息	计算机网络技术	9 月 19 日
0003	靖学	计算机信息	计算机信息管理	9 月 19 日
0004	宫志强	计算机信息	计算机信息管理	9 月 19 日
0005	支天慧	机电工程	矿井运输与提升	9 月 19 日
0006	刘备	采矿工程	综采	9 月 19 日
0007	吴贤齐	财经	物流	9 月 19 日

三、邮件合并

邮件合并可以利用邮件合并分步向导和邮件合并命令完成。采用邮件合并命令完成时步骤如下：

（1）打开文件名为"入学通知书.docx"，默认为主文档。

（2）切换至"邮件"选项卡"开始邮件合并"组中，单击"选择收件人"，在下拉列表中选择"使用现有列表"命令，打开"选取数据源"对话框，选择并打开"学生表.docx"。

（3）鼠标光标定位在"编号:"后，单击"编写和插入域"组中的"插入合并域"按钮，在下拉列表选择"编号"，同样的方法依次插入"姓名""系别""专业"及"报到日期"，其效果如图5-36所示。

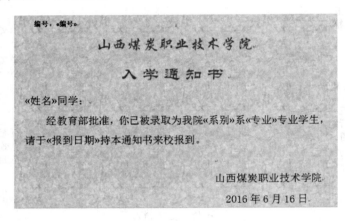

图5-36　插入域后效果图

（4）单击"预览结果"组中"预览结果"按钮，主文档中的合并域即被替换成数据源中相应的记录项并可预览合并后的结果。

（5）完成合并需修改并保存成一个文档，则切换至"邮件"选项卡"完成"组，点击"完成并合并"下拉列表中"编辑单个文档"命令，打开"合并到新文档"对话框并输入合并记录或直接点击"确定"按钮，合并后的所有文档生成在一个文档中并保存，如图5-37所示。

（6）完成合并后需打印，切换至"邮件"选项卡"完成"组，点击"完成并合并"下拉列表中"打印文档"命令则直接发送至打印机。

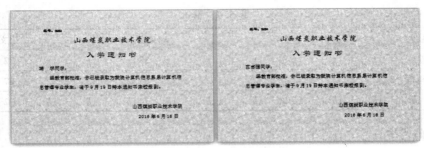

图 5-37 合并文档后效果图

拓 展 知 识

一、图文混排

1. 能力要求及内容

1）绘制自选图形

（1）打开样文"电脑"Word 文档，绘制自选图形（"星月形""笑脸""椭圆"），并对"星月形"和"笑脸"旋转；绘制一颗"五角星"，然后再复制四颗。

（2）调整自选图形的位置和之间比例大小。

（3）选择上述调整好的所有自选图形对象进行组合，然后设置为"紧密型环绕"，并插入到文档的适当位置。

2）插入图片

在剪贴画中搜索"计算机"并插入到文档中，设置为"四周型环绕"，并插入到文档的适当位置。

3）文本框连接

（1）选中文档的第三段落，单击"插入"选项卡中的"文本框"按钮，选择"绘制文本框"，该段落文本被插入到第一个文本框，再建立第二个文本框。

（2）选择第一个文本框，单击"格式"选项卡"文本"组的"创建链接"按钮，鼠标光标变成"链接"形状时单击第二个文本框，此时完成文本框链接。

（3）调整两个文本框大小、位置，再将它们组合，并设置文本的环绕方式为"上下型环绕"，移动到文档的适当位置。

4）插入艺术字

插入如图 5-38 所示的艺术字"电脑"。

5）建表（表 5-2）

表 5-2 学生成绩表

姓名	数学	英语	语文
王立勇	58	80	78
李红玉	80	70	91
张大力	77	45	65

表 5-2（续）

姓名	数学	英语	语文
周晓军	81	88	72
牛雨群	79	95	87
赵　文	86	74	92

6）其他设置

（1）将"语文"列移动到"姓名"后，最后一行移动到第三行。

（2）在表的"英语"列后插入两列，输入列名分别为"总成绩""平均成绩"，并设置各列宽度为"2.3 厘米"。

（3）计算总成绩和平均成绩，设置平均成绩后小数点保留两位，并按总成绩降序排序。

（4）设置第一行高"1.2 厘米"，其他行高"0.8 厘米"，并在 A1 单元格插入斜线表头，输入列标题、行标题为"姓名""科目"，字号为"小五号"，调整至如图 5-38 所示的效果。

（5）设置表格中的文本字号为"5 号"，第一行字体为"黑体"，其余中文字体为"宋体"，英文字体为"Times New Roman"。

（6）设置第一行、第一列的填充色为"浅青绿色"，并设置第一行字体为"黑色"。

（7）设置如图 5-38 所示的边框。

（8）建立折线图，设置数值轴最低刻度为"40"；设置分类轴网络线。

2. 效果图

图文混排效果图如图 5-38 所示。

二、样式排版

1. 能力要求及内容

以论文《煤矿风险信息集成与智能预警研究》内容为例。

1）样式排版

（1）引用系统样式。

（2）修改样式如同项目 5 任务 1 中的任务实施样式。

（3）插入分隔符。

（4）设置页眉，要求奇偶页不同，奇数页为章节标题，偶数页为论文的题目，且页码在页面顶端、外侧。

2）目录创建

（1）用自定义的标记目录项创建目录，如图 5-39 所示。

（2）设置目录页的页眉。

（3）设置目录页的页码为"页面底端""居中"及显示为"罗马字符"。

2. 效果图

论文样式排版效果图如图 5-40 所示。

当今世界，电脑的用途日益广泛，有关电脑的词汇你可不能不知道。让我们来看看电脑的几个组成部分：

一般的电脑称形为桌上电脑（desktop），因为它体积不大，放在普通的书桌上就可以使用。不过随着时代的发展，现在又有了体积更小的笔记本电脑（laptop）。

如今，电脑又有了更多的用途，特别是自从有了信息高速公路（information superhighway），有了因特网（Internet），电脑又成为许多人生活的组成部分。尤其是上网。

只要有一台电脑、一根电话和一个调制解调器（modem），通过因特网服务提供者（IBM Internet Service Provider）申请并获得一定的上网密码就可以在网上冲浪（surf）了。

许多朋友还因此成了网民（netizen），他们有自己的网页（homepage），每天都通过电子邮件（e-mail）或网上即时聊天（IRC/Internet Relay Chat）与远方的朋友交流，生活因此变得更加丰富多彩。

学生成绩表及折线图

科目\姓名	语文	数学	英语	总成绩	平均成绩
牛肉群	87	79	95	261	72.00
赵文	92	86	74	252	84.00
李红玉	91	80	70	241	76.17
周晓军	72	81	88	241	80.33
王立勇	78	58	80	216	72.00
张大力	65	77	45	187	62.33

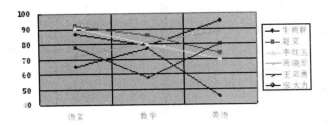

图 5-38　图文混排效果图

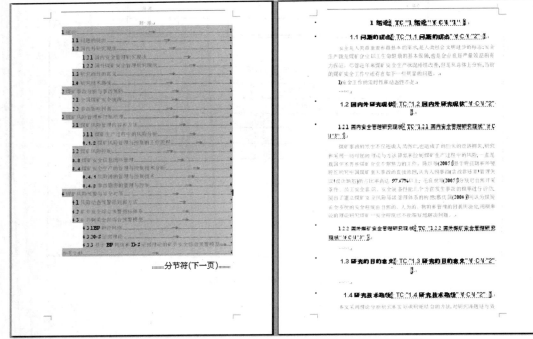

图 5-39　用自定义的标记目录项创建目录效果图

(a)　　　　　　　　　　　　　(b)

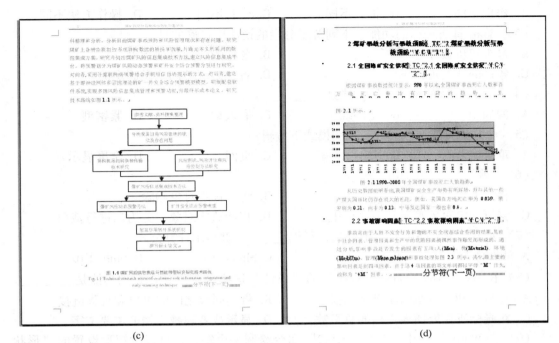

(c)   (d)

图 5-40　论文样式排版效果图

思 考 与 练 习

1. 填空题

（1）在 Word 中，可以将文档_____后，分别对每一节进行格式化，实现复杂文档的排版。

（2）在页眉与页脚编辑状态下，文档的正文呈现_____。

（3）可以复制字符和段落格式信息的按钮叫_____。

（4）在"公式"对话框的"公式"文本框中输入计算公式，公式以_____开头。

（5）在"页眉和页脚"的"设计"选项卡中的"插入日期和时间"按钮可以很方便地在页眉和页脚中插入_____。

（6）Word 有_____和_____两种图片。

（7）使用图片布局对话框中的_____选项卡可以准确地确定图片的高、宽比例。

（8）文本框有_____和_____两种方式。

（9）用 Word 绘制的图形是_____式的，可以任意调整其大小、位置、高度等而不会有任何失真的情况发生。

（10）为了保证章节标题总是在页面的最开头，应选中段落标记中的_____选项。

2. 单选题

（1）在 Word 2010 中，进行文字的录入和修改最合适的视图是_____。

A. 页面视图　　　　B. 大纲视图　　　　C. 草稿视图　　　　D. 阅读版式视图

（2）脚注与尾注最重要的区别是_____。

A. 作用不同　　　　B. 格式不同　　　　C. 位置不同　　　　D. 操作方法不同

（3）Word 具有分栏的功能，下列关于分栏的说法中正确的是_____。

A. 最多可以设 4 栏　　　　　　　　B. 各栏的栏宽必须相等

C. 各栏的宽度可以不同　　　　　　D. 各栏之间的间距是固定的

（4）Word 默认的图文环绕方式是_____。

A. 四周型　　　　B. 无环绕　　　　C. 嵌入型　　　　D. 紧密型

（5）剪贴画只能在_____视图模式下编辑。

A. 草稿　　　　B. 大纲　　　　C. 页面　　　　D. 全屏显示

（6）"剪切"按钮的功能是_____。

A. 将所选定对象移到剪贴板中　　　　　　B. 将所选定对象删除

C. 将所选定对象复制到剪贴板中　　　　　D. 将所选定对象一分为二进行裁剪

（7）如果在单元格中使用了公式，可用_____键显示计算公式。

A. Shift+F7　　　　B. Shift+F8　　　　C. Shift+F9　　　　D. Shift+F10

（8）在 Word 2010"页眉和页脚"的"设计"选项卡上，▨图标的功能是_____。

A. 在页眉和页脚编辑状态下切换　　　　B. 将不同节之间的页眉和页脚链接

C. 在光标所在处插入文档的总页数　　　　D. 显示或者隐藏文档的主要文字

（9）在 Word 2010 中，利用"形状"命令绘制一个矩形，可以为矩形设置的"形状效果"不包括_____选项。

A. 渐变　　　　B. 对比度　　　　C. 图案　　　　D. 纹理

（10）只想使用图片的一小部分，应使用下列哪项操作在图形程序中编辑图片_____。

A. 叠放图片　　　　B. 调整图片尺寸　　　　C. 剪裁图片　　　　D. 旋转图片

（11）下列关于 Word 2010 的描述中，说法正确的是_____。

A. "邮件合并"功能只能用于创建个性化窗体信函和地址标签

B. 样式是指文档中标题的分级列表，样式可以体现不同标题之间的层次性，便于用户阅读

C. 目录可以列出文档中的关键词及关键短语以及它们所在的页码

D. 自动生成图表目录的前提是在文档中插入题注

（12）在 Word 2010 中，有关数学公式的下列说法错误的是_____。

A. 数学公式也是一种对象

B. 插入数学公式可以通过执行"插入/公式"来实现

C. 双击编辑好的公式，可以进入公式编辑器对该公式进行修改

D. 在表格中，进行数据运算时插入公式也可以通过执行"插入/公式"来实现

3. 判断题

（1）单击"页眉和页脚"工具栏中的"与上一节相同"按钮可使各节之间有相同的页眉与页脚。（　　）

（2）在 Word 中只能插入用绘图工具绘制的图形，不能插入其他绘图软件绘制的图形。（　　）

（3）分栏在草稿视图下是显示不出来的。（　　）

（4）页眉与页脚在任何视图模式下均可显示。（　　）

（5）如果要使文档编排的页码从"2"开始，只需在"起始页码"文本框中输入"2"即可。（　　）

（6）剪贴画可以设置成透明效果。（　　）

（7）在文本框中插入图片就变成了图文框。（　　）

（8）可以通过编辑环绕顶点来调整图文环绕的文本区域。（　　）

（9）格式刷功能在"开始"选项卡没有列出。（　　）

（10）样式是一系列格式设置操作的集合，应用样式时系统会自动完成该样式中所包含的所有格式设置，这样可以大大提高排版的工作效率。（　　）

4．排序题

（1）论文中设置目录的步骤为_____。

A．把光标定位到文章第1页的首行第1个字符左侧（目录应在文章的前面）

B．同样的操作对论文第二级标题和第三级标题设置成样式标题2及标题3的格式

C．选中文章中的第一级标题，切换到"开始"选项卡，在"样式"组中选择"标题1"样式，使用"格式刷"功能对论文第一级标题进行相同格式设置

D．在对话框中单击"目录"选项卡，进行相关设置后，单击"确定"按钮，文章的目录自动生成完成

E．执行"引用/目录/插入目录"，打开"目录"对话框

（2）利用邮件合并功能，在奖状文档页面进行下述操作即可。切换至"邮件/开始邮件合并"，选择"邮件合并分步向导"命令，打开"邮件合并"对话框后的操作步骤为_____。

A．将光标定位于要插入姓名的位置，单击"其他项目"，单击选定"插入合并域"中的姓名，单击"插入"

B．选中"使用现有列表"单击"浏览"，找到数据表后单击"打开"，单击"下一步"

C．选中"使用当前文档"单击"下一步"

D．选中"信函"单击"下一步"

E．单击"预览结果"中的按钮即可浏览合并效果，再单击"下一步：完成合并"就可以进行打印

F．重复上一步，完成所有合并域的插入（如类别、等级）后，单击"下一步"

（3）一篇包括若干章节内容的文章，若要求各章页眉不同，设置步骤为_____。

A．执行"插入/页眉/编辑页眉"命令进入页眉页脚编辑区，此时左上方显示为"页眉-第1节-"，输入第一章的页眉内容"第一章"

B．单击"页眉和页脚"的"设计"选项卡上的"下一节"按钮跳到第2节，此时左上方显示为"页眉-第2节-"，右上方显示为"与上一节相同"，中间显示为"第一章"

C．将光标置于第一章的开始处，执行"页面布局/分隔符"命令，选择"分节符"下的"下一页"，确定即可。以此类推，将其他章都进行分节操作

D．单击"设计"选项卡上的"链接到前一条页眉"按钮，则右上方的"与上一节相同"消失，此时将本节页眉修改为"第二章"。重复上面的操作，修改好所有的章节即可

5. 问答题

（1）什么叫样式？样式主要起什么作用？

（2）简述图片与文字的环绕方式。

（3）如何强制进行分页？

（4）如何快速查找所需要的图片？如何裁剪图片？

（5）如何创建在文档每页都出现水印？

6. 操作题

打开"素材"文件夹中"2016年青少年网络安全大事记.docx"文件，按照要求完成下列操作：

（1）将文章标题"2016年青少年网络安全大事记"改为"黑体""二号""加粗""居中对齐"，并给其加"下划线"，下划线颜色为"蓝色"。

（2）给文章添加页眉"网络安全"，且页眉、页脚距边界的距离分别设置为"1 cm"和"2 cm"。

（3）选中除标题外的其他段落，首行缩进"2字符"，段前、段后间距设置为"0.5行"，行距设为"1.25倍"。

（4）给"事件一"至"事件十"小标题加底纹"橙色"，强调文字颜色"6"，深度"25%"，且将字体设置为"黑体"。

（5）在以"根据团中央网络影视中心和中青奇未（北京）网络科技有限公司联合发布"开始的段后插入"网络"类的剪贴画，并调整图片大小，使图片的高度为"4 cm"，宽度为"5 cm"，环绕方式为"四周型"，移动图片到段落中间。

（6）将以"即将踏入大学的18岁山东女孩徐玉玉"开始的段落设置为"1.5倍"行距，并设置为"分散对齐"。

（7）在文档末尾插入3行4列的表格，表格居中，第3列的宽度设置为"3 cm"，表格中单元格内容水平和垂直方向都"居中"。

（8）将该文档的上、下、左、右页边距设置为"2 cm""2 cm""3 cm"和"3 cm"。

项目 6　Excel 2010 应用

任务 1　认识 Excel 2010

任务概述

Excel 2010 是 Windows 操作平台上的电子表格软件。本任务通过对 Excel 2010 窗口组成、基本概念和基本操作的学习，为后续任务的学习提供基础知识和基本技能支持，了解 Excel 工作簿、工作表、单元格等概念，掌握 Excel 的启动、退出、系统设置，掌握工作簿新建、保存、关闭、打开，掌握工作表的重命名及标签颜色设置等操作。

知识要求：

1. 了解 Excel 工作簿、工作表、单元格等概念。

2. 掌握 Excel 的启动、退出、系统设置。

3. 掌握工作簿新建、保存、关闭、打开等基本操作。

4. 掌握工作表的重命名及标签颜色设置等操作。

能力要求：

1. 了解和认识 Excel 2010 的窗口界面组成。

2. 能够利用简单的菜单命令进行系统配置，并熟练创建和保存工作簿。

3. 熟练根据需要对工作表进行插入、删除、重命名等操作。

态度要求：

1. 能主动学习，通过阅读、小组讨论等形式进行相关知识的拓展。

2. 在完成任务过程中能够积极与小组成员交流、分析并解决遇到的问题。

3. 要严格遵守计算机安全操作规范。

相关知识

Excel 2010 是微软公司办公自动化软件 Microsoft Office 2010 中的组件之一，是 Windows 操作平台上的一个著名的电子表格软件，它可以进行各种数据的处理、统计分析和辅助决策操作，广泛地应用于管理、统计财经、金融等众多领域。

Excel 2010 具有强大的运算与分析能力。从 Excel 2007 开始，改进的功能区使操作更直观、更快捷，实现了质的飞跃。在 Excel 2010 中使用 SQL 语句，可能灵活地对数据进行整理、计算、汇总、查询、分析等处理，尤其在面对大数据量工作表的时候，SQL 语言能够发挥其更大的威力，快速提高办公效率。另外，Excel 2010 全新的分析和可视化工具还可跟踪和突出显示重要的数据趋势。

一、Excel 2010 功能

1. 数据记录与整理

Excel 是电子表格软件，围绕表格的制作与使用的一系列功能为其基本功能。在电子表格中允许输入多种类型的数据，可以对数据进行编辑、格式化；利用条件格式功能可以快速地标识出具有特征的数据；利用数据有效性功能，可以控制用户的数据输入，保证列数据的一致性；对于复杂的表格，可以进行分级显示，方便地调整表格阅读方式。

2. 数据计算

Microsoft Excel 2010 提供了 300 多个内置函数，分为多个类别。利用不同的函数组合，可以完成绝大多数领域的常规计算任务。

3. 数据分析

Microsoft Excel 提供了一组数据分析工具。在建立复杂统计或工程分析时可节省步骤。只需为每一个分析工具提供必要的数据和参数，该工具就会使用适当的统计或工程宏函数，在输出表格中显示相应的结果。有些工具在生成输出表格时还能同时生成图表。

4. 图表制作

可以将表格中的数据以图形方式显示。Excel 2010 提供了十几种图表类型，供用户选择使用，以便直观地分析和观察数据的变化及变化趋势。

5. 信息传递和共享

协调工作是 21 世纪的重要工作理念，Excel 不仅可以与其他 Office 组件无缝链接，而且可以帮助用户通过 Intranet 与其他用户进行协调工作，方便地交换数据。

二、Excel 2010 启动与退出

1. Excel 2010 启动

1）利用 Windows 的"开始"按钮启动

执行"开始/所有程序/Microsoft Office/Microsoft Excel 2010"命令，启动 Excel 2010。

2）利用快捷方式图标启动

双击"Microsoft Excel 2010"快捷方式图标，启动 Excel 2010。

3）直接执行 Excel 2010 程序文件启动

直接运行 Excel. exe，启动 Excel 2010。

2. Excel 2010 的退出

Excel 2010 的退出有以下 4 种方法：

（1）鼠标单击 Excel 窗口标题栏右端的"关闭"按钮。

（2）鼠标单击 Excel 窗口标题栏左端的"控制菜单"按钮，执行"关闭"命令；或直接双击"控制菜单"按钮。

（3）执行快捷键"Alt+F4"。

（4）执行"文件/退出"命令。

注意：如果退出 Excel 之前，当前工作簿没有保存，Excel 会提示是否保存对当前的修改编辑。

三、Excel 2010 窗口组成与操作

启动 Excel 2010 应用程序后，即进入 Excel 工作窗口，同时系统将自动新建工作簿"工作簿1"，如图 6-1 所示。

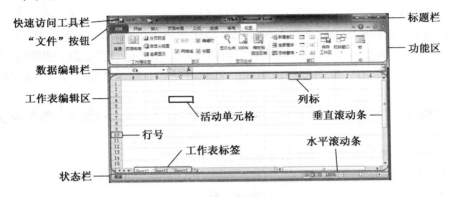

图 6-1　Excel 2010 窗口

1. 标题栏

标题栏位于窗口的顶部，包括控制菜单按钮、快速访问工具栏、应用程序名（Microsoft Excel）、当前工作簿文件名（工作簿1）和控制按钮。控制菜单按钮位于标题栏左侧，包含若干命令，如"还原""移动""大小""最小化""最大化"和"关闭"命令；控制按钮位于标题栏右侧，包括"最小化""最大化/还原"和"关闭"按钮。

2. 快速访问工具栏

快速访问工具栏位于 Excel 2010 窗口标题栏的左侧，在默认状态下集成了"保存""撤销"和"恢复"命令按钮，单击右侧的下拉箭头，还可打开"自定义快速访问工具栏"菜单进行自定义。

3. "文件"按钮

"文件"按钮位于标题栏之下左起的第一个标签按钮，单击该按钮可弹出"文件"菜单，菜单中集成了"保存""打开""新建""打印"等操作。

4. 功能区

功能区位于 Excel 2010 标题栏的下方。功能区由许多不同的选项卡组成，选择不同的选项卡可显示不同的功能区，每个选项卡都由不同的组组成，每个组都包含不同的命令选项。

5. 数据编辑栏

数据编辑栏简称编辑栏，位于功能区下方，由名称框、功能按钮和编辑框组成，利用它可输入、修改工作表或图表中的数据和编辑公式，如图 6-2 所示。

图 6-2　编辑栏

1）名称框

名称框用于显示当前活动单元格的地址或单元格区域名；也可在其中输入单元格名称或区域名称实现快速定位。图 6-2 中显示当前活动单元格地址为 C4。单击右侧的下拉列表按钮，显示所有已定义的单元格名称或区域名称。

2）功能按钮

随着当前活动单元格的数据输入和编辑，功能按钮将被激活。

（1）"取消"按钮：单击表示取消对当前活动单元格所进行的编辑，相当于按"Esc"键。在图 6-2 中，单击"取消"按钮则放弃当前活动单元格输入的"1"，返回到单元格的原状态。

（2）"输入"按钮：单击表示确定对当前活动单元格的输入和编辑，但不改变当前活动单元格的位置。

（3）"插入函数"按钮：单击表示输入公式和函数。

3）编辑框

编辑框用于编辑和显示单元格中的数据和公式。

6. 工作表编辑区

工作表编辑区位于数据编辑栏的下方。工作表编辑区是执行 Excel 电子表格操作的工作区，该区域由行号、列标、单元格、工作表标签组成，可以在此执行工作表的创建和编辑等操作。

1）工作簿

工作簿是处理和存储数据的文件，其文件的扩展名为".xlsx"。在 Excel 中新建一个文件即新建一个工作簿，打开一个文件即打开一个工作簿。图 6-1 所示的"工作簿 1"就是启动 Excel 时自动新建的一个工作簿。

2）工作表与工作表标签

工作表是 Excel 中用于存储和处理数据的主要文档，也称为电子表格。工作表由排列成行和列的单元格组成，总是存储在工作簿中。一个工作表共有 1048576（即 2^{20}）行、16384 列；每一个单元格最多可容纳 32767 个字符（单元格最多显示 1024 个字符，编辑栏中可显示全部）；每列最大列宽为 255 个字符。

系统默认一个工作簿包含 3 个工作表，可以按需要插入或删除工作表。为了区别多个工作表，可以为每个工作表命名作为工作表标签，系统默认的工作表标签以 Sheet1、Sheet2、Sheet3 来命名，可以按实际需要为工作表重命名。当有多个工作表时，可单击工作表标签左侧的滚动按钮，查看工作表标签。

3）列标和行号

在 Excel 工作表中，在同一行中的单元格为一行，以行号 1、2、3、…、1048576 表示行的顺序；在同一列中的单元格为一列，以列标 A、B、C、…、Z、AA、AB、…、XFD 表示列的顺序。

4）单元格、单元格地址与活动单元格

单元格是 Excel 中存储数据的最小单位，为行和列的交叉。用单元格对应的列标和行号的组合表示单元格的地址。图 6-1 中 C 列（第 3 列）与 4 行（第 4 行）交叉的单元格地址为"C4"。

活动单元格就是当前正在编辑的单元格，它会被一个黑线框包围。图6-1中的"C4"单元格就是活动单元格。

5）滚动条

滚动条包括水平和垂直滚动条。用来左右和上下查看工作表中的数据。

7. 状态栏

状态栏位于Excel窗口的底部，显示Excel工作表的信息，如统计数据、当前的视图方式和显示比例等。

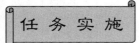

一、Excel 2010系统设置步骤

在Excel 2010中，执行"文件/选项"命令，打开如图6-3所示的"Excel选项"对话框，对Excel 2010系统进行个性化设置。

（1）在如图6-3所示的"Excel选项"对话框的"高级"选项卡中，选择或取消"显示"选项中的"显示编辑栏""在任务栏中显示所有窗口"等选项，可实现相应选项的显示或隐藏。

（2）选择或取消"此工作表的显示选项"区域中的"显示网格线""显示行和列标题"，可使表中表格线和行号、列标显示或隐藏。

在"视图"功能区的"显示"区域，同样可以进行上述系统的个性化设置。

图6-3 "Excel选项"对话框

二、Excel 2010窗口基本操作步骤

1. 工作簿操作

1）新建工作簿

（1）启动Excel，系统自动创建一个名为"工作簿1"的工作簿，包含3个工作表，工作表标签分别为Sheet1、Sheet2、Sheet3，其中Sheet1为当前工作表。

（2）打开Excel窗口，新建工作簿有以下3种方法：

①执行"文件/新建"命令，在右侧"可用模板"窗口中单击"空白工作簿"命令

或"Office. com 模板",可新建空白工作簿或下载并使用所选模板新建工作簿。

②单击"快速访问工具栏"上的"新建"命令,新建基于默认工作簿模板的一个空白工作簿。

③执行快捷键"Ctrl+N",新建基于默认工作簿模板的一个空白工作簿。

2)保存工作簿

(1)保存新工作簿:选择工作簿"工作簿1",执行"文件/保存或另存为"(Ctrl+S)菜单命令,或单击"快速访问工具栏"上的"保存"按钮,打开如图6-4所示的"另存为"对话框。

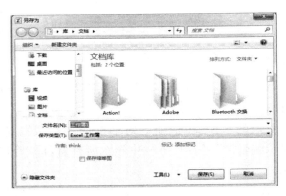

图6-4 "另存为"对话框

在"保存位置"列表框中输入或选择工作簿保存的盘符和文件夹,如默认位置为"我的文档";在"文件名"文本框中输入文件的名称,如"班级学生信息";在"保存类型"列表框中选择工作簿的保存类型,默认保存文件类型为"Excel 工作簿"(扩展名为".xlsx")。单击"保存"按钮来保存文件并返回到工作表的编辑状态。

(2)保存已有工作簿:若将已有 Excel 工作簿按照原有位置和文件名保存并覆盖原文件,有以下两种方法。

①执行"文件/保存"(Ctrl+S)菜单命令。

②直接单击"快速访问工具栏"上的"保存"按钮。

若要改变已有工作簿保存位置或文件名,但不覆盖源文件时,执行"文件/另存为"命令。

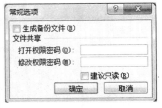

图6-5 "常规选项"对话框

(3)带密码保存工作簿:执行"文件/另存为"菜单命令,打开如图6-4所示的对话框,执行"工具/常规选项"命令,打开如图6-5所示的"常规选项"对话框;在"打开权限密码"和"修改权限密码"框中输入密码,单击"确定"按钮;在"确认密码"对话框中重新输入口令并按"回车"键;单击"保存"按钮。

(4)自动保存工作簿:执行"文件/选项"菜单命令,打开"Excel 选项"对话框,在其"保存"选项卡中进行设置。

3)打开工作簿

执行"文件/打开"(Ctrl+O)菜单命令,或单击"快速访问工具栏"的"打开"按钮，弹出"打开"对话框，选择包含所需工作簿的驱动器，然后选择需要打开的工作簿，单击"打开"按钮。若只需要打开一个工作簿，也可直接双击工作簿。

4）关闭工作簿

执行"文件/关闭"命令，或单击工作簿窗口中的"关闭"按钮（工作簿最大化时，位于标题栏下）。

2. 工作区操作

把已经打开的多个工作簿窗口保存在一个文件（叫做工作区），方便下次再同时打开以上这几个工作簿窗口。工作区文件的扩展名为".xlw"。

（1）在已打开的任意一个工作簿中，执行"视图"功能区的"保存工作区"命令，将工作区以文件名"我的功能"保存在"我的文档"下。

（2）退出 Excel，在"我的文档"下，双击打开工作区文件"我的功能"。

3. 工作表操作

打开"班级学生信息.xlsx"工作簿文件，对 Sheet1、Sheet2、Sheet3 工作表分别重命名为"基本信息""成绩""平均成绩"；设置"平均成绩"工作表标签颜色为"蓝色"。

1）重命名工作表

（1）在工作表 Sheet1 标签上右击，单击快捷菜单中"重命名"命令，输入"基本信息"，按"回车"键确认输入。

（2）在工作表 Sheet2 标签上双击，输入"成绩"，按"回车"键确认输入。

（3）选择工作表 Sheet3，执行"开始/单元格"功能区的"格式/重命名工作表"命令，输入"平均成绩"，按"回车"键确认输入。

2）设置标签颜色

单击"平均成绩"工作表标签，执行"开始/单元格"功能区的"格式/工作表标签颜色"命令，或者直接在"平均成绩"工作表标签上右击，单击快捷菜单中"工作表标签颜色"命令，都可以打开"设置工作表标签颜色"对话框，选择"蓝色"，单击"确定"按钮。

任务 2　学生课程成绩的输入

任 务 概 述

Excel 中单元格是用来编辑的存储各种数据的基本单元。本任务在建立新工作簿和工作表的基础上，通过完成学生课程成绩的输入，掌握 Excel 中数据输入的不同方法；掌握 Excel 中数据的填充功能；掌握 Excel 中单元格、单元格数据和工作表的编辑技能，进而能熟练利用工作表分类管理一批数据信息。

知识要求：

1. 了解 Excel 中各种数据输入的不同方法。

2. 熟悉 Excel 数据的填充方法。

3. 掌握单元格和工作表的编辑操作。

能力要求：

1. 能够熟练输入各种类型的数据，掌握 Excel 中数据的填充功能。

2. 掌握 Excel 中单元格、单元格数据和工作表的编辑技能。

3. 熟练利用工作表分类管理一批数据信息。

态度要求：

1. 能主动学习，通过阅读、小组讨论等形式进行相关知识的拓展。

2. 在完成任务过程中能够积极与小组成员交流、分析并解决遇到的问题。

3. 要严格遵守计算机安全操作规范。

相 关 知 识

一、工作表数据的输入

工作表是 Excel 用来处理和存储数据的最主要的文档，数据存储在工作表的单元格中。用 Excel 组织、计算和分析数据，必须首先将数据输入到工作表中。Excel 允许在单元格中输入字符、数字和公式等。

1. 直接输入

单击需要输入数据的单元格，直接输入数据。然后按"Enter"键确认输入内容，活动单元格下移；也可按"Tab"键，以确认输入的内容，活动单元格右移；还可单击编辑栏上"输入"按钮，以确认输入的内容，活动单元格不变。

1）输入文本

在 Excel 2010 中，文本可以是数字、空格和非数字的字符，如"单价 12 元""1078C6""12-198""204786"。当需输入纯数字"01234"的文本（文字）常量时，应在其前输入单引号"'"，即"'01234"。

在默认状态下，文本在单元格中为"左对齐"。当输入的文字太长，无法在单元格宽度中一行放下时，如果右侧的单元格无数据，则扩展覆盖相邻的单元格；否则，截断显示，但输入的内容仍然完整存在。

如果使单元格中的文本自动换行，则在"开始/单元格"功能区内，执行"格式/设置单元格格式"命令，打开"单元格格式"对话框，在"对齐"选项卡中选择的"自动换行"复选框。如果单元格中的文本需要强制换行，执行"Alt+Enter"组合键。

2）输入数值

在 Excel 中，数值是包含 0、1、2、3、4、5、6、7、8、9、+、-、（）、,、/、￥、$、%、.、E、e 字符的常数值。可输入的数值类型包括整数（如 6361）、十进制小数（3.012）、分数（如 11/2）、科学计数法表示的数字（如 3.156E+6）。

在默认状态下，所有数值在单元格中为"右对齐"，忽略数字前的正号"+"，并将单一的"."视作小数点。输入分数时，为避免将输入的分数视作日期，在分数前键入"0"（零）及"空格"，如分数"1/2"，输入为"0 1/2"。输入负数时，前面冠以减号"-"，或将其置于括号"（）"中，如负数 12，可输入为-12 或（12）。

在 Excel 中，把单元格中显示的数值称为显示值；而把单元格中存储的值，即在编辑栏显示的值称为原值。原值和显示值格式可以不一样，如显示值为"1/2"，而原值为"0.5"。

单元格中显示的数字位数取决于该列宽度和使用的显示格式，但在 Excel 中数字项最多只能有 15 位数字。如果数值的单元格没有足够的宽度，则填满了"#"。

3）输入时间

Excel 将日期和时间视为数字处理。工作表中的时间或日期的显示方式取决于所在单元格中的数字格式。在输入了 Excel 可以识别的日期或时间数据后，单元格格式会从"常规"数字格式改为某种内置的日期或时间格式。默认状态下，日期和时间项在单元格中"右对齐"。如果 Excel 不能识别输入的日期或时间格式，输入的内容将被作为文本，并在单元格中"左对齐"。

输入日期数据时，可使用斜线（/）或横线（-）作为年、月、日的分隔符；如单元格中输入"2012-1-29"或"2012/1/29"，确认输入后显示 2012-1-29 或 2012/1/29，表示 2012 年 1 月 29 日；单元格中输入"1-29"或"1/29"，确认输入后显示 1 月 29 日。

输入时间数据时，使用冒号（:）作为时、分、秒的分隔符。如单元格中输入"14：30：45"，确认输入后显示 14：30：45，表示 14 点 30 分 45 秒；单元格中输入"14：30"，确认输入后显示 14：30，表示 14 点 30 分。若输入 12 小时制的时间时，在输入时间后输入空格和"AM"（am）或"PM"（pm）。

在单元格中输入系统当前日期和时间时，按组合键"Ctrl+;"和"Ctrl+Shif+;"。

2. 记忆式输入

记忆式输入是指 Excel 用所输入的字与在这一列里所有的输入项进行匹配，如果在单元格中键入的起始字符与该列已有的录入项相符，Excel 可以自动填写其余字符。如果接受建议的输入选项，按"Enter"键；如果不想采用自动提供的字符，继续输入；如果要删除自动提供的字符，按"Backspace"键。

Excel 系统默认为记忆式输入。单击"文件/选项"命令，打开"Excel 选项"对话框，在"高级"选项卡中选择或取消"为单元格值启用记忆式键入"复选项，可重新设置记忆式输入。

3. 选择列表输入

"选择列表"输入可以从当前列的所有的输入文本项中选择一个填入单元格。其操作方法为：在一个列表或在一个文字列的底部的下一个单元格中右击，执行快捷菜单中"从下拉列表中选择"命令或按"Alt+↓"；然后选择所需要数据。

二、数据的填充

在工作表的单元格中输入重复的或有规律的数据，如 1、3、5、7、9、…，一月、二月、三月、…、十二月等，最简单的方法是利用 Excel 中"自动填充"或"填充"命令。

1. 自动填充

"自动填充"就是拖动选择单元格或区域上的填充柄，将选定的内容复制到相邻单元格中，或填充有序数据。"填充"命令位于选定的单元格或区域右下角的黑色小方块，当鼠标指向填充柄时，鼠标指针变成黑色的十字"+"，表明"自动填充"功能已生效。

利用"自动填充"功能复制单元格中的数据时，遵循表 6-1 所示的"自动填充"的规则。向下或向右拖动填充柄时，"自动填充"功能依据开始时选择的单元格范围中数据结构形态，确定数据递增的方式。如果"自动填充"功能未能识别该范围中数据结构形态，则只复制选定单元格中的数据。

表6-1　"自动填充"规则

数据结构形态	序　列	示　例
标签（文本）	无结构，只复制文本	复制文本、复制文本、复制文本……
数值	基于数值结构递增	1、3、5、7…
带数值的文本	基于数值部分的结构建立序列	序列1、序列2、序列3……或1日、2日……
星期	按星期几的格式建立序列	星期一、星期二、星期三……
月	按月份的格式建立序列	一月、二月、三月……
年	按年的格式建立序列	2011年、2012年、2013年……
时间	按时间区间的格式建立序列	1：30 PM、2：00 PM、2：30 PM

利用鼠标的"自动填充"功能可处理工作表中数据的复制，分为递增式复制和递减式复制。如填充星期序列时，首先在一个单元格中输入"星期一"，按"回车"键确认输入并选择该单元格，然后向右或向下拖动填充柄，可实现递增式填充星期序列；否则向左或上拖动填充柄，可实现递减式填充星期序列。填充数字序列1、2、3、…时，首先在第一个单元格中输入"1"，在第二个单元格中输入"2"，并选择这两个单元格，然后拖动填充柄。

2．使用"填充"命令

1）填充有规律的序列

首先在第一个单元格中输入数据，再同时选定第一个单元格和需要填充的单元格，然后执行"开始/编辑"功能区中的"填充/系列"命令进行填充。不仅可以在一个工作表中进行填充，若选择多个工作表也可同时进行填充。

图6-6　"序列"对话框

如填充数字序列2、4、8、16、32、64，首先在第一个单元格中输入数据"2"并确认输入，然后同时选定第一个单元格和需要填充的单元格，单击"开始/编辑"功能区中的"填充/系列"命令，打开如图6-6所示的"序列"对话框进行设置，单击"确定"，则在数据"2"同行后自动填充"4、8、16、32、64"数据。

2）填充相同内容的序列

首先在第一个单元格中输入数据，再同时选定第一个单元格和需要填充的单元格，然后执行"开始/编辑"功能区中的"填充/向下（向右、向上、向左）"命令（根据需要填充的单元格方向选择合适的命令）进行填充。

3．"自定义序列"数值序列

在"自动填充"时，数值序列是计算来的，文字序列是人为制定的。单击"文件/选项"命令，打开"Excel选项"对话框，选择"高级/常规/编辑自定义列表"按钮，打开"自定义序列"对话框，如图6-7所示。在"输入序列"列表中输入文本序列，并按"Enter"键分隔列表项目，单击"添加""确定"按钮；也可单击"从单元格中导入序列"编辑框内的"单元格粘贴"按钮，使"自定义序列"对话框折叠；然后从工作表中选择要导入的数据序列的单元格，再单击"单元格粘贴"按钮，使"自定义序列"对话框展开，最后单击"导入""添加""确定"按钮，完成序列的定义。

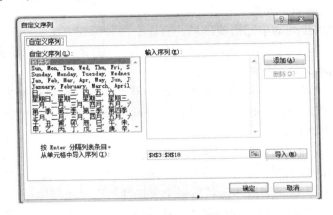

图6-7 "自定义序列"对话框

三、编辑单元格

1. 单元格选择与定位

1) 单个单元格的选定

单击要选定单元格，被选定的单元格及它对应的行号和列标呈高亮状态显示，其周围出现黑框，并且该单元格的引用出现在"编辑栏"的名称框中。另外，也可用键盘选定单元格，见表6-2。

表6-2 键盘定位单元格表

按　键	选取的单元格	按　键	选取的单元格
↑或 Shift+Enter	上一个单元格	↓或 Enter	下一个单元格
←或 Shift+Tab	左一个单元格	→或 Tab	右一个单元格
Ctrl ｜ End+↑	当前数据块最上单元格	Ctrl ｜ End+↓	当前数据块最下单元格
Ctrl ｜ End+←	当前数据块最左单元格	Ctrl ｜ End+→	当前数据块最右单元格
Home	当前数据行最左单元格	先 End，然后 Enter	当前数据行最右单元格
Ctrl+Home	当前数据块左上角单元格	Ctrl+End	当前数据块右下角单元格
PageUp	上一屏对应位置单元格	PageDown	下一屏对应位置单元格
Alt+PageUp	左移一屏对应位置单元格	Alt+PageDown	右移一屏对应位置单元格
Ctrl+PageUp	上一张工作表	Ctrl+PgDown	下一张工作表

2) 选择连续区域单元格

选择连续区域的单元格方法很多，下面列出 3 种常用的操作方法：

（1）将鼠标指向区域的第一个单元格，拖动鼠标到区域的最后一个单元格，释放左键，可选择区域单元格。

（2）先选定区域第一个单元格，按住"Shift"键，使用方向键，可扩展选定连续区

213

域单元格。

（3）在选定区域的第一个单元格后，按住"Shift"键，单击选定区域的最后一个单元格。

3）选择不连续区域单元格

选择多个不规则排列的单元格或区域，有以下两种操作方法：

（1）选择第一个单元格或区域，然后按住"Ctrl"键并且用鼠标单击其他单元格或区域，以增加选定的单元格或区域。

（2）选择第一个单元格或区域，按组合键"Shift+F8"，设置选择方式为"ADD"，然后选择其他单元格或区域，再按"Esc"键或"Shift+F8"键退出，结束多区域选择。

4）选择行或列单元格

（1）选择单行或列：只需单击行号或列标。

（2）选择连续的行或列：鼠标在行号或列标上拖动；或单击第一个要选择的行号或列标后，按住"Shift"键，然后单击最后一个要选择的行号或列标。

（3）选择不连续的行、列：选择第一个要选择的行号或列标，在按"Ctrl"键，然后单击其他行号或列标；或按组合键"Shift+F8"设置选择方式为"ADD"，然后选择行或列。

5）选择整个工作表的单元格

单击工作表左上角行号和列标的交叉处或按"Ctrl+Shift+Space"组合键，可选择整个工作表的单元格。

6）取消单元格选定区域

如果要取消单元格的选定区域，可单击工作表中的任意一个单元格或按键盘上的光标移动键。

2. 单元格命名和应用

若有一个或几个单元格要经常使用，可给这些单元格起一个名字，以便编辑时引用。

1）单元格命名

单元格的命名有以下 3 种方法：

（1）选择要命名的单元格，执行"公式/定义的名称"功能区中的"名称管理器/新建"命令或"定义名称"命令，都可以打开"新建名称"对话框，在"名称"文本框里输入单元格名称，在"范围"文本框中选择"工作簿"或需要的工作表，单击"确定"按钮。

（2）选择要命名的单元格，右键单击弹出快捷菜单，执行"定义名称"命令，同样可以打开"新建名称"对话框，进行单元格命名。

（3）选择要命名的单元格，在"编辑栏"的"名称框"直接输入单元格名称，按"Enter"键确认单元格名称。

注意：单元格名称的第一个字符必须是字母，名称中不能有空格，且不能与单元格引用名称相同。

2）应用命名单元格

利用已命名的单元格，便于记忆、引用和参与其他运算。如在下拉菜单中可以引用命名的名称，还可以在公式中引用名称，特别方便。

3. 编辑单元格的内容

双击要编辑数据的单元格，插入光标定位于该单元格中，可直接输入数据或对其中内容进行修改，完成后若要确认所做的改动，按"Enter"键或"Tab"键，也可单击"编辑栏"上的"确定"按钮；若取消所做的改动，按"Esc"键或单击"编辑栏"上的"取消"按钮。

4. 复制或移动单元格数据

移动或复制单元格数据是"剪切"或"复制"与"粘贴"的联用，可实现把单元格内容从一个位置移动或复制到另一个位置，可使用命令或鼠标拖动的方法实现。

1）命令方法

选择要复制或移动的数据源单元格，执行"开始/剪贴板"功能区的"剪切或复制"命令；选定要复制或移动到目标位置，执行"开始/剪贴板"功能区的"粘贴"命令。

在已选择的复制或移动的数据源单元格上右键单击，在弹出的快捷菜单上同样可以找到"剪切""复制"和"粘贴"命令。

2）鼠标拖动的方法

选择要移动或复制的数据源单元格，鼠标指向被选择数据源的边框，鼠标光标变成箭头时，拖动可实现单元格数据的移动；若拖动到目标位置，按下"Ctrl"键再释放鼠标左键，可实现单元格数据的复制。

5. 插入单元格、行或列

1）利用"插入"对话框插入单元格、行或列

图6-8　"插入"对话框

选择要插入的单元格位置，执行"开始/单元格"功能区的"插入/插入单元格"菜单命令，打开如图6-8所示的"插入"对话框，选择"活动单元格右移""活动单元格下移""整行"或"整列"，单击"确定"后可在活动单元格的左边插入新单元格或列、上边插入新单元格或行。

在选择的单元格上右键单击，弹出的快捷菜单上单击"插入"命令同样可以打开"插入"对话框。

2）利用命令直接插入行或列

选定要插入行或列的下边或右边单元格，执行"开始/单元格"功能区的"插入/插入工作表行或列"命令，可插入行或列。还可以用"剪切"和"复制"的方法插入带数据的单元格、行或列。

6. 删除单元格、行或列

1）利用"删除"对话框删除单元格、行或列

图6-9　"删除"对话框

选定要删除的单元格，执行"开始/单元格"功能区的"删除/删除单元格"命令，打开如图6-9所示的"删除"对话框，选择"右侧单元格左移"或"下方单元格上移"可删除单元格；选择"整行"或"整列"可删除所选单元格所在的行或列。

在选择的单元格上右键单击，弹出的快捷菜单上单击"删除"命令同样可以打开"删除"对话框。

2）利用命令直接删除行或列

选定要删除的行或列，执行"开始/单元格"功能区的"删除/删除工作表行或列"命令，可删除行或列。

7. 添加批注

为了方便用户及时记录所看所想，Excel 提供了添加批注的功能。当用户给单元格进行注释后，只需将鼠标停留在单元格上就可看到相应的批注。添加批注的操作步骤：选择要添加批注的单元格，执行"审阅/批注"功能区的"新建批注"命令，或右键快捷菜单中选择"插入批注"命令打开"批注"编辑文本框，在批注框中输入所要的批注文本即可。添加批注之后单元格的右上角会出现一个小三角，提示该单元格已被添加了批注。

8. 快速清除单元格的内容

选定要清除内容的单元格，按"Delete"键只能删除单元格内容，它的格式和批注仍然保留。要彻底清除单元格的内容，可执行的操作：选定要清除内容的单元格或区域，执行"开始/编辑"功能区的"清除/全部清除（或清除格式、清除内容、清除批注）"命令，可清除全部、格式、内容或批注。

如果只想清除单元格的批注，还可以直接选择需要清除批注的单元格，执行"审阅/批注"功能区的"删除"命令清除批注。

9. 合并单元格与取消合并

Excel 提供了单元格合并与取消合并的功能，有以下两种操作方法：

（1）选择需要合并的单元格区域，执行"开始/对齐方式"功能区右下角按钮，打开"设置单元格格式"对话框的"对齐"选项卡。勾选"合并单元格"复选框即可将选中的单元格区域合并，取消勾选状态，则取消合并。

在选择的单元格区域内右键单击，弹出的快捷菜单中选择"设置单元格格式"命令，同样可以打开"设置单元格格式"对话框。

图 6-10　"合并单元格"下拉菜单

（2）选择需要合并的单元格区域，单击"开始/对齐方式"功能区的"合并后居中"命令旁的下拉按钮，弹出如图 6-10 所示的菜单，选择"合并后居中"，则选中的单元格区域合并，内容位于合并后的单元格水平、垂直都居中；选择"跨越合并"，则按行合并，列不会合并；选择"合并单元格"，则选中的单元格区域合并，但内容如果是文本则左对齐，数字则右对齐；选择"取消单元格合并"，则已合并单元格取消合并。

需要注意的是，不管使用哪种方法，如果选定区域包含多重数值，合并到一个单元格后只能保留最左上角的数据。

四、编辑工作表

Excel 创建的新的工作簿，系统默认有 3 个工作表 Sheet1、Sheet2、Sheet3，并打开 Sheet1 工作表为当前工作表。用户可以根据需要改变每个工作表的名称，插入新工作表，删除工作表等。

1. 插入工作表

在 Excel 工作簿中，执行"开始/单元格"功能区的"插入/插入工作表"命令，可在当前工作表之前插入一个新的工作表；也可右击一个工作表标签，单击快捷菜单中的"插入"命令，打开"插入"对话框，选择相应模板在当前工作表之前插入一张工作表。

若需修改新建的工作簿中包含工作表的数目，执行"文件/选项"菜单命令，打开"Excel 选项"对话框，在"常规"选项卡的"新建工作簿时，包含的工作表数"列表框中键入所需的工作表数目即可。

2. 工作表重命名

Excel 系统默认工作表的名称不容易识别，为了便于记忆和查找，可以给工作表重命名为需要的名字。重命名工作表时，首先选择要重命名工作表，执行"开始/单元格"功能区的"格式/重命名工作表"命令或双击需要重命名的工作表的标签，输入新名称，按"Enter"键确认修改。

3. 选定多个工作表

选定多个工作表可以创建或修改一组有类似作用和结构的工作表，从而可在多个工作表里同时插入、删除或编辑需要的内容。其操作方法如下：

（1）若选择一组相邻的工作表，单击第一个工作表标签，按住"Shift"键，再单击最后一个工作表的标签。

（2）若选择不相邻的工作表，按住"Ctrl"键，依次单击要选择的每个工作表标签。

4. 移动和复制工作表

Excel 工作表不仅可以在一个工作簿里移动和复制，还可以把工作表移动或复制到其他工作簿里。打开操作的目标工作簿和源工作簿，可通过执行"开始/单元格"功能区的"格式/移动和复制工作表"命令，打开"移动或复制工作表"对话框或拖动工作表标签实现工作表的复制与移动。

在需要移动或复制的工作表标签上右键单击，弹出的快捷菜单中选择"移动或复制"命令同样可以打开"移动或复制工作表"对话框。

5. 工作表的删除

选择要删除的工作表，执行"开始/单元格"功能区的"删除/删除工作表"命令或在要删除的工作表标签上右键单击，弹出的快捷菜单中选择"删除"命令，都可以删除所选工作表。

任 务 实 施

一、"基本信息"工作表的数据输入

打开"班级学生信息 . xlsx"工作簿文件，在"基本信息"工作表中完成以下操作。

1. 输入列标题

在第一行，从第一个单元格开始依次输入"学号""班级""姓名""性别""政治面貌""身份证号""家庭地址""入学成绩""手机号码"。

2. 输入学号

（1）从 A2 单元格开始，到 A46 单元格，依次输入"'201003010101"到"'201003010145"。

（2）从 A47 单元格开始，到 A91 单元格，依次输入"'201003010201"到"'201003010245"。

注意：学号前的单引号使数字成为数字文本。按照同样方法输入"身份证号"和"手机号码"。

3. 输入姓名

从 C2 单元格开始到 C91 单元格，依次输入学生姓名（如王笑倩、徐来兴等），同样方法输入"家庭地址"字段的具体内容。

4. 输入班级

（1）鼠标光标空心"+"字时，单击 B2 单元格；然后按下"Shift"键的同时单击 B46 单元格，此时 B2 到 B46 单元格被选择。

（2）直接输入"1 班"。

（3）按下"Ctrl"键，再按"Enter"键。

按照同样的方法在 B47 到 B91 单元格输入"2 班"。

5. 输入学生性别和政治面貌

（1）在 D2 单元格输入"女"，D3 单元格输入"男"。

（2）在 D4 单元格右击鼠标，执行快捷菜单中"从下拉列表中选择"命令，从下拉列表中选择"男"。

（3）按照步骤（2）依次输入其他同学性别。

按照同样方法输入"政治面貌"数据。

6. 输入成绩

在当前工作表中，直接在 H2 到 H91 单元格输入学生的入学成绩。

7. 数据复制

（1）在"基本信息"工作表中单击 A1 单元格，然后按下"Shift"键的同时单击 B91 单元格，使 A1 到 B91 的单元格处于选择状态。

（2）执行"开始/剪贴板"功能区的"复制"命令。

（3）选择"成绩"工作表，单击其 A1 单元格。

（4）执行"开始/剪贴板"功能区的"粘贴"命令。

二、输入分组号及成绩

参照素材"成绩表.jpg"中的相关数据，按照如下步骤完成。

（1）在"成绩"工作表中的第一行 C1 开始依次输入列标题"组别""程序设计""信号与系统""模拟电子""电子工艺""数学""大学英语""体育"和"马克思主义"。

（2）在 C2 单元格输入"1 组"，鼠标指向 C2 单元格右下角"填充柄"，且鼠标光标为实心"+"字时，拖动鼠标到 C7 单元格，依次填充至"6 组"。

（3）在 C8 单元格输入"1 组"。

（4）选择 C8 到 C13 单元格，拖动"填充柄"，依次填充分组"1 组"到"6 组"。依次完成 C14 到 C91 单元格分组的输入和所有成绩的录入。

三、工作表操作

1. 插入工作表

选择"成绩"工作表，执行下列操作之一可打开"插入"对话框。

（1）执行"开始/单元格"功能区的"插入/插入工作表"命令。

（2）鼠标右击"成绩"工作表，单击快捷菜单中的"插入"命令，在"插入"对话框中选择"常用"选项卡，双击"工作表"，即可插入一个"Sheet 数字"的工作表。

执行上述操作，插入两张新工作表。

2. 重命名工作表

（1）选择新插入的一个工作表。

（2）执行"开始/单元格"功能区的"格式/重命名工作表"命令或者双击需要重命名的工作表的标签。

（3）输入工作表名称"总成绩"，按"Enter"键确认。

用同样的方法，将另一个新工作表名命名为"课程成绩"。

3. 工作表的复制

（1）新建一个工作簿，并命名为"班级学生信息备份.xlsx"，同时打开"班级学生信息.xlsx"和"班级学生信息备份.xlsx"两个工作簿。

（2）在"班级学生信息.xlsx"工作簿中单击"基本信息"工作表标签，执行"开始/单元格"功能区的"格式/移动和复制工作表"命令，出现"移动或复制工作表"对话框，如图 6-11 所示。

（3）从"工作簿"下拉列表中选择移动或复制到的工作簿为"班级学生信息备份.xlsx"；在"下列选定工作表之前"列表中，选择一个将移到该工作表之前的工作表"Sheet1"；选择"建立副本"复选项，单击"确定"按钮。

图 6-11　"移动或复制工作表"对话框

用同样的方法，将"班级学生信息.xlsx"中的"成绩"工作表复制到"班级学生信息备份.xls"工作簿中。

4. 删除工作表

（1）在"班级学生信息备份.xlsx"工作簿中，在"Sheet1"工作表标签上右击，执行快捷菜单"删除"命令，则"Sheet1"工作表被删除。

（2）选择"Sheet2"工作表，执行"开始/单元格"功能区的"删除/删除工作表"命令，则"Sheet2"工作表被删除。

利用以上任一方法都可以将"Sheet3"工作表删除。

任务3 学生课程成绩的处理

任务概述

Excel 中数据信息的计算处理是重点和难点。本任务利用已录入的相关数据信息，通过学生课程成绩中数据不同的计算，掌握公式的建立和引用；利用不同的函数实现学生成绩表中的平均分、总分、人数和排序的计算，掌握使用函数处理数据的技能，为今后学习和使用其他函数奠定基础。

知识要求：

1. 了解公式和函数的用法。

2. 掌握不同类型单元格引用的格式。

能力要求：

1. 能够掌握公式的建立和引用，熟练运用公式对数据进行计算。

2. 掌握使用函数处理数据的技能。

态度要求：

1. 能主动学习，并通过阅读、小组讨论等形式进行相关知识的拓展。

2. 在完成任务过程中能够积极与小组成员交流、分析并解决遇到的问题。

3. 要严格遵守计算机安全操作规范。

相关知识

Excel 最重要的功能之一是使用公式和函数作为单元格的特殊内容。在显示或打印时，公式和函数以计算结果代表单元格的内容。在工作表中使用公式和函数，可将计算任务交由 Excel 完成复杂计算。在公式中引用其他单元格的名称作为运算对象，如果引用对象的值被修改，则公式结果随之变化；如果使用相对地址，复制/粘贴生成新的表格区域时，能够自动保持正确的相对引用位置。

一、建立公式

1. 公式的组成

公式由单元格引用、函数、常量、运算符、括号的规范排列组成。

公式是对工作表数据进行运算的方程式。用公式可以进行数学运算，还可以比较工作表数据或合并文本。公式可以引用同一工作表中的其他单元格、同一工作簿不同工作表中的单元格，或者其他工作簿的工作表中的单元格。

2. 运算符及优先级

1）运算符

创建公式时需要用到运算符，Excel 提供了四类运算符。

（1）算术运算符：可以完成基本数学运算。运算符有%（百分号）、^（乘方）、/

（除）、*（乘）、+（加）、-（减）。

（2）比较运算符：可以比较两个数值并产生逻辑值 TRUE 或 FALSE。运算符有 =（等于）、>（大于）、<（小于）、>=（大于等于）、<=（小于等于）、<>（不等于）。

（3）文本运算符：可以将一个或多个文本链接为一个组合文本。运算符为 &（连字符）。

（4）引用运算符：可以将单元格区域合并计算。运算符有：（冒号）、,(逗号)、 空格、-(负号)。

2）运算优先级

在一个公式中运算优先级为：引用运算符、负号、百分号、乘方、乘除、加减、文本运算符、比较运算符。

3. 建立公式

Excel 可以创建许多种公式，有简单的代数运算公式，也有分析复杂数学模型的公式。要建立一个公式，必须先输入一个等号（=），然后由常量、函数、单元格引用、运算符、括号构建公式，最后按"Enter"键或执行"编辑栏"上的"确定"按钮。

4. 公式的计算选项

可以通过设置计算选项来确定当公式所引用的单元格中的数值被修改时，Excel 是否自动重新计算该公式、迭代次数以及计算精度等。其具体操作方法如下：

（1）执行"文件/选项"命令，打开"Excel 选项"对话框。

（2）选择"公式"选项卡，在"计算选项"区域中，选择"自动重算"，当公式所引用的单元格中的数值被修改时，Excel 自动重新计算该公式；选择"启用迭代计算"复选项，可设置迭代计算时最多迭代次数或最大误差。

（3）选择"高级"选项卡，在"计算此工作簿时"区域中选择"将精度设为所显示的精度"，表示实际数值的精度与显示值一样。

5. 使用公式的注意事项

（1）确认所有的圆括号都成对出现。

（2）确认在引用单元格区域时，使用了正确的区域运算符。

（3）确认已经输入了所有必选的参数。

（4）函数嵌套不超过七级。

（5）如果引用的工作簿或工作表名称中包含非字母字符，必须用单引号把名称引起来。

（6）确认每个外部引用包含工作簿名称和相应的路径。

（7）在公式中输入数字时不要为它们设置格式。

二、引用单元格

1. 引用单元格的作用及样式

引用的作用在于标识工作表上的单元格或单元格区域，并指明公式中所使用数据的位置。通过引用，可以在公式中使用工作表不同部分的数据，或者在多个公式中使用同一单元格的数值；还可以引用同一工作簿不同工作表的单元格、不同工作簿的单元格、甚至其他应用程序中的数据。引用不同工作簿中的单元格称为外部引用。引用其他程序中的数据称为远程引用。

Excel 中单元格的引用样式有 A1 引用样式和 R1C1 引用样式。在默认状态下，Excel 使用 A1 引用样式。这种引用样式的单元格引用由字母和数字组合而成。其中，字母表示列标（从 A 到 XFD，共 16384 列），数字表示行号（从 1 到 1048576）。R1C1 引用样式中的 R 就是 Row 的第一个字母，R1 表示第 1 行；C 就是 Column 的第一个字母，C1 表示第 1 列；所以在 R1C1 引用样式下，第 1 行第 1 列就是用 R1C1 来表示。本教材以 A1 引用样式为例说明单元格的引用。当录制宏时，Excel 将使用 R1C1 引用样式录制命令。

要打开或关闭 R1C1 引用样式，执行"文件/选项"命令打开"Excel 选项"对话框，然后选择"公式"选项卡，在"使用公式"区域中选中或清除"R1C1 引用样式"复选框。

2. 单元格引用类型

单元格引用类型有相对引用、绝对引用和混合引用。

1）单元格相对引用

单元格相对引用是指与公式位置相关的单元格引用，用列标和行号表示。相对引用的公式被复制到其他单元格时，其单元格相对引用会自动改变。如 C1 单元格输入公式为"=A1*B1"，将其复制到 G12 单元格，公式将相应成为"=E12*F12"。

2）单元格绝对引用

单元格绝对引用是指向工作表固定位置的单元格，用在单元格的行号与列标前均加符号"$"来定义单元格的绝对引用。绝对地址不随公式地址的变化而变换。如 C1 单元格输入公式为"=\$A\$1*\$B\$1"，将其复制到 G12 单元格，公式为"=\$A\$1*\$B\$1"。

3）混合引用

混合引用是指单元格引用地址的行号或列标中一个为相对引用，另一个为绝对引用的单元格引用。在混合引用中，相对地址部分随公式地址的变化而变换，绝对地址部分不随公式地址的变化而变换。如 C1 单元格输入公式为"=A\$1*\$B1"，将其复制到 G12 单元格，公式为"=E\$1*\$B12"。

4）相对与绝对引用之间的切换

按"F4"键可快速地改变单元格引用类型。如 C1 单元格输入公式为"=A1*B1"，现对 B1 单元格引用进行类型转换。在"编辑栏"的"编辑框"中选定公式中的 B1 单元格引用，然后按"F4"键，按一次变化一种类型，变化次序是 \$B\$1→B\$1→\$B1→B1。

3. 引用同一工作表中的单元格和区域

如果要引用单元格，顺序输入列字母和行数字；如果要引用单元格连续区域，输入区域左上角单元格的引用、冒号（:）和区域右下角单元格的引用；如果要引用单元格不连续区域，引用区域之间用逗号（,）分隔，见表 6-3。

表 6-3　引用同一工作表中的单元格和区域

引　　　用	使　　用
在列 A 和行 10 中的单元格	A10

表 6-3（续）

引 用	使 用
属于列 A 和行 10 到行 20 中的单元格区域	A10：A20
属于行 15 和列 B 到列 E 中的单元格区域	B15：E15
行 5 中的所有单元格	5：5
从行 5 到行 10 中的所有单元格	5：10
列 H 中的所有单元格	H：H
从列 H 到列 J 中的所有单元格	H：J
从 A 列第 10 行到 E 列第 20 行的单元格区域	A10：E20
从 A 列第 10 行到 E 列第 20 行的单元格区域和从 F 列第 15 行到 J 列第 25 行的单元格区域	A10：E20，F15：J25

4. 引用其他工作表中的单元格

引用其他工作表中的单元格，输入地址的格式为"工作表名！单元格地址"。例如"=Sheet2！A1"，表示在当前工作表指定的单元格中引用当前工作簿"Sheet2"工作表中"A1"单元格。

在公式中使用鼠标操作方法为：进入输入公式状态，然后单击需要引用的单元格所在的工作表标签，选中需要引用的单元格，则该单元格引用会显示在编辑栏中。

5. 建立三维引用公式

三维引用是指用户同时引用工作簿中多个工作表中的相同单元格地址的单元格组。例如，公式"=SUM（Sheet1：Sheet3！A2）"中的单元格引用为三维引用，即引用了当前工作簿中的"Sheet1"与"Sheet3"工作表及其之间的工作表中的 A2 单元格数据进行求和。

三维引用输入地址的格式为"工作表名 1：工作表名 n！单元格地址"。

在公式中使用鼠标操作方法为：在需要引用的单元格中开始输入公式，单击引用中包括的第一张工作表标签，按住"Shift"键单击引用中包括的最后一张工作表标签，然后选中需要引用的单元格，最后按"Enter"键结束输入。

6. 引用其他工作簿上的单元格

用户在公式中不但可以引用同一工作簿中不同工作表中的单元格，而且还可以引用其他工作簿中的单元格。

（1）如果引用的工作簿打开，引用其他工作簿上的单元格，输入地址的格式为

［工作簿名］工作表名！单元格地址

如"=［Book2］Sheet1 $ A $ 1"是指引用工作簿"Book2"中工作表"Sheet1"中的单元格 A1。还可以在公式中使用鼠标操作引用其他工作簿中单元格，具体方法为：在需要引用的单元格中输入公式，单击引用工作簿在任务栏上的"最小化按钮"，然后再选择需引用的工作表标签，选中需要引用的单元格，最后按"Enter"键结束。

（2）如果引用的工作簿关闭，引用其他工作簿上的单元格，输入地址的格式为

'路径［工作簿名］工作表名'！单元格地址

如"='C：\ My Documents \［aa2. xls］Sheet1'！A1"是指引用"C"盘"My Documents"文件夹"aa2. xls"工作簿"Sheet1"工作表中的 A1 单元格。

三、函数公式

1. 函数的概念

函数是一种预设的公式。它在输入引用参数后，调用特定程序，然后返回结果值。使用函数可以简化和缩短工作表中的公式，特别适用于执行繁长或复杂计算的公式。

Excel 2010 提供的函数主要有数学函数、财务函数、日期与时间函数、统计函数、查找与引用函数、数据库函数、文本函数、逻辑函数、信息函数、工程函数等。

一个函数由函数名和参数两部分组成。一般格式为

函数名（参数表）

"参数表"中的多个参数之间用逗号分隔，参数可以是数字、文本、逻辑值或单元格引用，也可以是不带等号的公式和函数。将一个函数用作另一个函数的参数为嵌套函数，最多可以包含七级嵌套函数。

2. 使用函数

1）使用"编辑框"直接输入函数

在编辑框中可以输入任何函数。函数作为公式时，必须在函数名前加等号，然后输入函数名及相应的参数。参数用括号括起来。例如"=Average（B1：B96）"，该公式用平均值函数求 B1 到 B96 单元格区域数据的平均值。

函数作为公式中的一部分，包括嵌入到其他函数中的嵌入函数，只输入函数及相应参数到公式及函数中。如"=IF(LEFT(A1，2)="wj","计算机专业","非计算机专业")"，该公式在判断函数"IF"中嵌套取左字符串函数"LEFT"。

2）使用"函数选项板"插入函数

"函数选项板"是用来帮助创建或编辑公式的工具，当在公式中输入函数时，"函数选项板"会显示函数的名称、函数功能、包含的参数、参数的描述、函数的当前结果和整个公式的结果。

3）用"插入函数"对话框插入函数

选择要输入函数的单元格，在编辑栏中输入公式。要插入函数时，单击"公式/插入函数"命令，或单击"编辑栏"上的"插入函数"按钮，打开"插入函数"对话框，如图 6-12 所示。

在该对话框的"或选择类别"列表中选择函数的类别，在"选择函数"列表中选择相应的函数，单击"确定"按钮，返回到"函数选项面板"，再执行上面相应的操作也可插入工作表函数。

3. 常用函数

Excel 常用函数及功能见表 6-4。

表 6-4 常用函数及功能表

函数名称	用　途
Sum（）	对数值求和，它是数值型源数据的默认函数
Count（）	计算包含数字的单元格以及参数列表中的数字个数
CountIf（）	计算某个区域中满足给定条件的单元格数目

表 6-4（续）

函数名称	用　　途
Rank（）	返回某数字在一列数字中相对于其他数值的大小排位
And（）	检查是否所有参数均是 True，如果所有参数值均为 True，则返回 True
Or（）	如果任一参数值为 True，则返回 True；只有当所有参数值均为 False 时，才会返回 False
Lookup（）	返回向量（单行区域或单列区域）或数组中的数值
Average（）	求数值平均值
Max（）	求最大值
Min（）	求最小值
CountNums（）	计算含有数值型数据的行数
Sumif（）	当 If 后面数值为"True"时，对符合条件的单元格求和
Date（）	返回某一特定日期的序列数
Today（）	返回当前系统日期的序列数
Now（）	返回当前日期和时间所对应的日期、时间序列数，它比 Today 函数多返回一个时间值
Int（）	取整函数
Trend（）	计算线性回归拟合线的一组纵坐标值，是一个对数据区域进行统计分析的统计函数
If（）	执行真假值判断，根据逻辑测试的真假值，返回不同的结果。用它可对数值和公式进行条件检测

图 6-12　"插入函数"对话框

四、编辑公式

1. 修改公式

选择需要编辑公式的单元格，在"编辑框"中对公式进行修改。需要编辑公式中的函数时，单击"插入函数"按钮，打开"函数参数"面板编辑函数中的参数，按"Enter"键，修改完成。

2. 公式的移动

选择包含待移动公式的单元格，用鼠标指向选定区域的边框，拖动选定区域到粘贴区域左上角的单元格中可实现公式的移动；也可使用"剪切"与"粘贴"配合完成公式的移动。无论使用何种方法移动公式，单元格的引用不会改变。

3. 公式的复制

选择包含待复制公式的单元格，用鼠标指向选定区域的边框，拖动时按住"Ctrl"键可实现单元格公式的复制；也可使用"复制"与"粘贴"配合完成公式的复制。

在公式复制时，单元格的绝对引用不会改变，但相对引用会随着当前公式位置的变化而变化。

图 6-13　"选择性粘贴"对话框

4. 用计算值替代公式

选择包含公式的单元格，并复制；执行"开始/剪贴板"功能区的"粘贴/选择性粘贴"命令（剪切时无法使用该命令），打开如图 6-13 所示的"选择性粘贴"对话框，在"粘贴"选项中选中"数值"，单击"确定"即可。

如果用计算结果替换公式，将永远删除公式；如果误删除公式，可立即单击"撤销"按钮，恢复公式。

5. 粘贴运算

在"选择性粘贴"对话框中，不仅可以对复制的内容进行选择粘贴，而且还可以按复制区域与粘贴区域的数值对应位置进行加、减、乘或除运算。进行这种运算时，复制区域与粘贴区域形状必须相同。

例如，将 A2：B4 区域中的数值与 C5：D7 区域中的数值按对应位置相乘，结果存入 C5：D7 区域中的操作方法为：

（1）选择区域 A2：B4，执行"开始/复制"命令。

（2）选择粘贴区域 C5：D7，执行"开始/剪贴板"功能区的"粘贴/选择性粘贴"命令，打开如图 6-13 所示的"选择性粘贴"对话框，并从"运算"选项中选中"乘"。

（3）单击"确定"按钮。

任务实施

一、计算学生平均成绩

在"平均成绩"工作表中，按照"成绩"表中的各门课成绩计算相应学生平均成绩。其操作步骤为：

（1）打开"班级学生信息.xlsx"工作簿，选择"平均成绩"工作表，将光标定位在 B2 单元格，单击编辑栏上"插入函数（fx）"按钮，打开如图 6-14 所示的"插入函数"对话框。

（2）在"选择函数"列表中，选择常用函数"AVERAGE"，单击"确定"按钮，打开如图 6-15 所示的"函数参数"对话框。

（3）将光标定位在 Number1 参数文本框中，单击"成绩"工作表，选择 D2 到 K2 单元格。

（4）单击"确定"按钮，返回"平均成绩"工作表，计算出了学号为

"201003010101"的平均成绩；同时B2单元格处于选择状态，鼠标向下拖动"填充柄"，通过公式的复制，可计算其他同学的平均成绩。

图6-14 "插入函数"对话框

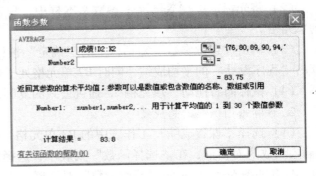

图6-15 "函数参数"对话框

二、按学生总成绩排名

在"排名"工作表中，按给定的总成绩分别对1班及2班学生进行总成绩排名，排序结果在D列的相应位置（注意不是简单的排序，而是计算每名学生的具体名次）。其操作步骤如下：

（1）选择D2单元格，输入"=rank("（英文状态）。

（2）单击C2单元格，输入"，"；再次单击C2单元格，按"F4"键。

（3）按住"Shift"键，单击C46单元格，再输入"）"（英文状态）。

（4）按"Enter"键确认，此时学号为201003010101的学生的总成绩在1班的排名已计算出；将光标定位在D2单元格，拖动填充柄至D46单元格，实现1班其他同学的排名计算。其设置效果如图6-16所示。

图6-16 使用rank函数的设置效果图

重复以上步骤，在"排名"工作表中，单元格D47至D91完成2班同学的排名计算。

三、计算每门课程的平均成绩及总成绩

在"课程成绩"工作表中，按照"成绩"工作表中的数据计算每门课程的平均成绩及总成绩。

1. 计算每门课程的平均成绩

（1）选择"课程成绩"工作表中的B2单元格，执行"公式/插入函数"命令，打开

"插入函数"对话框，在"选择函数"列表中，选择常用函数"AVERAGE"，单击"确定"按钮，打开如图 6-17 所示的"函数参数"对话框。

（2）将光标定位在 Number1 参数文本框中，单击"成绩"工作表，选择 D2 到 D91 的单元格。

（3）单击"函数参数"对话框上的"确定"按钮，返回"课程成绩"工作表，并计算出"程序设计"的平均成绩，同时 B2 单元格处于选择状态。

（4）鼠标向右拖动"填充柄"，通过公式的复制，计算其他课程的平均成绩。

2. 计算每门课程的总成绩

（1）选择"课程成绩"工作表中的 B3 单元格，执行"公式/插入函数"命令，打开"插入函数"对话框，在"选择函数"列表中，选择常用函数"SUM"，单击"确定"按钮，打开如图 6-18 所示的"函数参数"对话框。

（2）将光标定位在 Number1 参数文本框中，单击"成绩"工作表，选择 D2 到 D91 的单元格。

图 6-17 "函数参数"对话框（AVERAGE）

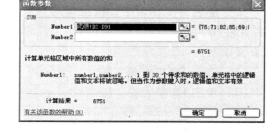

图 6-18 "函数参数"对话框（SUM）

（3）单击"函数参数"对话框上的"确定"按钮。返回"课程成绩"工作表，并计算出"程序设计"的总成绩，同时 B3 单元格处于选择状态。

（4）鼠标向右拖动"填充柄"，通过公式的复制，计算其他课程的总成绩。

四、统计出每个班每门课程分数段成绩的人数

在"班级成绩段人数"工作表中，按班级统计，依据"成绩"工作表中学生成绩，使用公式统计出每门课程在 0~59、60~69、70~79、80~89、90~100 分段（包括两端数字）的人数。其具体步骤如下：

（1）Countif 函数在统计 60~69 分数段人数时，通过 Countif 函数计算出 69 分以下的人数，再减去 59 分以下的人数，就可以得到 60~69 分数段的人数，依次类推就可以利用递减法计算出不同分数段的人数。所以在"班级成绩段人数"工作表中，依次分别选择 B3 到 B7 单元格，依次分别输入以下公式。

$$B3 = COUNTIF（成绩! D2：D46,"<=59"）$$
$$B4 = COUNTIF（成绩! D2：D46,"<=69"）-B3$$
$$B5 = COUNTIF（成绩! D2：D46,"<=79"）-B4-B3$$
$$B6 = COUNTIF（成绩! D2：D46,"<=89"）-B5-B4-B3$$

B7＝COUNTIF（成绩！D2：D46,"＜＝100"）-B6-B5-B4-B3

（2）从 B3 到 I3、B4 到 I4、B5 到 I5、B6 到 I6、B7 到 I7 逐一拖动填充柄，利用公式复制的方法统计出其他课程相应分数段的人数。

（3）利用同样方法统计 2 班的分数段人数。

任务4　学生课程成绩格式化设置与打印

任 务 概 述

　　打印漂亮的表格并不困难，前提是要掌握一些基本的页面设置技巧。本任务是在学生课程成绩处理完成的基础上，通过工作表和工作表页面参数的设置，为其打印预览和打印做好准备工作。

　　知识要求：

　　1. 熟悉工作表的设置方法。

　　2. 掌握工作表的页面设置及打印设置。

　　能力要求：

　　1. 能够掌握 Excel 工作表的各种格式化设置和页面设置。

　　2. 掌握 Excel 工作表打印预览及打印方式的设置。

　　态度要求：

　　1. 能主动学习，通过阅读、小组讨论等形式进行相关知识的拓展。

　　2. 在完成任务过程中能够积极与小组成员交流、分析并解决遇到的问题。

　　3. 要严格遵守计算机安全操作规范。

相 关 知 识

一、设置工作表

1. 设置单元格

单元格的格式决定了数据在工作表中的显示方式和输出方式。选择需要设置格式的单元格后，执行"开始/单元格"功能区的"格式/设置单元格格式"命令，打开"设置单元格格式"对话框，可设置单元格中数据的格式；也可使用"开始"功能区的工具按钮设置单元格数据的格式。

1）设置单元格数字格式

单元格中的数字类型包括"常规""数值""货币""会计专用""日期""时间""百分比""分数""科学记数""文本""特殊"和"自定义"，系统默认数据类型为"常规"。

　　设置方法：选择要设置格式的单元格区域，执行"开始/单元格"功能区的"格式/设置单元格格式"命令，打开如图 6-19 所示的"设置单元格格式"对话框，选择"数字"选项卡，在"分类"列表中选择数据的类型，在其右边设置具体的数据格式、种类等，如"数值"型数据可设置"小数位数"，是否"使用千位分隔符"及"负数"的表示形式等。

图6-19　"设置单元格格式"对话框中的"数字"选项卡

单元格数字格式设置也可使用"开始/数字"功能区的工具按钮进行设置。设置方法：单击"开始/数字"功能区的"　、％、，、、"按钮，可分别设置数据为会计数字格式、百分比样式、千位分隔样式、增加小数位数、减少小数位数。

2）设置单元格字体

单元格数据的字体设置包括字体、字形、下划线、颜色、特殊效果（添加删除线、下标、上标）等。默认字体为"宋体"，字形为"常规"，字号为"11磅"。

设置方法：选择要设置格式的单元格区域，执行"开始/单元格"功能区的"格式/设置单元格格式"命令，打开如图6-20所示的"设置单元格格式"对话框，选择"字体"选项卡设置。

图6-20　"设置单元格格式"对话框中的"字体"选项卡

也可利用"开始/字体"功能区的工具按钮设置单元格数据字符属性。单击字体列表框"宋体⬛⬛⬛"、字号"11 ▾"和颜色"▲ ▾"列表按钮，从下拉列表中选择需要的设置；单击"**B**、*I*、U"按钮，可完成粗体、倾斜、下划线的设置。

3）设置单元格文本对齐方式

选定要格式化的全部单元格或单个单元格中的指定文本，在图 6-21 所示的"设置单元格格式"对话框的"对齐"选项卡中，可设置单元格数据的"水平对齐""垂直对齐""缩进""文字方向""自动换行""缩小字体填充""合并单元格"。

（1）"水平对齐"下拉列表：可设置"常规""靠左""居中""靠右""填充""两端对齐""跨列居中"和"分散对齐"。只有"靠左""靠右"和"分散对齐"时，方可设置"缩进"。

（2）"垂直对齐"下拉列表：可设置"靠上""居中""靠下""两端对齐"和"分散对齐"。

（3）"文字方向"：可设置单元格中数据的旋转。

（4）"文本控制"复选项：为超过单元格宽度的数据提供的选择。"自动换行"用来设置当文本超过单元格宽度时自动换行。"缩小字体填充"用来设置当文本超过单元格宽度时不改变单元格大小，而将字体缩小填充单元格。"合并单元格"将选择不重叠的区域，各自合并为一个单元格。

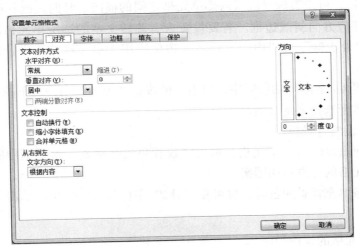

图 6-21　"设置单元格格式"对话框中的"对齐"选项卡

也可单击"开始/对齐方式"功能区的工具按钮"▤、▤、▤、▤、▤、▤"，分别设置顶端对齐、垂直居中、底端对齐、文本左对齐、居中、文本右对齐。

4）设置单元格边框

Excel 提供了基本的表格线，用户还可以根据需要进行设置。其方法是：选择要添加边框的所有单元格，利用图 6-22 所示的"设置单元格格式"对话框中"边框"选项卡，可设置单元格的边框。

"线条"区域的"样式"列表用来选择需要的边框的线型，"颜色"用来设置边框线

图 6-22 "设置单元格格式"对话框中的"边框"选项卡

的颜色。在"预置"区域中，"无"用来取消边框的设置；"外边框"用来设置选择区域是外部边框；"内部"用来设置选择区域的内部单元格之间的边框。在"边框"区域中，单击"▔、▁、▏、▕"按钮，可设置选择区域的外部上、下、左、右边框；单击"▭、▯"按钮，可设置选择区域内部单元格之间的横向、竖向边框；单击"╱、╲"按钮，可设置相应方向斜线边框。若要设置含有旋转文本的选定单元格的样式，则使用"预置"下的"外边框"和"内部"设置，边框应用于单元格的边界，它会和文本旋转同样的角度。

也可在"开始/字体"功能区中，单击边框按钮"▦▾"右边的下拉列按钮，打开下拉列表选项，重新选择来定义边框。

5）单元格设置背景色

选择要填充底纹的所有单元格，利用"设置单元格格式"对话框中的"填充"选项卡，可设置单元格的背景色和图案。

只为单元格填充背景颜色时，也可在"开始/字体"功能区中，单击"填充颜色"按钮 ⬧▾。

6）设置单元格的保护措施

为防止单元格中的数据及公式未经授权而被用户修改，可把单元格的内容隐藏起来不显示在编辑栏上。设置单元格数据保护时，选定要隐藏其内容的单元格，首先单击"设置单元格格式"对话框中的"保护"选项卡，选择"锁定"及"隐藏"复选框，再单击"确定"按钮；然后选择"审阅/更改"功能区的"保护工作表"命令，打开"保护工作表"对话框，选择"保护工作表及锁定的单元格内容"复选框，单击"确定"按钮。

2. 设置行/列

1）调整工作表的列宽或行高

将鼠标指针放在列或行标区分隔线处，按住鼠标左键拖动到合适位置，释放鼠标左键，可粗略调整工作表的列宽或行高。

若要精确设置工作表的列宽或行高，执行"开始/单元格"功能区的"格式/列宽或行高"命令，打开如图 6-23 和图 6-24 所示的"列宽"和"行高"对话框进行设置。

图 6-23　"列宽"对话框　　　　　　图 6-24　"行高"对话框

注意：行高单位为"Point（约 1/72 英寸）"，列宽默认单位为"标准字体"。

2）隐藏或显示行或列

选定需要隐藏的工作表的行或列，执行"开始/单元格"功能区的"格式/隐藏或取消隐藏/隐藏行或隐藏列"命令。

当要显示隐藏的行或列，选定包含其上方和下方的连续行或左侧和右侧的连续列，执行"开始/单元格"功能区的"格式/隐藏或取消隐藏/取消隐藏行或取消隐藏列"命令。

3. 设置工作表

1）调整工作表的显示比例

执行"视图/显示比例"功能区的"显示比例"命令，打开"显示比例"对话框，在"缩放"列表选项选择显示比例或在"自定义"文本框中输入显示比例（输入 10 到 400 之间的数字便可改变显示大小）；也可找到窗口下方状态栏右侧的"显示比例"标尺，通过使用光标放在缩放滑块上，按住鼠标左键拖动滑块到合适位置即可。

2）设置工作表背景图案

选择要添加背景图案的工作表，执行"页面布局/页面设置"功能区的"背景"命令；打开"工作表背景"对话框，选择背景图案使用的图片文件，单击"插入"按钮。若要删除背景，执行"页面布局/页面设置"功能区的"删除背景"命令。

3）工作表的隐藏或显示

要隐藏工作表，先选定需要隐藏的工作表，执行"开始/单元格"功能区的"格式/隐藏或取消隐藏/隐藏工作表"命令。

要显示隐藏的工作表，执行"开始/单元格"功能区的"格式/隐藏或取消隐藏/取消隐藏工作表"命令，在"取消隐藏"对话框的"取消隐藏工作表"列表框中，双击需要显示的被隐藏工作表的名称。

4）工作表设置保护措施

为防止别人修改数据，可用以下方法保护工作表。执行"审阅/更改"功能区的"保护工作表"命令，打开"保护工作表"对话框；可以在"允许此工作表的所有用户进行"区域进行多项选择；在"取消工作表保护时使用的密码"文本框中输入一个密码（注意区分字母的大小写）；单击"确定"按钮，打开"确认密码"对话框并重新输入密码确认。

密码设置后，原来的"保护工作表"命令按钮变为"撤销工作表保护"命令按钮，单击此按钮会弹出"撤销工作表保护"对话框，要求输入正确密码，方可撤销工作表保护。

4. 设置条件格式

Excel 2010 的"条件格式"功能，不仅可以改变满足条件单元格数据的"字体""边框""背景色"及"底纹"，以突出显示工作表中这些特定单元格，而且还增加了新的选项，如"突出显示单元格规则""项目选取规则""数据条""色阶""图标集"等，用户还可以建立自己的条件规则。

"突出显示单元格规则"：通过使用大于、小于、等于等比较运算符限定数据范围，对属于该数据范围内的单元格设定格式。

"项目选取规则"：可以将选定区域的前若干个最高值或后若干个最低值、高于或低于该区域的平均值的单元格设定特殊格式。

"数据条"：查看单元格中带颜色的数据条。数据条的长度表示单元格中值的大小，数据条越长，则所表示的数值越大。

"色阶"：在一个单元格区域中显示双色渐变或三色渐变。颜色的底纹表示单元格中的值。

"图标集"：在每个单元格中显示所选图标集中的一个图标。每个图标表示单元格中的一个值。

设置条件格式的操作：选择要设置条件格式的单元格或单元格区域；执行"开始/样式"功能区的"格式/条件格式"命令，在如图 6-25 所示的"条件格式"选项卡中选择适当的选项进行设置。

5. 自动套用格式

"自动套用格式"是利用 Excel 提供的现成表格和正文项格式快速格式化工作表。在"自动套用格式"之后，也可以使用别的格式化方法调整整体外观。自动套用格式的方法为：选择需套用格式的单元格区域，执行"开始/样式"功能区的"套用表格格式"命令，打开如图 6-26 所示的"套用表格格式"对话框，从所提供的格式中选择需要套用的格式。此外，单击"新建表样式"按钮，用户还可以根据自己的需要自己设计表样式。

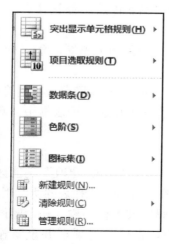

图 6-25 "条件格式"选项卡

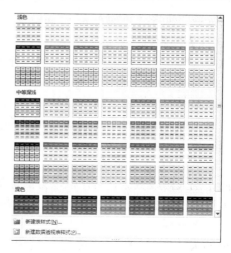

图 6-26 "套用表格格式"对话框

234

6. 特殊属性复制

1）选择性粘贴

在 Excel 中，不仅单元格和工作表可以移动、复制，而且单元格的格式特征也可以被复制和粘贴。如果用户只想复制单元格内的某些属性时，可执行"开始/剪贴板"功能区的"粘贴/选择性粘贴"命令完成。其操作方法：选择需要复制属性的单元格或单元格区域；执行"开始/剪贴板"功能区的"复制"命令按钮；选择需要应用属性的单元格或区域；执行"开始/剪贴板"功能区的"粘贴/选择性粘贴"命令，打开如图 6-27 所示的"选择性粘贴"对话框；在"粘贴"选项中选择粘贴的特定项（包括"全部""公式""数值""格式""批注"等）；在"运算"选项中可使用指定的运算来组合复制区和粘贴区的数据。

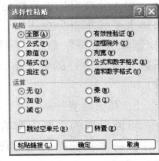

图 6-27 "选择性粘贴"对话框

2）格式刷

使用格式刷允许用户将选定区域的格式化属性应用到另一个区域。所有依附于选定单元格的格式（包括数字、文字、背景）和边框格式都将被复制。使用格式刷的方法：选定复制格式的单元格；单击"开始/剪贴板"功能区的"格式刷"命令按钮，此时鼠标光标旁多显示一把刷子，表示已将格式复制到格式刷；鼠标指向要应用格式的位置单击或拖动，就可将格式刷复制的格式应用到一个单元格或区域。

若希望复制的格式应用到多个区域时，选定复制格式的单元格后，双击"开始/剪贴板"功能区的"格式刷"命令按钮，然后多次单击或拖动格式刷即可；按"Esc"键或再次单击"格式刷"命令按钮退出格式刷状态。

二、Excel 工作表的页面设置

1. 设置打印区域

在默认情况下，Excel 将打印整个工作表；若设置了打印区域，只打印被设定的区域，且设置的打印区域可以随文件一起保存。设置打印区域的方法：选定要打印的单元格区域，执行"页面布局/页面设置"功能区的"打印区域/设置打印区域"命令，此时选定的单元格区域边框上将出现虚线，表示打印区域已设置。

若要取消设置的打印区域，执行"页面布局/页面设置"功能区的"打印区域/取消打印区域"命令。

2. 分页符

如果工作表的内容不止一页，Excel 将根据默认或设定的纸张大小、页边距、打印比例等因素自动在工作表适当的位置插入分页符，将工作表分为多页打印。用户可以根据需要选择分页位置插入分页符；或采用插入水平分页符和垂直分页符的方法控制分页的行和列。插入分页符的方法：选定需插入分页符的行，执行"页面布局/页面设置"功能区的"分隔符/插入分页符"命令，则在选定行的上端进行分页；选定需插入分页符的列，执行"页面布局/页面设置"功能区的"分隔符/插入分页符"命令，则在选定列的左侧进行分页。如果选择一个单元格后，执行"页面布局/页面设置"功能区的"分隔符/插入分页符"命令，则在该单元格的上边和左边同时插入水平和垂直分页符。

插入分页符后，在指定位置将显示虚线——分页线。如果要删除用户设置的分页符，选择水平和垂直分页线右下角的单元格，执行"页面布局/页面设置"功能区的"分隔符/删除分页符"命令，则删除水平和垂直分页符。若选择水平分页符（或垂直分页符）下边（或右边）的单元格，执行"删除分页符"命令后，删除水平分页符（或垂直分页符）。

3. 页面设置

页面设置的主要内容有设置纸张大小、页边距、打印标题、打印区域、页眉、页脚等。执行"页面布局/页面设置"功能区右下角的按钮，打开如图 6-28 所示的"页面设置"对话框，在对话框中有 4 个选项卡。

"页面"选项卡，可设置纸张方向、纸张大小、缩放比例、打印质量、起始页码等；"页边距"选项卡，可设置工作表在页面上的上、下、左、右边距及居中方式；"页眉/页脚"选项卡，用来选择或自定义工作表所需页眉和页脚，以及进行页眉页脚是否奇偶页不同、首页不同等选项设置；"工作表"选项卡可进行有关工作表打印设置。

利用"打印区域"文本框，可指定输入打印的区域范围。设置时，可单击"打印区域"文本框，直接在其文本框中输入打印区域的引用地址；也可先单击位于文本框右侧的压缩对话框按钮"  "，将对话框暂时压缩折叠，然后用鼠标选择要打印的工作表区域，再单击"压缩对话框"按钮将对话框恢复原状。

图 6-28　"页面设置"对话框

利用"打印标题"设置，可使工作表中行列标题出现在每一页要打印输出的工作表中。在"顶端标题行"框中指定顶端标题行所在单元格区域，在"左端标题行"框中指出在各页左端打印的标题单元格区域。

选择"打印"区域中的"网格线""行号列标""批注""单色打印""草稿品质"，可指定打印的项目和打印方式。

如果工作表在打印时有多个页，在"工作表"选项卡中还可以设置打印行列的顺序（必须有打印机的支持）。选择"先列后行"，则按从列到行的顺序打印；选择"先行后列"，则按从行到列的顺序打印。

三、Excel 工作表的打印

　　1. 打印预览

　　在打印工作表之前，利用"打印预览"功能可检查各种设置是否合适，在屏幕上看到打印的效果，可以对打印的各种设置再次进行调整。执行"文件/打印"菜单命令或单击"快速访问工具栏"中的"打印预览和打印"按钮，即可对文件进行打印预览。

　　2. 打印文件

　　Excel 可以打印单元格区域、工作表、图表乃至工作簿。

　　在所有设置完成以后，执行"文件/打印"或"Ctrl+P"命令，打开如图 6-29 所示的"打印预览和打印"窗口，在进行打印机、打印范围、打印内容、打印份数等各项设置后进行打印。

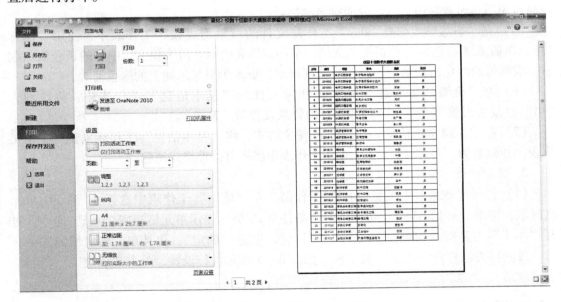

图 6-29　"打印预览和打印"窗口

　　若只打印选定的单元格区域或已定义的打印区域，则选择"设置"区域中的"打印选定区域"；若需要打印当前工作表或选定相应多个工作表，则选择"设置"区域中的"打印活动工作表"；如果需要将整个工作簿打印，则选择"设置"区域中的"打印整个工作簿"。

　　如果在工作表中定义了打印区域或在"分页预览"视图（执行"视图/工作簿视图"功能区的"分页预览"命令）中指定了打印区域，Excel 默认将打印该区域。但如果在工作表中选定了某一单元格区域，而在"打印预览和打印"窗口中又指定"打印选定区域"，则 Excel 将只打印选定的单元格区域而忽略工作表中任何定义的打印区域。

　　也可以单击"快速访问工具栏"上的"快速打印"按钮，可以按系统默认的状态打印文件。

任 务 实 施

一、条件格式

1. 设置要求

（1）在"班级学生信息.xlsx"工作簿文件的"成绩"工作表中将单科不及格（小于60）的成绩标识为"红色"，单科成绩高于90分的加"红色""实线边框"。

（2）在"班级学生信息.xlsx"工作簿文件的"排名"工作表中，找出每班的前三名，标识为"红色""加粗"。

（3）在"班级学生信息.xlsx"工作簿文件的"排名"工作表中，使用"数据条-渐变填充"（任一颜色即可）分析总成绩，用"数据条"的长短形象说明总分的多少。

（4）在"班级学生信息.xlsx"工作簿文件的"排名"工作表中，使用"红-白-蓝色阶"分析排名，蓝色表示排名靠前，白色表示排名中等，红色表示排名靠后，底纹颜色越蓝说明排名越靠前，越红说明排名越靠后。

（5）在"班级学生信息.xlsx"工作簿文件的"平均成绩"工作表中，使用"图标集-三向箭头（彩色）"分析平均成绩，平均成绩高的绿色箭头朝上，中等的黄色箭头朝右，成绩低的红色箭头朝下。进一步管理规则，更改为只显示朝上的绿色箭头。

（6）在"班级学生信息.xlsx"工作簿文件的"基本信息"工作表中，将性别为"男"且政治面貌为"学生"的数据行的背景设置为"灰色"。

（7）在"班级学生信息.xlsx"工作簿文件中，将"基本信息"工作表复制一个新工作表，并命名为"打印工作表"，在新工作表中将所有条件格式清除。

2. 实施步骤

（1）打开"班级学生信息.xlsx"工作簿，在"成绩"工作表中选择C2到J91单元格区域，单击"开始/样式"功能区的"条件格式/突出显示单元格规则/小于"命令，打开"小于"对话框，如图6-30所示进行设置，单击"确定"；保持单元格区域的选中状态，按同样方法打开"大于"对话框，如图6-31所示进行设置，单击"确定"。

图6-30 "小于"对话框   图6-31 "大于"对话框

（2）打开"班级学生信息.xlsx"工作簿，在"排名"工作表中选择"排名"列D2到D46单元格区域，单击"开始/样式"功能区的"项目选取规则/值最小的10项"命令，按照如图6-32所示设置"自定义格式"为字体"红色""加粗"。接下来，选择D47到D91单元格区域，按照同样的方法设置另一个班的前三名。

（3）打开"班级学生信息.xlsx"工作簿，在"排名"工作表中选择"总成绩"列

238

图 6-32 "10个最小的项"对话框

C2 到 C91 单元格区域，单击"开始/样式"功能区的"条件格式/数据条/渐变填充（任一颜色）"即可。

（4）打开"班级学生信息.xlsx"工作簿，在"排名"工作表中选择"排名"列 D2 到 D91 单元格区域，单击"开始/样式"功能区的"条件格式/色阶/红-白-蓝色阶"即可。

（5）打开"班级学生信息.xlsx"工作簿，在"平均成绩"工作表中选择"平均成绩"列 B2 到 B91 单元格区域，单击"开始/样式"功能区的"条件格式/图标集/三向箭头（彩色）"即可。进一步管理规则时，选中刚刚设置条件格式的单元格区域，执行"开始/样式"功能区的"条件格式/管理规则"命令，在弹出如图 6-33 所示的"条件格式规则管理器"对话框中单击"编辑规则"按钮，打开"编辑格式规则"对话框，按照如图 6-34 所示设置图标的显示条件，然后单击"确定"按钮。

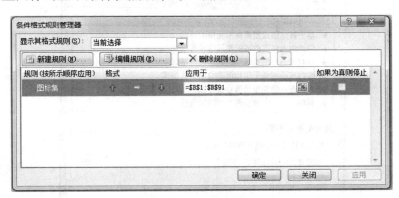

图 6-33 "条件格式规则管理器"对话框

（6）打开"班级学生信息.xlsx"工作簿，在"基本信息"工作表中选择"平均成绩"列 A1 到 G91 单元格区域，执行"开始/样式"功能区的"条件格式/新建规则"命令，在打开的"编辑格式规则"对话框中选择规则类型为"使用公式确定要设置格式的单元格"，编辑规则说明中编辑公式" = AND（$B1 = "男"，$C1 = "学生"）"，单击"格式"按钮设置底纹为"灰色"，最后单击"确定"，如图 6-35 所示。

（7）打开"班级学生信息.xlsx"工作簿，右键单击"基本信息"工作表标签，在弹出的快捷菜单中选择"移动或复制"命令，按照前面已讲述复制工作表的具体步骤，复制的新工作表放在工作簿的最后，并命名为"打印工作表"。在新工作表中，执行"开始/样式"功能区的"条件格式/清除规则/清除整个工作表的规则"命令，将条件格式全部清除。

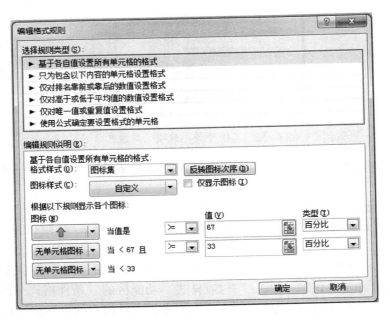

图 6-34 "编辑格式规则"对话框中图标的修改

图 6-35 "编辑格式规则"对话框中公式的设置

二、打印输出工作表

1. 设置要求

（1）纸张大小为"A4"；纸张方向为"纵向"；上、下页边距为"3"；左、右页边距为"2"。

（2）页眉、页脚距为"2"；页眉文本"班级学生联系表"，在页面中部，字号为

"12"，"楷体""加粗"；左页脚字号为"10"，左部为"第 x 页共 n 页"，右部为系统当前日期。

（3）工作表的"顶端标题行"为第 1 行。

（4）打印输出 1 班学生的"学号""姓名""家庭地址"和"手机号码"，列宽分别为"10""8""42""13"。

（5）工作表标题行和数据行行高为"27"。

（6）工作表标题行文本字体"加粗""水平居中"。

（7）"学号""姓名"和"手机号码"的数据"水平居中"，"家庭地址"的数据"左对齐"。

（8）工作表边框设置：内部边框为"细实线"，外边框为"双实线"，标题行（第一行）下方的边框线为"粗实线"。

2. 实施步骤

1）隐藏列和行操作

（1）选择 47 行到 91 行的"2 班"学生，执行"开始/单元格"功能区的"格式/隐藏或取消隐藏/隐藏行"命令，使行隐藏。

（2）选择 B（班级）、D（性别）、E（政治面貌）、F（身份证号）、H（入学成绩）列，执行"开始/单元格"功能区的"格式/隐藏或取消隐藏/隐藏列"命令，使列隐藏，工作簿中显示 1 行到 46 行 1 班的 A（学号）、C（姓名）、G（家庭地址）和 I（手机号）4 列数据。

2）页面设置操作

（1）执行"页面布局/页面设置"功能区右下方的按钮，打开"页面设置"对话框。

（2）在"页面"选项卡中，在纸张大小列表中选择 A4，单击"纵向"前面的单选按钮。

（3）在"页边距"选项卡中，设置上下页边距为"3"，左右页边距为"2"，页眉、页脚距为"2"。

（4）在"页眉/页脚"选项卡中，单击"自定义页眉"，在页面中部输入页眉内容为"班级学生联系表"，单击其上方的"字体"按钮，设置其字号为"12""楷体""加粗"；单击"自定义页脚"，在页面左部输入"第 x 页共 n 页"，并将其字号设置为"10"；右部内容可单击上方的"日期"按钮，设置右下角页脚内容为系统当前日期，如图 6-36 所示。

（5）在"工作表"选项卡中，将光标定位在顶端标题行的编辑框中，单击需打印工作表的左侧"行号"按钮。

（6）最后，单击"页面设置"对话框的"确定"按钮。

3）列宽设置操作

分别选择 A、C、G、I 列，执行"开始/单元格"功能区的"格式/列宽"命令，打开"列宽"对话框，分别设置列宽为"10""8""42""13"。

4）行高设置操作

选择 1 到 46 行，执行"开始/单元格"功能区的"格式/行高"命令，打开"行高"对话框，设置行高为"27"。

5）标题行文本设置操作

选择 A1 到 I1 单元格，单击"开始"功能区中的"加粗"和"居中对齐"工具按钮。

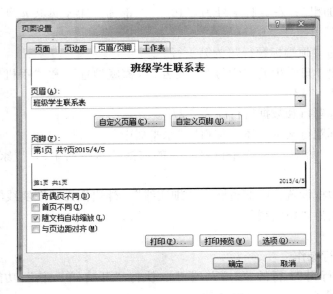

图 6-36　"页面设置"对话框

6）数据对齐操作

（1）选择 A2 到 A46、C2 到 C46、I2 到 I46 数据区域。

（2）执行"开始/单元格"功能区的"格式/设置单元格格式"命令，在"设置单元格格式"对话框中，单击"对齐"选项卡；或直接执行"开始/对齐方式"功能区右下方的按钮直接打开"设置单元格格式"对话框的"对齐"选项卡，设置水平对齐为"居中"。

（3）单击"确定"按钮即可。

利用同样方法可设置 G2 到 G46 数据区域的对齐方式为"左对齐"。

7）工作表边框设置操作

（1）选择 A1 到 I46 单元格区域。

（2）执行"开始/单元格"功能区的"格式/设置单元格格式"命令，打开"设置单元格格式"对话框。

（3）选择"边框"选项卡，设置内部边框为"细实线"；外边框为"双实线"，标题行（第一行）下方的边框线为"粗实线"。

8）打印预览操作

执行"文件/打印"菜单命令，或单击"快速访问工具栏"中的"打印预览和打印"按钮，可以对设置好的工作表进行打印预览。

任务 5　成绩的统计与分析

任务概述

Excel 除了数据计算和统计之外，还有一个重要的功能就是数据分析。本任务要对学生的成绩清单进行各种条件的筛选，从不同角度进行统计，还要将统计结果进行图表分析。

知识要求：

1. 熟悉数据排序、数据筛选、分类汇总和数据合并计算。

2. 掌握数据图表的建立步骤。

能力要求：

1. 熟练掌握用记录单管理数据。

2. 掌握数据排序、筛选、分类汇总的技能。

3. 掌握创建与编辑数据图表和数据透视表的技能。

态度要求：

1. 能主动学习，通过阅读、小组讨论等形式进行相关知识的拓展。

2. 在完成任务过程中能够积极与小组成员交流、分析并解决遇到的问题。

3. 要严格遵守计算机安全操作规范。

相 关 知 识

一、数据清单

1. 建立数据清单的原则

Excel 提供了一系列在数据清单中处理和分析数据的功能。在应用这些功能时，首先要按下列准则在数据清单中输入数据。

（1）存放数据的数据清单最好独占一个工作表，避免在一张工作表上建立多个数据清单。

（2）数据清单的每一列存放的是相同类型的数据；数据清单的第一行为数据清单的列标题。

（3）数据清单中的每一行是一组相关数据。

（4）数据清单与其他数据（如标题）之间至少留出一个空行或空列。在进行排序、筛选或自动汇总等操作时，将有利于 Excel 选定数据清单。

（5）在单元格的开始处不要插入多余的空格，因为多余的空格影响排序和查找。

（6）一列中的单元格应使用同一格式。

2. 输入列标题的要求

列标题在数据清单第一行，输入列标题的要求有：

（1）列标题的最大长度可达 233 个字符。

（2）列标题紧挨在数据的上面一行中。

（3）要使用 Excel 的数据筛选器，列标题必须互不相同。

（4）不要在列标题行下面加虚线或放置空行。

3. 记录单使用

在 Excel 中输入大量数据时，需要不断地在行和列之间转换，这样不仅浪费时间，而且容易出错。Excel 中有一个很实用的功能——记录单，使用它可以帮助用户快速准确地输入数据。Excel 2010 的"记录单"命令没有直接显示出来，需要去"Excel 选项"中找到命令并显示出来，以便使用。其具体步骤如下：

（1）执行"文件/选项"命令，打开"Excel 选项"对话框。

（2）在"Excel 选项"对话框中选择"快速访问工具栏"，在右侧"从下列位置选择命令"下拉列表选择"不在功能区的命令"，如图 6-37 所示。

（3）拖动垂直滚动条找到"记录单"功能，然后单击"添加"，添加到"快速访问工具栏"。单击"确定"，将"记录单"按钮添加到"快速访问工具栏"。

（4）在数据清单上选定任何一个单元格，单击"快速访问工具栏"中的"记录单"命令按钮，打开"记录单"对话框，可用来添加、删除和查找记录。

图 6-37 "Excel 选项"对话框

二、数据排序

Excel 2010 可以对一列或多列中的数据进行排序，还可以按自定义序列进行排序。因此，将数据排序分为简单排序、复杂排序和自定义排序。

1. 简单排序

简单排序是指数据清单中的记录按照一个条件进行升序或降序排列。其具体步骤为：单击数据清单中条件列的任意单元格，执行"数据/排序和筛选"功能区的"排序"按钮，在弹出的"排序"对话框中选择条件字段、排序依据和次序，单击"确定"按钮；或直接单击"数据/排序和筛选"功能区的"升序"或"降序"按钮即可快速排序。

2. 复杂排序

复杂排序是指数据清单中的记录按照多个字段的升序或降序排列。其具体步骤为：单击数据清单中任意单元格，执行"数据/排序和筛选"功能区的"排序"按钮，在弹出的"排序"对话框中通过"添加条件""删除条件"来增减排序条件，分别在主要关键字和多个次要关键字所在行选择条件字段、排序依据和次序，单击"确定"按钮。

3. 自定义排序

自定义排序是指数据清单中的记录不是简单地按照关键字字母、数字的升序或降序排列，而是按照用户自定义序列中的顺序排列。其具体步骤为：单击数据清单中任意单元格，执行"数据/排序和筛选"功能区的"排序"按钮，在弹出的"排序"对话框中设置主要关键字和次要关键字的次序时，选择"自定义序列"打开"自定义序列"对话框，选择合适的序列或建立新的序列后单击"确定"按钮。

三、数据筛选

筛选是指在数据清单中将不符合指定条件的记录暂时隐藏起来，只显示符合条件的记录，以便使用和查询。Excel 提供自动筛选和高级筛选两种方式。

1. 自动筛选

自动筛选是按照简单条件进行查询，一般又分为单一条件筛选和自定义筛选。单一条件筛选是指筛选的条件只有一个等值条件；自定义筛选是指筛选的条件有两个或按某个范围筛选。执行"数据/排序和筛选"功能区的"筛选"命令，数据清单数据进行自动筛选状态。在自动筛选状态下，再次执行"数据/排序和筛选"功能区的"筛选"命令，可撤销自动筛选状态；或者执行"数据/排序和筛选"功能区的"清除"命令，恢复全部数据的显示，但仍然为自动筛选状态。

2. 高级筛选

用"高级筛选"命令能查询非常复杂的问题，可满足多重的、甚至是计算条件的筛选。要进行高级筛选，数据清单中必须有字段名。进行高级筛选时，首先建立筛选条件区域，再选择数据区域任一单元格，执行"数据/排序和筛选"功能区的"高级"命令，打开"高级筛选"对话框，指定筛选的数据区域、条件区域和选定筛选结果的显示区域。

需要注意的是，一个条件区域至少包含两行、两个单元格，其中第一行为字段名（一定要与数据清单中的字段名一致），第二行及以下各行则输入对该字段的筛选条件。具有"与"关系的多重条件放在同一行，具有"或"关系的多重条件放在不同行。

四、分类汇总

在数据清单中，可以对记录按某字段进行排序，把字段值相同的记录作为一类，然后对每一类进行统计汇总，包括求和、求平均值、求最大值及总计等。要进行分类汇总，首先必须按分类字段进行排序，然后执行分类汇总。

1. 创建分类汇总

首先对数据清单按照分类列进行排序，然后执行"数据/分级显示"功能区的"分类汇总"命令，打开"分类汇总"对话框。选择"分类字段""汇总方式""汇总项"，单击"确定"按钮。

2. 删除分类汇总

执行"数据/分级显示"功能区的"分类汇总"命令，打开"分类汇总"对话框，单击"全部删除"按钮。

3. 创建分级显示

分级显示允许展开或折叠数据清单，从而显示更多或更少的明细数据。在进行分级显示的数据清单中，必须包含对明细数据进行汇总的行或列。

创建方法：选定需要分级显示的单元格区域；然后执行"数据/分级显示"功能区的"创建组/自动建立分级显示"命令。

4. 删除分级显示

选定整个分级显示并执行"数据/分级显示"功能区的"取消组合/清除分级显示"命令。

5. 嵌套分类汇总

如果要在一个已经建立了分类汇总的数据清单中再进行另一种分类汇总，两次分类汇总使用不同关键字，即建立嵌套分类汇总。首先需要进行分类汇总前对主关键字和次要关键字进行排序，接下来的分类汇总，要将主关键字作为第一级分类汇总关键字，次要关键字作为第二级分类汇总关键字。

五、合并计算

合并计算就是在不破坏一个或多个源区域原始数据的情况下，对源区域数据进行合并汇总，然后将汇总结果存放在目标区域内。源区域是用来计算的单元格区域，可以位于工作簿中的任一工作表或其他打开或已关闭的工作簿中。目标区域是指用于存放"合并计算"而产生的汇总结果的区域，用该区域的左上角的单元格指定。与分类汇总比较，分类汇总只能对一个分类排序的记录清单进行汇总，而合并计算可对多个未排序的记录清单进行汇总，因此应用比较灵活。

六、数据图表

图表是信息的图形化表示，使用图表具有较好的视觉效果，可方便用户查看数据的差异、图案和预测趋势。

在 Excel 中，可以将工作表的行、列数据转换成各种形式且具有意义的图形——图表，创建的图表可插入到当前工作表中，作为工作表的嵌入对象使用，也可以作为新的工作表插入；单击图表还会显示"图表工具"上下文选项卡，其上增加了"设计""布局"和"格式"选项卡，可以很方便地对图表以及图表内的对象进行设置。

1. 创建图表

Excel 图表是依据现有的 Excel 工作表中的数据创建的，因此在创建图表之前必须先在工作表中为图表输入数据。创建图表时首先在工作表中选择图表数据，然后执行下列方法之一：

（1）在"插入/图表"功能区中选择要使用的图表类型即可。

（2）单击"插入/图表"功能区右下方的"创建图表"按钮，打开"插入图表"对话框，选择要使用的图表类型即可。

（3）执行"文件/选项"命令，打开"Excel 选项"对话框，选择"快速访问工具栏"，在右侧"常用命令"下拉列表选择"创建图表"，单击"添加"按钮添加到"快速访问工具栏"。直接单击"创建图表"按钮，可以打开"插入图表"对话框。

2. 编辑图表

1）改变图表的位置

如果要把图表移动到当前工作表的指定位置，可以先选中图表，执行"剪切"命令，然后单击目标位置的左上角第一个单元格，再利用"粘贴"命令把图表移动到指定位置。

默认情况下，图表放在数据清单所在的工作表上，如果要将图表放在单独的工作表中，可以执行下列操作：

（1）选中想要移动位置的图表，在"图表工具"上下文选项卡中，选择"设计"选项卡的"位置"组中单击"移动图表"按钮，打开"移动图表"对话框，如图6-38所示。

（2）在"选择放置图表的位置"选项组中选中"新工作表"单选按钮，则将创建的图表显示在图表工作表（只包含一个图表的工作表）中；选中"对象位于"单选按钮，则创建的是嵌入式图表，位于指定的工作表中。

2）调整图表大小

图表大小的调整，可通过以下两种方法实现：

（1）单击图表，然后拖动图表四周的尺寸控制点，调整其到合适大小即可。

（2）在"图表工具"上下文选项卡中，选择"格式"选项卡，在"大小"组中设置"形状高度"和"形状宽度"的值即可，如图6-39所示。

图6-38 "移动图表"对话框

图6-39 设置图表大小

3）应用预定义图表布局和图表样式

已创建好的图表，可以直接应用系统提供的图表布局和图表样式。其具体的操作步骤为：选中图表，在"设计"选项卡中的"图表布局"区域中选择要使用的图表布局，即可快速应用预定义的图表布局；在"设计"选项卡中的"图表样式"区域中选择要使用的图表样式，即可快速应用预定义的图表样式。

4）图表对象的编辑

图表作为一个整体进行编辑，图表中的各个对象又可以单独编辑。图表的对象主要有图表区、绘图区、系列、（主、次）网格线、分类轴、数值轴、图例、图表标题、数值标题、分类标题等，如图6-40所示。

（1）利用"图表工具"上下文选项卡编辑图表。在Excel工作表中选择图表后，将出现"图表工具"上下文选项卡，其中包含"设计""布局"和"格式"选项卡，还包含"更改图表类型""选择数据""切换行/列""标签""坐标轴""背景"等组和按钮，可重新设置图表类型、数据源和系列及图表的各对象。

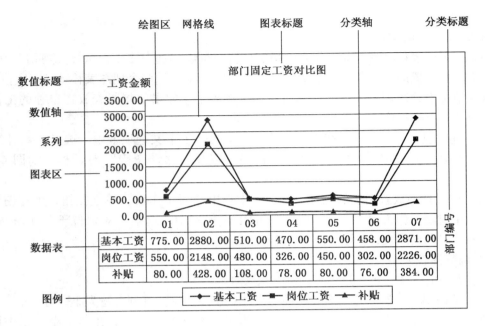

图 6-40　图表的对象图

图中标注（从上方）：绘图区　网格线　图表标题　分类轴　分类标题

左侧标注：数值标题　数值轴　系列　图表区　数据表　图例

右侧标注：各部门编号

图表标题：部门固定工资对比图

数值标题：工资金额

数值轴刻度：3500.00　3000.00　2500.00　2000.00　1500.00　1000.00　500.00　0.00

	01	02	03	04	05	06	07
基本工资	775.00	2880.00	510.00	470.00	550.00	458.00	2871.00
岗位工资	550.00	2148.00	480.00	326.00	450.00	302.00	2226.00
补贴	80.00	428.00	108.00	78.00	80.00	76.00	384.00

图例：◆ 基本工资　■ 岗位工资　▲ 补贴

图 6-41　"设置图例格式"窗口

（2）利用快捷菜单编辑图表。选择想要编辑和修改的图表对象后右键单击，在弹出的快捷菜单中选择相应的设置格式命令，均可单独设置图表中的对象。例如，设置图例时打开的"设置图例格式"窗口如图 6-41 所示。

七、列表

Excel 2010 列表是可以与较大的工作表独立而单独进行操作的一部分工作表。在需要分析大的电子表格中的部分数据时，可以使用 Excel 列表，这样操作对周围任何数据都没有影响。例如，可以添加数据，对数据进行排序，重新排列列表中的行，而不影响周围的单元格。

Excel 列表还可以帮助加快工作速度。因为它们提供了一组数据操作工具，包括"自动筛选"按钮和一组聚合函数，可以从同一位置使用这些聚合函数。

执行"插入/表格"功能区的"表格"命令按钮，打开如图 6-42 所示的"创建表"对话框，对表数据的来源和表是否包含标题进行设置。

八、数据透视表

数据透视表提供了一种快速且强大的方式来深度分析数值数据，并以不同的方式查看相同的数据以及回答有关这些数据的问题。

执行"插入/表格"功能区的"数据透视表"命令按钮，打开"创建数据透视表"

对话框，按照提示及要求能够完成数据透视表的创建。

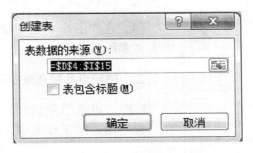

图 6-42 "创建表"对话框

任务实施

一、使用数据清单编辑成绩

1. 设置要求

在"班级学生信息．xlsx"工作簿的"记录单"工作表中添加记录单，值依次为"'201003010106、2 班、1 组、88、78、89、67、80、82、90、80"；查找学号为"201003010101"的记录并进行删除。

2. 实施步骤

1）添加记录

（1）首先将"记录单"命令按钮添加到"快速访问工具栏"：执行"文件/选项"命令，在打开的"Excel 选项"对话框中选择"快速访问工具栏"，在右侧"从下列位置选择命令"下拉列表选择"不在功能区的命令"找到"记录单"功能，单击"添加"→"确定"按钮，将"记录单"按钮添加到"快速访问工具栏"。

（2）选择数据区域或数据的下一行任意单元格，单击"快速访问工具栏"中的"记录单"命令按钮，在打开的"记录单"对话框中，单击"新建"按钮，编辑区为空白，表示添加了一条新的空白记录，在编辑区依次输入"'201003010106、2 班、1组、88、78、89、67、80、82、90、80"，如图 6-43所示。

（3）单击"关闭"按钮即可。

2）查找并删除记录

（1）单击"记录单"对话框中"条件"按钮，进入"条件"对话框。

（2）在学号对应的字段文本框中输入查找的条件"201003010101"。

图 6-43 "记录单"对话框（2 班）

（3）然后单击"上一条""下一条"按钮，可找到并浏览学号为"201003010101"

的相关记录数据；还可以直接在"记录单"对话框中单击"上一条""下一条"按钮，查找满足条件的记录。

图 6-44 "记录单"对话框（1 班）

（4）在如图 6-44 所示的"记录单"对话框中，单击"删除"按钮。

二、使用自动筛选查找不及格的学生

根据"班级学生信息.xlsx"工作簿中的数据，在"自动筛选"工作表中，筛选出各门课程不及格的学生。

1. 查看"程序设计"课程不及格的学生操作

（1）将鼠标定位在数据区域的任意单元格，执行"数据/排序和筛选"功能区的"筛选"命令按钮。

（2）单击含有待筛选条件的"程序设计"字段下拉列表按钮，选择下拉列表中的"数字筛选/小于"选项，打开如图 6-45 所示的"自定义自动筛选方式"对话框。

（3）在"程序设计"下的第一个下拉列表中选择"小于"，第二个列表框中输入"60"，单击"确定"，即可显示"程序设计"不及格的学生课程成绩信息。

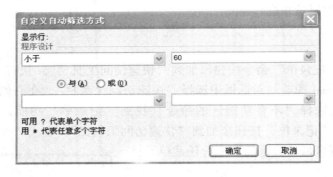

图 6-45 "自定义自动筛选方式"对话框

2. 查看其他课程不及格的学生操作

单击"程序设计"字段下拉列表按钮，选择下拉列表中的"从'程序设计'中清除筛选"选项，再按以上步骤可以查看其他课程的不及格学生。

三、找出各门课程成绩最高的学生成绩

1. 建立条件区域

1）建立条件字段操作

可直接输入条件字段或通过复制建立条件字段。注意条件字段必须与数据区域对应的字段相同。本条件字段通过复制与粘贴实现条件字段的建立。

（1）在"成绩"工作表中选择 D1 到 K1 单元格。

（2）执行"开始/复制"命令，实现字段的复制。

（3）在"课程最高成绩学生"工作表中选择 M1 单元格，执行"开始/粘贴"命令。

2）建立条件操作

若各条件在同一行，各条件间进行的是"与"运算；若各条件不在同一行，各条件间进行的是"或"运算。

（1）在"课程最高成绩学生"工作表中，选择 M2 单元格（"程序设计"字段下）。

（2）执行"插入函数"命令按钮，打开"插入函数"对话框，选择"常用函数"下的函数"Max"，单击"确定"按钮。

（3）打开"函数参数"对话框，单击 number1 参数的文本编辑框，选择"成绩"工作表中 D2 到 D91 单元格，单击"确定"按钮并返回到"课程最高成绩学生"工作表。

（4）鼠标拖动 M2 单元格的填充柄到 T2 单元格。

（5）移动 N2 单元格中的数据到 N3 单元格；移动 O2 单元格中的数据到 O4 单元格；以此类推，直至移动 T2 单元格中的数据到 T9 单元格，以建立或条件，如图 6-46 所示。

2. 进行高级筛选

（1）在"课程最高成绩学生"工作表中，执行"数据/排序和筛选"功能区的"高级"，打开如图 6-47 所示的"高级筛选"对话框。

（2）在"高级筛选"对话框中，单击"将筛选结果复制到其他位置"单选按钮；单击"列表区域"文本框，选择"成绩"工作表中 A1 到 K91 单元格；单击"条件区域"文本框，选择 M1 到 T9 单元格；单击"复制到"文本框，选择"课程最高成绩学生"工作表中 A1 单元格；单击"确定"按钮即可。

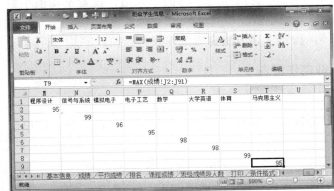

图 6-46 "条件区域"的建立

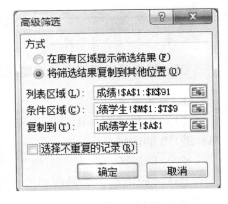

图 6-47 "高级筛选"对话框

四、统计每门课程每组平均值、总计平均值

1. 设置要求

在"一班组平均"工作表中，统计每个组每门课程每组平均值、总计平均值，平均值小数点后保留 1 位小数。

2. 实施步骤

（1）单击"一班组平均"工作表中的数据清单内任意单元格，执行"数据/排序和筛选"功能区的"排序"按钮，打开"排序"对话框，设置排序"主要关键字"为"组别"，单击"确定"按钮返回到"一班组平均"工作表中，如图6-48所示。

图6-48　"排序"对话框

图6-49　"分类汇总"对话框

（2）选择数据区域的任意一个单元格，执行"数据/分级显示"功能区的"分类汇总"命令按钮，打开"分类汇总"对话框，如图6-49所示。

（3）在"分类汇总"对话框中，设置"分类字段"为"组别"，"汇总方式"为"平均值"，"选定汇总项"中的选择包括的各门课程，单击"确定"按钮。

（4）选择统计所得的平均值单元格，设置平均值小数点后保留1位小数。

（5）按照上述方法完成工作表"二班组平均"。

五、根据每门课程分段成绩的人数制作图表

1. 设置要求

（1）按照"制作图表"工作表中的数据，完成如图6-50所示的图表效果，且位于A8到I30的区域。

（2）图表区边框为"圆角"，填充为"纹理"类型的"新闻纸"。

（3）"模拟电子"的线型颜色为"红色"，"图表标题"的字号"14""黑体"，坐标轴及数据表格式的字号为"10"。

2. 实施步骤

（1）在"制作图表"工作表中，选择数据区域的任意一个单元格，执行"插入/图表"功能区的"折线图/带数据标记的折线图"，在工作表中直接创建一个默认格式的带数据标记的折线图，如图6-51所示。

（2）单击创建的图表，在出现的"图表工具"上下文选项卡中选择"设计"选项卡，在"图表布局"组中选择与图表效果图相似的布局样式"布局5"，设置完的效果如图6-52所示。

（3）执行"图表工具/设计/数据"中的"切换行/列"按钮，设置系列产生在"列"，如图6-53所示。

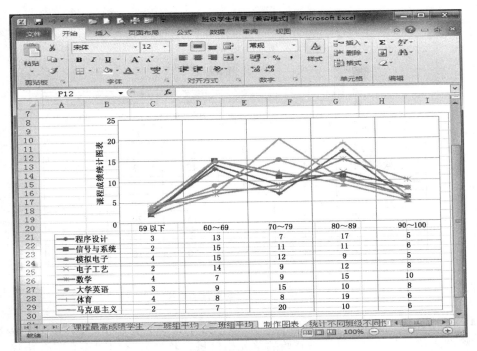

图 6-50 "图表"效果窗口

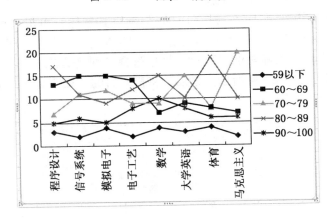

图 6-51 带数据标记的折线图

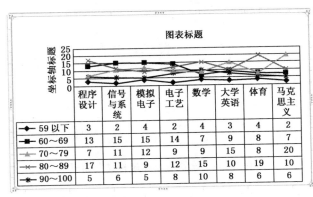

图 6-52 更改布局后的图表

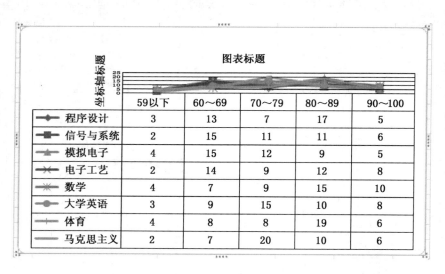

	59以下	60~69	70~79	80~89	90~100
程序设计	3	13	7	17	5
信号与系统	2	15	11	11	6
模拟电子	4	15	12	9	5
电子工艺	2	14	9	12	8
数学	4	7	9	15	10
大学英语	3	9	15	10	8
体育	4	8	8	19	6
马克思主义	2	7	20	10	6

图 6-53　更改系列后的图表

（4）选中图表，执行"开始/剪切"命令，再单击 A8 单元格，执行"开始/粘贴"命令，将图表移动到以 A8 单元格开始的单元格区域；将鼠标移到图表右下角边缘，拖动鼠标将图表占满 A8：I30 单元格区域。

（5）选择"坐标轴标题"后，按"Delete"键将其删除；单击"图表标题"修改内容为"课程成绩统计图表"，文字字体设置为"黑体"，字号为"14"；双击"图表标题"，在弹出的"设置图表标题格式"对话框中选择"对齐方式/文字方向"为"堆积"，单击"关闭"按钮，如图 6-54 所示。最后，将修改后的"图表标题"拖动到图例上方合适的位置，如图 6-55 所示。

图 6-54　"设置图表标题格式"对话框

（6）单击图表，执行"图表工具/布局/坐标轴"中的"网格线/主要纵网格线/主要

254

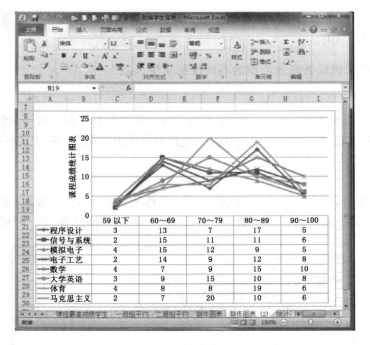

图 6-55 设置"图表标题"后的图表

网格线"命令，显示主要纵网格线；双击图表，打开"设置图表区格式"对话框，选择"边框样式"选项卡下的"圆角"复选框，如图 6-56 所示；再选择"填充"选项卡下"图片或纹理填充"单选按钮，并将"纹理"设置为"新闻纸"，单击"关闭"按钮。

（7）双击"模拟电子"系列的折线，打开"设置数据系列格式"对话框，在"线条颜色"选项卡下选择"实线"，并将"颜色"设置为"红色"，单击"关闭"按钮，如图 6-57 所示。

图 6-56 "设置图表区格式"对话框

图 6-57 "设置数据系列格式"对话框

255

（8）分别选中"坐标轴"和"数据表"，右键单击，在弹出的快捷菜单中选择"字体"设置字号为"10"。

六、统计不同班级各政治面貌的不同性别学生人数

1．设置要求

（1）打开"班级学生信息．xlsx"工作簿文件，在"统计不同班级不同性别人数"工作表中，按照"基本信息"工作表中的数据，统计出各班级不同政治面貌的各性别学生人数。

（2）使用数据透视表进行统计。

2．实施步骤

（1）在"统计不同班级不同性别人数"工作表中，执行"插入/表格"功能区中"数据透视表"命令按钮，打开如图6-58所示的"创建数据透视表"对话框，在"请选

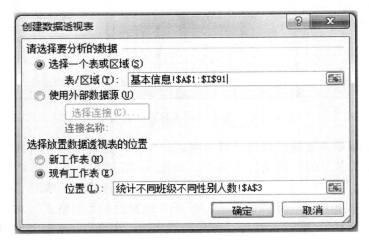

图6-58　"创建数据透视表"对话框

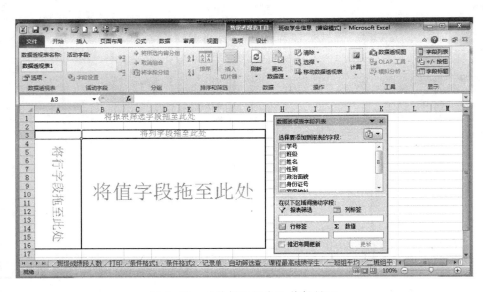

图6-59　"数据透视表"编辑界面

256

择要分析的数据"中选择"表/区域"为"基本信息"工作表中的 A1 到 I91，"选择放置数据透视表的位置"为"现有工作表"的"A3"单元格，单击"确定"按钮，界面如图6-59 所示。

（2）在"数据透视表字段列表"对话框中，将"班级"和"政治面貌"按钮拖动到"行"字段区域；将"性别"拖动到"列"字段区域；将其他任意一个按钮拖动到"数据"字段。单击"确定"按钮，统计结果如图 6-60 所示。

图 6-60　数据透视表结果图

拓　展　知　识

一、完成简单的"班级学生信息管理系统"

1. 设置要求

（1）系统功能模块包括"主页""基本信息登记""基本信息查询""成绩信息登记""成绩信息查询"。

（2）主页的每一项都与后面的功能模块工作表建立超级链接（包含"返回"到主页的链接）。

（3）"基本信息查询"模块，可通过选择学生"姓名"查询出相关学生基本信息。

（4）"成绩信息查询"模块，可通过选择学生"学号"查询出相关学生成绩信息。

2. 操作提示

（1）新建工作簿"班级学生信息管理系统 . xlsx"，并将"班级学生信息 . xlsx"工作簿中的"基本信息"和"成绩"工作表复制到"班级学生信息管理系统 . xlsx"工作簿中，分别重命名为"基本信息登记"和"成绩信息登记"。

（2）在工作簿"班级学生信息管理系统 . xlsx"中，依次插入新工作表"主页""基本信息查询"和"成绩信息查询"。

（3）在"主页"工作表的 A1 单元格中，输入文字"班级学生信息管理系统"并设置字体为"华文琥珀""26 磅"，选中 A1：R5 单元格区域，单击"合并后居中"按钮；插入文本框，输入文字"基本信息登记"，设置字体为"华文彩云""20 磅""加粗""蓝色"，文字在文本框中对齐方式为"中部居中"，其余 3 个文本框可以直接复制第一个文本框，将其改为如图 6-61 所示的内容及效果。

（4）选中左上第一个文本框，单击"插入/链接"功能区中"超链接"命令按钮，打开如图 6-62 所示的"插入超链接"对话框，选择"本文档中的位置/基本信息登记"，单击"确定"按钮，完成第一个超链接。按照上述步骤完成其他 3 个文本框的超链接。

（5）在"主页"工作表中，选中整表，设置背景为"灰色"。

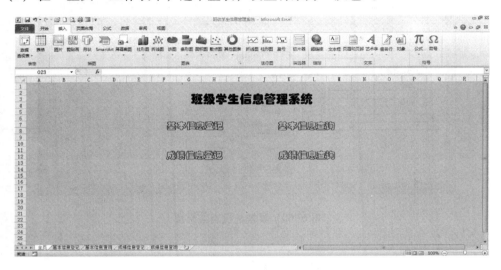

图 6-61　主页效果图

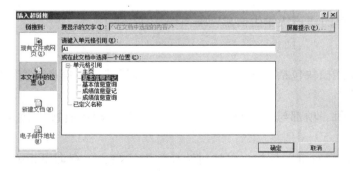

图 6-62　"插入超链接"对话框

（6）打开"基本信息登记"工作表（图 6-63），在数据区域的下方插入一个圆角矩形，添加文字为"返回"，形状样式设置为"彩色填充-蓝色"，强调颜色"1"，字体设置为"22 磅"，设置形状格式的对齐方式为"中部居中"；将该形状插入超链接到"主页"。其他页面的"返回"超链接可以复制该形状到适当位置即可。

（7）打开"基本信息查询"工作表，按照如图 6-64 的效果输入内容并合并单元格，

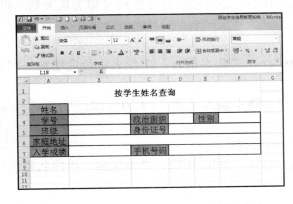

82	201003010114	1班	童跃增	男	团员	140721199308202417	336	15835101014	19930820
83	201003010129	1班	吴益祥	男	学生	143023199308303317	347	15835101029	19930830
84	201003010239	2班	朱惠香	女	团员	140702199309064722	317	15835102039	19930906
85	201003010133	1班	邓小勇	男	团员	142829199309153113	399	15835101033	19930915
86	201003010232	2班	陈孝立	男	团员	140721199311037515	400	15835102004	19931103
87	201003010204	2班	冯国庆	男	团员	140621199311141138	328	15835101030	19931114
88	201003010120	1班	王祖德	男	团员	142729199311150330	314	15835102035	19931115
89	201003010235	2班	程大顺	男	团员	142729199311150330	314	15835102035	19931115
90	201003010138	1班	蒋红华	女	学生	140722199312078148	309	15835101038	19931207
91	201003010126	1班	杨银仙	女	学生	142221199311262100	374	15835101026	19931126

返回

图 6-63 "基本信息登记"工作表窗口

设置适当的字体、边框和底纹；选择 B3 单元格，单击"数据/数据工具"功能区的"数据有效性"命令按钮，打开"数据有效性"对话框（图 6-65），在"设置"选项卡"允许"下拉列表中选择"序列"，"来源"选择"学生信息登记"工作表的所有姓名，单击"确定"；选择 B4 单元格，输入公式"= VLOOKUP（B3，基本信息登记！A2：I91，3，0）"即可按姓名查询出相应的学号。其他相应字段的信息查询公式依次是：

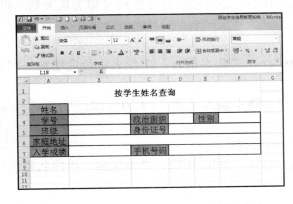

图 6-64 "基本信息查询"工作表效果图

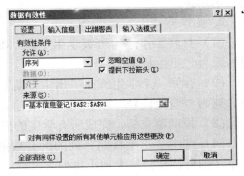

图 6-65 "数据有效性"对话框

政治面貌为"= VLOOKUP（B3，基本信息登记！A2：I91，5，0）"

性别为"= VLOOKUP（B3，基本信息登记！A2：I91，4，0）"

班级为"= VLOOKUP（B3，基本信息登记！A2：I91，2，0）"

身份证号为"= VLOOKUP（B3，基本信息登记！A2：I91，6，0）"

家庭地址为"= VLOOKUP（B3，基本信息登记！A2：I91，7，0）"

入学成绩为"= VLOOKUP（B3，基本信息登记！A2：I91，8，0）"

手机号码为"= VLOOKUP（B3，基本信息登记！A2：I91，9，0）"

注意：由于 VLOOKUP 函数的查阅值（本例中为"姓名"列的值）应该始终位于所查询区域的第一列才能正常工作，因此在做此步骤时需要将"姓名"列和"学号"列进行交换，将"姓名"列放在"基本信息登记"工作表的第一列才能够根据姓名查询。最后的查询结果如图 6-66 所示。

图 6-66　"基本信息查询"工作表查询结果

（8）"成绩信息查询"参照上面的步骤自行设计完成。

二、按学生年龄由大到小排列名单

1. 设置要求

根据学生的身份证号提取出每人的出生日期，然后按照升序排列（即为从大到小排列）名单。

2. 操作提示

（1）打开工作簿"班级学生信息.xlsx"，在"基本信息"工作表中最后增加一列，列标题为"出生日期"。

（2）在第一个学生所在"出生日期"单元格中输入函数"=MID（F2，7，8）"，其中 F 列为"身份证号"所在列，确定输入。

（3）拖动填充柄，完成所有学生的出生日期提取。

（4）选中"出生日期"列的所有数据，执行"开始/编辑"功能区的"排序和筛选/升序"即可按年龄从大到小排列。

三、学期成绩评定

1. 设置要求

根据学生的平均成绩，对学生进行学期成绩等级评定，平均成绩 90～100 分为 A，80～89 分为 B，70～79 分为 C，60～69 分为 D，60 分以下为 E。

2. 操作提示

（1）打开工作簿"班级学生信息.xlsx"，在"平均成绩"工作表中的"平均成绩"列后增加一列，列标题为"学期成绩等级评定"。

（2）如图 6-67 所示，在 E3：G7 单元格区域输入成绩评定的成绩区间及等级。

（3）选中 C2 单元格，输入函数"=LOOKUP（）"，然后在小括号内输入参数，将鼠

标在小括号内单击，然后单击 B2 单元格，输入半角逗号，选中 E3：E7 单元格区域并按
"F4"变为绝对引用，再输入半角逗号，选中 G3：G7 单元格区域并按"F4"变为绝对引
用，此时 C2 单元格中的函数为"=LOOKUP（B2，E3：E7，G3：G7)"，确认
输入。

（4）此时 C2 单元格内已经有了成绩评定结果，拖动填充柄，完成所有学生的成绩评定。

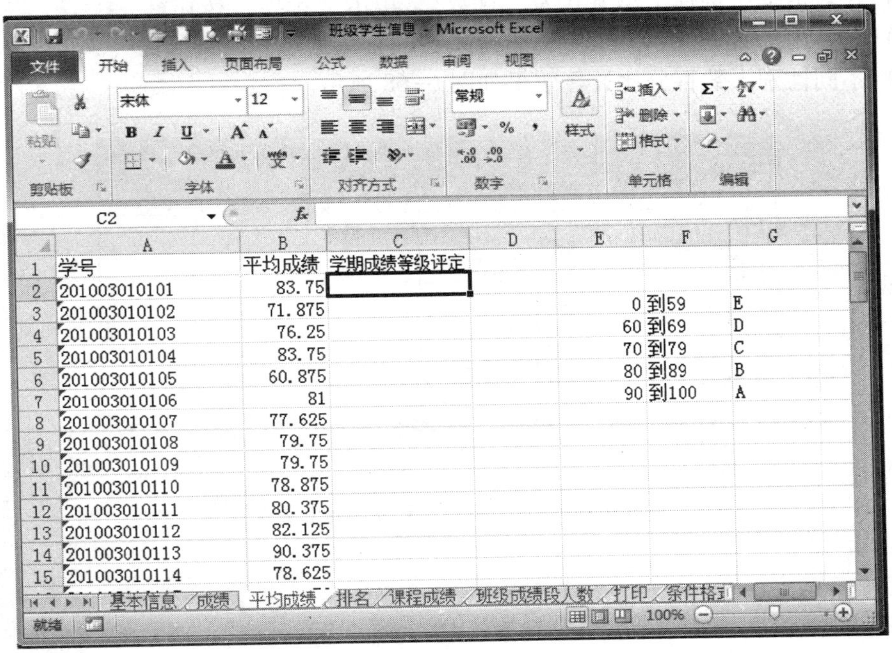

图 6-67　"平均成绩"工作表

四、从学号中提取学生的班级

1. 设置要求

根据学生的学号提取出每人所在班级，并在相应列显示班级信息。

2. 操作提示

（1）打开工作簿"班级学生信息.xlsx"，在"平均成绩"工作表中最后增加一列，
列标题为"班级"。

（2）在第一个学生所在"班级"单元格中输入函数"=LOOKUP(MID(A2，9，2)，
{"01"，"02"}，{1，2} & "班")"，其中 A 列为"学号"所在列，确定输入。

（3）拖动填充柄，完成所有学生的班级提取。

五、统计不同性别学生人数的百分比

1. 设置要求

（1）将"班级学生信息.xlsx"工作簿中"统计不同班级不同性别人数"的工作表复
制到当前工作簿中工作表的最后，并命名为"统计不同性别学生人数的百分比"。

（2）应用数据透视表中的字段设置来显示不同性别学生人数的百分比。

2. 操作提示

（1）使用鼠标定位在当前数据透视表数据区域中的任一单元格中，执行"数据透视表"下拉列表。

（2）选择"字段"设置命令，打开"数据透视表字段列表"对话框。

（3）在对话框中选择汇总方式为"计数"，单击"选项"按钮。

（4）在弹出的数据显示方式中，选择"占同行数据总和的百分比"。

（5）不同性别人数百分比计算效果如图 6-68 所示。

图 6-68　不同性别人数百分比计算效果图

思 考 与 练 习

1. 填空题

（1）活动单元格的右下角有一黑色小方块，它叫_____，利用它可实现_____。

（2）在 Excel 2010 中可以用_____，_____，_____方式打开工作簿文件。

（3）在 Excel 2010 的工作表中，假定 C3：C6 区域内保存的数值依次为 10、15、20 和 45，则函数 = AVERAGE（C3：C6）的值为_____。

（4）如果在"文件"菜单中，没有列出最近编辑过的文件，可以打开_____菜单，选择_____命令，在_____选项卡中进行设置。

（5）在对数据进行分类汇总前，必须对数据进行_____操作。

（6）如果要将选定区域的内容删除掉，按_____键，若要使删除的内容恢复，单击快速访问工具栏中的_____按钮。

（7）输入当天日期的快捷键是_____，输入当天时间的快捷键是_____。

（8）Excel 2010 有自动输入功能，若初始值是纯数字或纯字符，则填充相当于_____，若初始值是数字和字符的混合体，则填充时左边的_____，最右边的_____，若 Excel 已经预设了自动填充的序列，则_____填充。

（9）引用单元格有两种类型，它们是_____，_____。

（10）在 Excel 2010 中创建图表后，双击图表会在功能区出现_____上下文选项卡。

2. 单选题

（1）Excel 2010 是_____。

A. 数据库管理软件　B. 文字处理软件　　C. 电子表格软件　　　D. 幻灯片制作软件

（2）Excel 2010 所属的套装软件是_____。

A. Lotus 2010　　　　B. Windows 2010　　C. Word 2010　　　　D. Office 2010

（3）Excel 2010 工作簿文件的默认扩展名为_____。

A. docx　　　　　　B. xlsx　　　　　　C. pptx　　　　　　D. mdb

（4）在文档窗口中，可同时编辑多个 Excel 工作簿，但在同一时刻_____工作簿窗口的标题栏颜色最深。

A. 活动　　　　　　B. 临时　　　　　　C. 正式　　　　　　D. 数据源

（5）在 Excel 2010 中，删除单元格数据时，不能选择_____。

A. 右侧单元格左移　　　　　　　　　B. 左侧单元格右移

C. 下方单元格上移　　　　　　　　　D. 删除整行或整列

（6）在 Excel 2010 中，电子工作表中的列标为_____。

A. 数字　　　　　　　　　　　　　B. 字母

C. 数字与字母混合　　　　　　　　　D. 第一个为字母其余为数字

（7）在 Excel 2010 中，若一个单元格的地址为 F5，则其右边紧邻的一个单元格的地址为_____。

A. F6　　　　　　　B. G5　　　　　　C. E5　　　　　　D. F4

（8）在 Excel 2010 中，一个单元格的二维地址包含所属的_____。

A. 列标　　　　　　B. 行号　　　　　　C. 列标与行号　　D. 列标或行号

（9）在 Excel 2010 中，单元格名称的表示方法是_____。

A. 行号在前列标在后　　　　　　　　B. 列标在前行号在后

C. 只包含列标　　　　　　　　　　　D. 只包含行号

（10）在 Excel 2010 的工作表中最小操作单位是_____。

A. 一列　　　　　　B. 一行　　　　　　C. 一张表　　　　D. 单元格

（11）在 Excel 2010 的"设置单元格格式"对话框中，不存在的选项卡为_____。

A. 数字　　　　　　B. 对齐　　　　　　C. 字体　　　　　　D. 货币

（12）在 Excel 2010 的"设置单元格格式"对话框中，包含的选项卡的个数为_____。

A. 4　　　　　　　B. 8　　　　　　　C. 6　　　　　　　D. 10

（13）在 Excel 2010 中，电子工作表的每个单元格的默认格式为_____。

A. 数字　　　　　　B. 常规　　　　　　C. 日期　　　　　　D. 文本

（14）在 Excel 2010 中，对电子工作表的选择区域不能够进行的设置是_____。

A. 行高尺寸　　　　B. 列宽尺寸　　　　C. 条件格式　　　　D. 保存

（15）在 Excel 2010 的工作表中，行和列_____。

A. 都可以被隐藏　　　　　　　　　　B. 都不可以被隐藏

C. 只能隐藏行不能隐藏列　　　　　　D. 只能隐藏列不能隐藏行

3. 判断题

（1）在 Excel 2010 中，如果在工作表中插入一行，则工作表中的总行数将会增加一个。（　　）

（2）在 Excel 2010 中，图表制作完成后，其图表类型可以更改。（　　）

（3）对 Excel 2010 数据清单中的数据进行排序，必须先选择排序数据区。（　　）

（4）在 Excel 2010 中，如果要查找数据清单中的内容，可以通过筛选功能，它可以实现只显示包含指定内容的数据行。（　　）

（5）在 Excel 2010 中，电子表格软件是对二维表格进行处理并可制作成报表的应用软件。（　　）

（6）在 Excel 2010 单元格引用中，单元格地址不会随位移的方向与大小而改变的称为相对引用。（　　）

（7）Excel 2010 是用来电子表格的数据处理，因此不能制作网页。（　　）

（8）在 Excel 2010 工作表中，若在单元格 C1 中存储一公式"＝A4"，将其复制到 H3 单元格后，公式仍为"＝A4"。（　　）

（9）在一个 Excel 2010 单元格中输入"＝AVERAGE（B1：B3，B6）"，则该单元格显示的结果必是（B1+B2+B3）/3 的值。（　　）

（10）在 Excel 2010 中，若选择"清除"则保留单元格本身，而"删除"则连同数据与单元格一起删除。（　　）

4. 排序题

（1）将高级筛选结果存放在其他位置的操作顺序为_____。

A. 在"高级筛选"对话框中，确定筛选的方式为"将筛选结果复制到其他位置"

B. 建立条件区域

C. 在"高级筛选"对话框中，确定列表区域、条件区域和复制所在区域

D. 执行"数据/排序和筛选/高级"命令，打开"高级筛选"对话框

（2）分类汇总的正确操作步骤为_____。

A. 选择汇总字段，确定汇总方式和汇总项

B. 将光标定位在进行分类汇总的数据区域中

C. 执行"数据/分级显示/分类汇总"命令，打开"分类汇总"对话框

D. 根据指定分类字段进行排序

E. 单击"分类汇总"对话框中的"确定"按钮

（3）Excel 2010 工作表表格边框线型设置的步骤为_____。

A. 在"边框"选项卡中，选择边框"预置"选项

B. 单击"确定"按钮

C. 在"边框"选项卡中，选择线条样式和颜色

D. 选择要进行设置边框线型的数据区域

E. 执行"开始/单元格/格式/设置单元格格式"，打开"设置单元格格式"对话框

（4）按照姓名笔画升序的顺序来排列数据记录单的步骤为_____。

A. 执行"数据/排序和筛选/排序"，打开"排序"对话框

B. 单击"排序"对话框中的"选项"按钮，打开"排序选项"对话框，确保方法为

"笔画排序"

C. 选择要进行排序的数据区域的某一个单元格

D. 返回到"排序"对话框，单击"确定"按钮

E. 在排序对话框中，对主要关键字选择为"姓名"，并且选择"升序"

（5）正确描述两个条件格式设置的步骤_____。

A. 在条件一选项区域，选择规则类型，按要求设置相应格式

B. 执行"开始/样式/条件格式/管理规则"，打开"条件格式规则管理器"对话框

C. 单击"新建规则"按钮，对条件一设置指定条件

D. 选择要进行条件格式的数据区域

E. 在"条件格式规则管理器"对话框中，单击"确定"按钮即可

F. 在"条件格式规则管理器"对话框中，单击"新建规则"按钮，对产生的条件二选项区域按照条件一设置格式的步骤进行设置

5. 问答题

（1）Excel 2010 工作簿和工作表的区别是什么？

（2）Excel 2010 中数据输入的方式有哪几种？

（3）如何选定多个工作表？

（4）筛选的方式有哪几种？

（5）简要说明"文件"菜单下的"关闭"与"退出"命令的区别。

6. 操作题

打开素材文件夹中"stock. xlsx"文件，完成以下操作：

（1）将 Sheet1 中 A1：H1 单元格区域合并为一个单元格，内容"居中"，字号为"20 磅"，字体为"黑体"。

（2）计算"金额"（金额＝当前价×成交价）。

（3）删除工作表"股市行情"。

（4）将 Sheet1 命名为"沪市涨幅榜"。

（5）使用条件格式将成交量大于 100000 的数据设置为"红色""加粗"。

（6）将标题行的行高设置为"40"，其他行的行高设置为"18"，B 列到 H 列的列宽设置为"10"，A 列的列宽设置为"自适应列宽"。

（7）将单元格区域 A2：H7 中的所有数据的对齐方式设置为水平、垂直都居中。

（8）为"当前价"列中的所有数据加上人民币符号"￥"，并将小数位数设置为两位。

（9）在行号为 10 的行插入数据"8600572 康恩贝 6. 750. 058 7. 43 67695"，并将涨跌幅加上"百分号"，小数位数为"2"，并修改其行号的序号，使其顺次排列。

（10）在 C19 单元格中计算成交量总额。

（11）按"当前价"升序排列。

（12）为单元格区域 A2：H18 中的单元格加上细边框线。

项目 7 PowerPoint 2010 应用

任务 1 认识 PowerPoint 2010

任务概述

当今社会，演示文稿正逐渐成为人们工作生活的重要组成部分，在毕业答辩、求职应聘、工作汇报、企业宣传、产品推介、婚礼庆典、项目竞标、教育教学等领域都有着广泛的应用。PowerPoint 2010 作为优秀的演示文稿制作软件，认识和掌握其使用方法是非常必要的。本任务通过演示文稿实例体验其丰富多彩的形式和用途，培养学生对演示文稿作品的审美能力，使其熟悉和掌握 PowerPoint 2010 的界面组成和操作。

知识要求：

1. PowerPoint 2010 的窗口组成、启动与退出。

2. 演示文稿的创建、打开、保存和关闭操作。

能力要求：

1. 了解 PowerPoint 2010 的界面布局，能够根据需要在各视图下切换。

2. 能够熟练运用相关的菜单命令进行文件的新建、保存等操作。

3. 能够利用系统提供的"模板和主题"创建演示文稿。

4. 能够通过"大纲"窗格将已有的 Word 文档发送为演示文稿。

态度要求：

1. 能主动学习，通过阅读、小组讨论等形式进行相关知识的拓展。

2. 在完成任务过程中能够积极与小组成员交流、分析并解决遇到的问题。

3. 要严格遵守计算机安全操作规范。

相关知识

一、PowerPoint 2010 概述

PowerPoint 2010 是 Microsoft 公司办公自动化软件 Office 2010 中的重要成员之一，是 Windows 操作平台上的一个著名的演示文稿制作软件，利用它用户能够高速、高效地制作出集文字、图形、图像、音频和视频等多媒体元素为一体的演示文稿。

PowerPoint 2010 是一个较新的演示文稿制作版本，继承了 Office 组件的共有特性，功能相对稳定，性能突出，使用方便。

PowerPoint 2010 采用了三框式的视图界面，即幻灯片/大纲窗格、幻灯片编辑窗格和备注窗格，简单明了，易于编辑。具有表格制作功能，用户无须从 Word 或 Excel 中引入

表格，而是直接在 PowerPoint 中制作。

PowerPoint 2010 的联网功能更加强大，制作的演示文稿可通过网络进行联机广播，参加网络会议，并可保持为 HTML 文件在站点上发布。

二、PowerPoint 2010 启动与退出

1. PowerPoint 2010 的启动

启动 PowerPoint 2010，可执行下列操作之一：

（1）利用 Windows 的"开始"按钮。利用该按钮执行"开始/程序/Microsoft Office/ Microsoft PowerPoint 2010"命令。

（2）利用快捷方式图标。双击"Microsoft PowerPoint"快捷方式图标，启动 PowerPoint 2010。

（3）直接执行 PowerPoint 2010 程序文件。双击"PowerPoint.exe"，启动 PowerPoint 2010。

2. PowerPoint 2010 的退出

退出 PowerPoint 2010，可执行下列操作之一：

（1）单击 PowerPoint 窗口标题栏右端的"关闭"按钮。

（2）双击"PowerPoint"窗口标题栏左端的"控制菜单"按钮。

（3）执行快捷键"Alt+F4"。

（4）执行"文件/退出"命令。

三、PowerPoint 2010 窗口组成

PowerPoint 的窗口是标准的 Windows 窗口，可以使用操作 Windows 窗口的方法操作 PowerPoint 窗口对象。启动 PowerPoint 2010 后，并新建或打开演示文稿后窗口的组成，如图 7-1 所示。

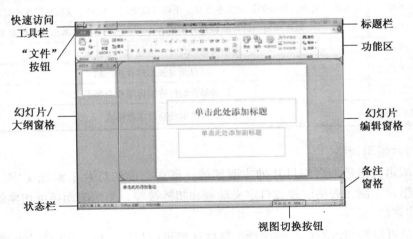

图 7-1　PowerPoint 2010 界面构成

PowerPoint 2010 窗口除有标题栏、快速访问工具栏、功能区、"文件"按钮、状态栏等常规区域以外，还包括幻灯片/大纲窗格、幻灯片编辑窗格、备注窗格等。下面重点介

绍 PowerPoint 2010 窗口所特有的视图和窗格。

1. 普通视图

普通视图为 PowerPoint 2010 默认视图，启动 PowerPoint 2010 直接进入普通视图的三框式视图界面，主要用于调整演示文稿的结构及编辑单张幻灯片中的内容。将鼠标指向 3 个窗格的分隔条，当指针变为双向箭头时拖动鼠标，可以调整窗格的大小。

1）幻灯片/大纲窗格

幻灯片/大纲窗格包括两个选项卡，"幻灯片"选项卡和"大纲"选项卡。

（1）"幻灯片"选项卡。以缩略图显示演示文稿中的幻灯片，单击某张幻灯片的缩略图可选中该幻灯片，此时即可在右侧的幻灯片编辑窗格中编辑该幻灯片内容。利用"幻灯片"选项卡可以进行幻灯片的复制、删除等操作，还可方便地选择幻灯片，调整幻灯片的位置。

（2）"大纲"选项卡。它是一种文字编排视图，每张幻灯片中的标题性文字和内容都会出现在大纲视图中。利用"大纲"选项卡可以组织和键入演示文稿文本（需要注意的是，这里的文本必须是在幻灯片版式设计中输入的文本，自己添加的文本框中的内容在这里看不到），可方便地重新排列幻灯片中的标题和内容等，调整幻灯片的位置、更改项目符号及其缩进层次、展开或压缩选定幻灯片的文本等。在"大纲"选项卡的空白处右键单击，弹出的快捷菜单中包含有大纲工具按钮，利用这些按钮可调整文字的位置和级别，各按钮的功能见表 7-1。

表 7-1 大纲工具按钮功能表

按钮	名称	功　　能
←	升级	将所选段落上移至较高标题级，即向左升一级
→	降级	将所选段落下移至较低标题级，即向右降一级
▲	上移	将所选段落和其折叠的附加文本上移。上移可改变幻灯片顺序或改变层次小标题的从属关系
▼	下移	将所选段落和其折叠的附加文本下移。下移可改变幻灯片顺序或改变层次小标题的从属关系
━	折叠	隐藏所选幻灯片除标题外的所有内容。已折叠的文本由灰色线表示
✚	展开	显示所选幻灯片的标题和所有折叠文本
⫨	全部折叠	只显示每张幻灯片的标题
⫩	全部展开	显示每张幻灯片的标题和全部正文
⅍	显示格式	显示或隐藏字符格式

2）幻灯片编辑窗格

幻灯片编辑窗格是编辑幻灯片的主要区域，可在当前幻灯片上添加文字、图形、图片、声音和影片、制作表格、设置自定义动画和超链接等，使用滚动条可切换幻灯片。

3）备注窗格

备注窗格可以添加该幻灯片的注释。这些注释可以打印，也可在幻灯片的放映过程中给演讲者提示，但观众无法看到这些信息。

2. 幻灯片浏览视图

幻灯片浏览视图是以缩略图形式将所有幻灯片显示在同一窗口的视图。在幻灯片浏览视图模式下可浏览幻灯片在演示文稿中的整体结构和效果，也可以改变幻灯片的版式和结构，如更换演示文稿的背景、移动或复制幻灯片等，但不能对单张幻灯片的具体内容进行编辑。

3. 阅读视图

阅读视图将演示文稿作为适应窗口大小的幻灯片放映查看，在该视图下仅显示标题栏、阅读区和状态栏，主要用于浏览幻灯片的内容。

4. 幻灯片放映视图

幻灯片放映视图是以全屏幕方式动态放映幻灯片，同时还可以预览对幻灯片演示设置的各种放映效果。它主要用来检查演示文稿的效果。放映时在键盘上按下"Esc"键，结束放映后返回到 PowerPoint 窗口。演示文稿切换到幻灯片放映视图，有以下两种情况：

（1）执行"幻灯片放映/从头开始"命令，或在键盘上按下"F5"键，演示文稿从第 1 张幻灯片开始放映。

（2）执行"幻灯片放映/从当前幻灯片开始"命令，或单击幻灯片放映按钮 ☐，演示文稿从当前幻灯片处开始放映。

5. 备注页视图

备注页视图与普通视图相似，只是没有"幻灯片/大纲"窗格，在此视图下幻灯片编辑区中完全显示当前幻灯片的备注信息。

6. 各视图之间的切换

各视图之间的切换可通过两种方式实现：

（1）单击"视图/演示文稿视图"功能区的各个视图命令按钮进行视图切换。

（2）单击窗口下方状态栏右侧的"视图"切换按钮进行视图切换。

四、演示文稿基本操作

演示文稿是由 PowerPoint 生成的文件，后缀是".pptx"。其中不仅保存组成的演示文稿的幻灯及其上的各种信息，还保存有幻灯片的各种放映效果设置。

1. 演示文稿的创建

1）创建空白演示文稿

创建空白演示文稿时可执行下列操作之一：

（1）启动 PowerPoint 2010，系统会使用 PowerPoint 提供的空白演示文稿模板自动地新建空白演示文稿，默认名为"演示文稿 1"。在空白演示文稿中，可以设置需要的背景、前景，插入图案以及输入需要的内容等。

（2）通过命令创建。启动 PowerPoint 2010 后，执行"文件/新建"命令，在"可用的模板和主题"窗口中单击"空白演示文稿"按钮，再单击最右边窗口的"创建"按钮，即可创建一个空白演示文稿。

（3）通过工具按钮创建。启动 PowerPoint 2010 后，单击"快速访问工具栏"中的"新建"命令按钮，即可创建一个空白演示文稿。

（4）通过组合键创建。启动 PowerPoint 2010 后，按下"Ctrl+N"组合键也可直接创建一个空白演示文稿。

（5）通过快捷菜单创建。在桌面或需要创建演示文稿的文件夹空白处单击鼠标右键，在弹出的快捷菜单中选择"新建"，在弹出的下拉列表中单击"Microsoft PowerPoint 演示文稿"选项，即在指定位置新建一个空白演示文稿。

2）利用模板和主题创建演示文稿

启动 PowerPoint 2010 后，执行"文件/新建"命令，在"可用的模板和主题"窗口中单击"样本模板"（或"最近打开的模板"和"主题"）按钮，在打开的页面中选择所需的模板选项，单击"创建"按钮（或直接双击需要的模板选项）将自动根据所选模板（或主题）创建演示文稿。

3）使用 Office.com 上的模板创建演示文稿

启动 PowerPoint 2010 后，执行"文件/新建"命令，在"Office.com 模板"窗口中选择需要的类别并打开相应的文件夹（图 7-2），选择需要的模板样式，单击"下载"按钮（或直接双击需要的模板样式），在打开的"正在下载模板"对话框中将显示下载的进度；下载完成后，将自动根据下载的模板创建演示文稿。

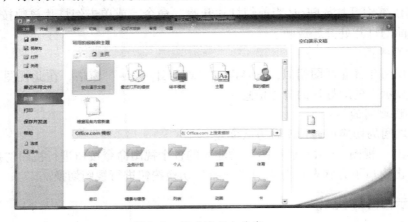

图 7-2　新建演示文稿窗口

2. 演示文稿的打开

1）打开一般演示文稿

启动 PowerPoint 2010 后，执行"文件/打开"命令（Ctrl+ O），或单击"快速访问工具栏"的"打开"按钮，在"打开"对话框中选择需要打开的演示文稿，单击"打开"按钮或直接双击选中的演示文稿。也可直接双击要打开的演示文稿，启动 PowerPoint 2010，同时打开演示文稿。

2）打开最近使用的演示文稿

PowerPoint 2010 提供了记录最近打开演示文稿保存路径的功能。如果想打开最近刚关闭的演示文稿，执行"文件/最近所用文件"命令，在打开的窗口中将显示最近使用的演示文稿名称和保存路径，然后选择需打开的演示文稿完成操作。

3）以只读方式打开演示文稿

以只读方式打开演示文稿只能进行浏览，不能更改演示文稿中的内容。其操作步骤为：执行"文件/打开"命令（Ctrl+O），或单击"快速访问工具栏"的"打开"按钮，在"打开"对话框中选择需要打开的演示文稿，单击"打开"按钮右侧的下拉箭头，在弹出的下拉列表中选择"以只读方式打开"选项，此时打开的演示文稿标题栏中将显示

"只读"字样。

4）以副本方式打开演示文稿

以副本方式打开演示文稿是将演示文稿作为副本打开，对演示文稿进行编辑时不会影响源文件的效果。

打开方法与以只读方式打开演示文稿方法类似，在"打开"对话框中选择需要打开的演示文稿，单击"打开"按钮右侧的下拉箭头，在弹出的下拉列表中选择"以副本方式打开"选项，此时打开的演示文稿标题栏中将显示"副本"字样。

3. 演示文稿的保存

1）保存新演示文稿

执行"文件/保存或另存为"命令（Ctrl+S），或单击"快速访问工具栏"上的"保存"按钮，打开"另存为"对话框；在该对话框中选择"保存位置""保存类型"，输入"文件名"，单击"保存"按钮，即可保存文件。

2）保存已有演示文稿

执行"文件/保存"命令（Ctrl+S），或单击"快速访问工具栏"上的"保存"按钮，将已有演示文稿按照原有位置和文件名保存，并覆盖原文件。

3）自动保存

在制作演示文稿的过程中，为了减少不必要的损失，可为正在编辑的演示文稿设置定时保存。执行"文件/选项"命令，打开"PowerPoint 选项"对话框，选择"保存"选项，在"保存演示文稿"栏中进行设置，并单击"确定"按钮。

4）将演示文稿保存为模板

为了提高工作效率，可根据需要将制作好的演示文稿保存为模板，以备以后制作同类演示文稿时使用。执行"文件/另存为"命令，打开"另存为"对话框，在"保存类型"下拉列表中选择"PowerPoint 模板"选项，单击"保存"按钮。

4. 关闭演示文稿

执行以下操作之一，均可关闭演示文稿。

（1）鼠标单击窗口标题栏右端的"关闭"按钮。

（2）鼠标单击窗口标题栏左端的"控制菜单"按钮，执行"关闭"命令；或直接双击"控制菜单"按钮。

（3）执行快捷键"Alt+F4"。

（4）执行"文件/退出"命令。

任 务 实 施

一、创建"项目状态报告"演示文稿

使用"模板"创建"项目状态报告"演示文稿的操作步骤如下：

（1）执行"文件/新建"命令，打开"新建演示文稿"窗口。

（2）在"可用的模板和主题"窗口中单击"样本模板"按钮，在打开的页面（图7-3）中选择"项目状态报告"模板，单击"创建"按钮（或直接双击需要的模板选项）

将自动根据所选模板创建演示文稿，效果如图7-4所示。

图7-3 样本模板窗口

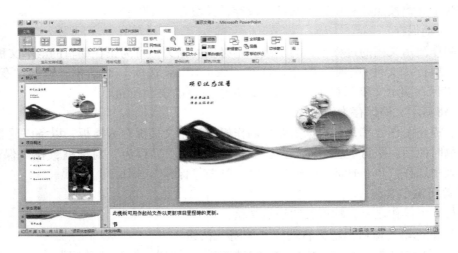

图7-4 "项目状态报告"演示文稿

（3）根据演示文稿的提示，修改演示文稿中每一张幻灯片的具体内容。

（4）执行"文件/保存"命令，在"另存为"对话框中，选择"保存位置"为"我的文档"，输入"文件名"为"项目状态报告"，在"保存类型"中选择"演示文稿"，单击"保存"按钮。

注意：边修改，边保存（Ctrl+S）。

（5）执行"幻灯片放映/从头开始（F5）"命令，观看放映效果。

二、"大纲"窗格的应用

本任务首先将应用样式排版的 Word 文档素材"在线考试系统 PPT（1）.docx"发送为具有文本的演示文稿，再通过 PowerPoint 的"大纲"选项卡及其工具按钮生成需要的幻灯片，将该演示文稿保存为"在线考试系统 PPT（1）.pptx"。其操作步骤如下：

（1）打开"在线考试系统 PPT（1）.docx"Word 文档，文档的效果如图 7-5 所示。

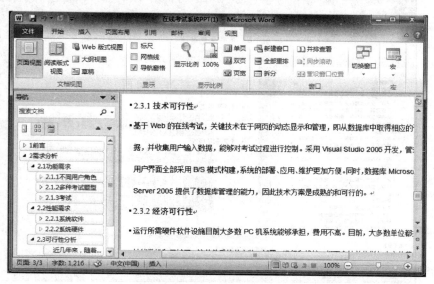

图 7-5　大纲排版 Word 文档效果图

（2）执行"文件/选项/快速访问工具栏"命令，在"从下列位置选择命令"下拉列表选择"不在功能区中的命令/发送到 Microsoft PowerPoint"选项，单击"添加"按钮，在"快速访问工具栏"中添加"发送到 Microsoft PowerPoint"按钮，如图 7-6 所示。

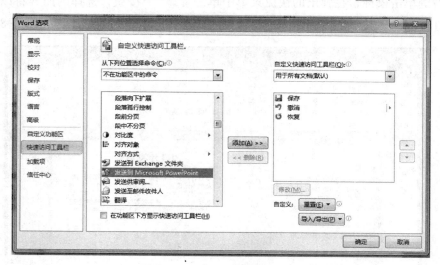

图 7-6　添加"发送到 Microsoft PowerPoint"命令按钮

（3）单击"快速访问工具栏"中的"发送到 Microsoft PowerPoint"按钮，自动启动 Microsoft PowerPoint，并且 Word 文档中的一级标题及其下的下级标题文本保存在一张幻灯片中，如图 7-7 所示。

（4）应用"大纲"工具栏调整幻灯片。将"1 前言"中的 3 小节内容分别放在 3 个

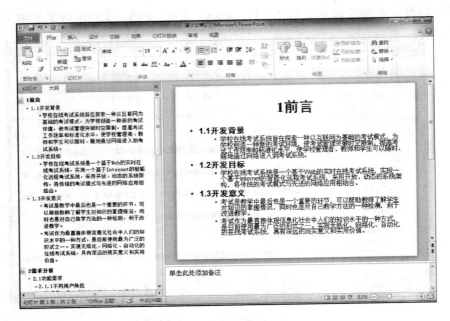

图 7-7　Word 文档转换为 PowerPoint 文档的效果图

幻灯片中，并将每节的标题放在"1 前言"幻灯片中。

①选择"1 前言"中幻灯片中除标题之外的内容。

②右键单击鼠标，在弹出的快捷菜单中单击" ➡ "按钮，选择的内容将以每节标题作为幻灯片标题，其下的内容作为幻灯片中的文本，产生 3 张幻灯片，如图 7-8 所示。

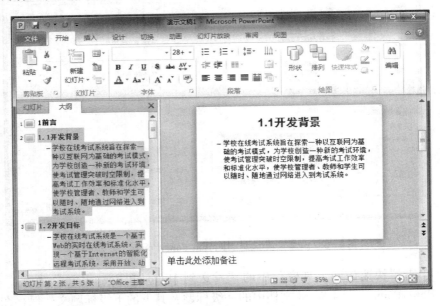

图 7-8　Word 文档中大纲标题变换效果图

③在"大纲"选项卡下，分别选中第 2、3、4 张幻灯片中的文本，右键单击鼠标，在弹出

的快捷菜单中单击"═"按钮，折叠这3张幻灯片的文本，只显示标题，如图7-9所示。

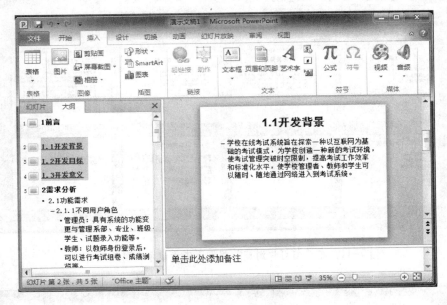

图7-9　折叠后的效果

④在"大纲"选项卡下，选中第2、3、4张幻灯片的标题文本，执行"复制"命令，然后在第1张幻灯片中显示有"单击此处添加文本"字样的文本框中执行"粘贴"命令，完成第1张幻灯片的摘要效果，如图7-10所示。

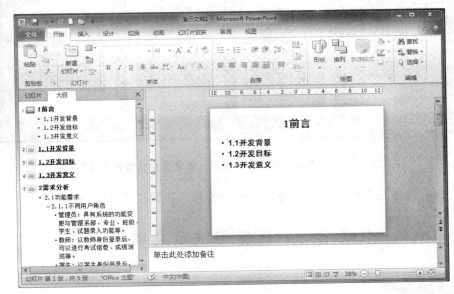

图7-10　"摘要幻灯片"的效果

（5）后面的内容"2需求分析"参照上述过程完成摘要幻灯片，要求将2章的3级目录下的内容升级为单独1张幻灯片，效果如图7-11和图7-12所示。

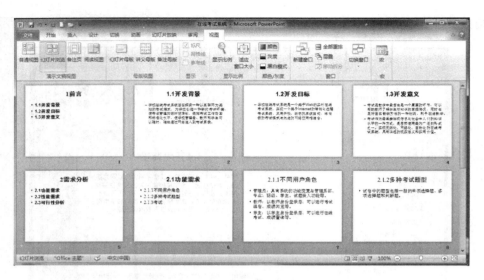

图7-11 在"幻灯片浏览"视图下查看演示文稿效果（1）

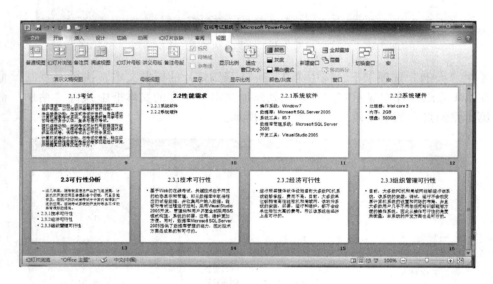

图7-12 在"幻灯片浏览"视图下查看演示文稿效果（2）

（6）保存修改完的演示文稿，将文件名命名为"在线考试系统.pptx"。

任务2　毕业答辩演示文稿制作

任务概述

毕业论文答辩是一种有组织、有准备、有计划、有鉴定的比较正规的审查论文的重要形式。在答辩之前，答辩者制作一份内容正确充实、界面友好美观、色彩搭配协调的演示文稿是保证答辩质量和效果非常重要的一个环节。本任务以毕业论文答辩演示文稿的制作过程为例，演示 PowerPoint 2010 的常用操作，主要包括幻灯片的创建、幻灯片各种对象的插入和编辑、幻灯片背景的设置、配色方案的使用以及母版的编辑及应用等。

知识要求：

1. 幻灯片的创建以及幻灯片各种对象的插入和编辑。

2. 幻灯片背景的设置、配色方案的使用以及母版的编辑及应用。

能力要求：

1. 掌握演示文稿的基本操作。

2. 掌握模板、母版的使用。

3. 掌握幻灯片上添加各种对象的方法。

态度要求：

1. 能主动学习，并通过阅读、小组讨论等形式进行相关知识的拓展。

2. 在完成任务过程中能够积极与小组成员交流，分析并解决遇到的问题。

3. 要严格遵守计算机安全操作规范。

相 关 知 识

一、编辑幻灯片

每一张幻灯片是演示文稿中单独的"一页"，一个完整的演示文稿是由多张幻灯片构成的。每张幻灯片可以作为一个对象编辑，可以插入、复制、移动、删除、隐藏等。

1. 插入幻灯片

要插入一张新的幻灯片，首先要在"幻灯片/大纲"窗格中选择新幻灯片前面的那张幻灯片，执行下列方法之一可插入幻灯片：

（1）利用菜单命令。单击"开始/幻灯片"功能区的"新建幻灯片"图标按钮，插入新幻灯片。

（2）利用快捷菜单。在"幻灯片/大纲"窗格中右键单击，弹出的快捷菜单中单击"新建幻灯片"命令，插入新幻灯片。

（3）利用键盘。有两种方法：①可以在键盘上按下组合键"Ctrl+M"插入新幻灯片。②如果在"幻灯片"选项卡下，直接按下"Enter"键插入新幻灯片；如果在"大纲"选项卡下，将光标定位在正文行，按"Ctrl+Enter"键插入新幻灯片。

注意：方法（1）至（3）插入新幻灯片时，均是在选中幻灯片后插入与之版式一样的新幻灯片。但演示文稿的第 1 张幻灯片版式一般都为"标题"幻灯片，或者创建空白演示文稿时默认也是包含一张"标题"幻灯片，如在"标题"幻灯片后插入新幻灯片，幻灯片的版式不会与前面"标题"幻灯片版式相同。

（4）插入所需版式幻灯片。如果插入的新幻灯片不想与之前选中的幻灯片版式相同，可以单击"开始/幻灯片"功能区的"新建幻灯片"按钮右侧的"下拉"箭头，在下拉列表中选择所需版式，即可插入所需版式幻灯片。

除上述方法外，用户还可以使用"开始/幻灯片"功能区的"新建幻灯片/幻灯片

（大纲）"命令，可利用大纲文件自动创建幻灯片。

2. 选择幻灯片

1）选择单张幻灯片

在"幻灯片/大纲"窗格或幻灯片浏览视图中，单击幻灯片缩略图，可选择单张幻灯片。

2）选择多张连续的幻灯片

在"幻灯片/大纲"窗格或幻灯片浏览视图中，单击要的第 1 张幻灯片，按住"Shift"键的同时单击要选择的最后一张幻灯片，释放"Shift"键后，两张幻灯片之间的所有幻灯片均被选择。

3）选择多张不连续的幻灯片

在"幻灯片/大纲"窗格或幻灯片浏览视图中，单击要选择的第 1 张幻灯片，按住"Ctrl"键的同时，依次单击要选择的幻灯片，可选择多张不连续的幻灯片。

4）选择全部幻灯片

在"幻灯片/大纲"窗格或幻灯片浏览视图中，单击第 1 张幻灯片，然后按"Ctrl+A"组合键，可选择当前演示文稿中所有的幻灯片。

3. 复制幻灯片

当前要创建的幻灯片与已经存在的幻灯片格式一致，可采用先复制新幻灯片，然后进行必要的修改。

复制幻灯片时，单击选择一个幻灯片或按住"Shift"键选择连续的多张幻灯片。执行下列方法之一可复制幻灯片：

（1）执行"开始/剪贴板"功能区的"复制"命令（Ctrl＋C）及"粘贴"命令（Ctrl+V）；

（2）在选择幻灯片后，按住"Ctrl"键，拖动幻灯片。

4. 移动幻灯片

移动幻灯片就是调整幻灯片在演示文稿中的位置，可执行下列操作方法之一：

（1）在"幻灯片"选项卡下选择幻灯片后，执行"开始/剪贴板"功能区的"剪贴"命令（Ctrl+X）及"粘贴"命令（Ctrl+V）。

（2）直接拖动幻灯片到新的位置。

（3）在"大纲"选项卡下折叠幻灯片，选中需要移动的幻灯片，右键单击后在弹出的快捷菜单中单击"上移"或"下移"按钮。

5. 删除幻灯片

在幻灯片、大纲、浏览视图窗格中，选择需要删除幻灯片，按"Delete"或"Backspace"键，或右键单击，在弹出的快捷菜单中执行"删除幻灯片"命令，即可删除幻灯片。

6. 隐藏幻灯片

执行"幻灯片放映/设置"功能区的"隐藏幻灯片"命令，可使该幻灯片在放映时不放映出来，而不是删除。

二、幻灯片版式

幻灯片版式是由幻灯片中常用的对象组合设计而成。每种幻灯片的版式可包括标题、文本框、表格、图表、剪贴画、组织结构图中的一个或几个对象占位符。创建幻灯片后，可以选择幻灯片所需版式。

设置幻灯片版式，先选中一组需应用某个版式的幻灯片，单击"开始/幻灯片"功能区的"版式"按钮，弹出的"幻灯片版式"窗口中提供了11种版式供用户选择（图7-13），然后单击相应的版式，即可将该版式应用于此组幻灯片。

三、演示文稿主题

演示文稿主题是指包含演示文稿样式的文件，包括配色方案、字体选择、对象效果设置，有时还包含背景设计和填充。PowerPoint 提供了可应用于演示文稿的主题，以便为演示文稿提供设计完整、专业的外观。

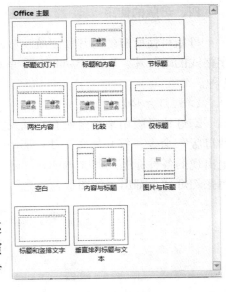

图7-13　"幻灯片版式"窗口

1. 应用已有主题

执行"设计/主题"功能区的"其他"按钮，打开如图7-14所示的"所有主题"窗口，通过缩略图查看主题的配色方案，在选定的主题缩略图上单击鼠标即可设置。

选定一个主题后，默认情况下所有幻灯片都会应用这个主题。如果要使选定的幻灯片应用新的主题，可以在"普通视图"或者"幻灯片浏览视图"中选中要应用新主题的幻灯片，在"所有主题"窗口中右击采用的新主题，在弹出的快捷菜单中选择"应用于选定幻灯片"命令即可。

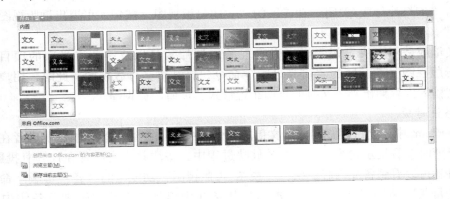

图7-14　"所有主题"窗口

2. 创建新模板

创建新模板时，首先打开现有或新建一个演示文稿，更改演示文稿的设置以符合要求，然后执行"文件/另存为"命令，输入模板文件名，选择"保存类型"为"PowerPoint 模板（*.potx)"。

四、母版的使用

母版可使所有幻灯片设置统一版式和格式。这样就能创建出具有相同装饰、图案和文字格式的幻灯片。PowerPoint 2010 系统提供的母版有幻灯片母版、讲义母版和备注母版 3 种。

1. 幻灯片母版

幻灯片母版用来确定所有标题及文本样式。执行"视图/母版视图"功能区的"幻灯片母版"命令，打开如图 7-15 所示的"幻灯片母版"视图，此时用户可以设置需在母版上出现的各种标题及其文本样式，还可以设置每张幻灯片的页眉/页脚及编号，添加需在每张幻灯片上都出现的图形及标志等。

图 7-15　"幻灯片母版"视图

单击"幻灯片母版/关闭"功能区的"关闭母版视图"按钮，可退出母版视图。

2. 讲义母版

讲义母版是用来决定每张讲义上出现的幻灯片数目以及一些讲义中的项目。执行"视图/母版视图"功能区的"讲义母版"命令，打开讲义母版视图。此时，用户可以设置演示文稿的内容输出到讲义时的页面布置形式、页眉、页脚等。

3. 备注母版

PowerPoint 中还允许用户向演示文稿的幻灯片中添加备注内容，以便演讲者在演讲过程中可以随时查看提示内容。在幻灯片放映过程中，备注并不会出现在计算机投影仪中，只有演讲者可以看到备注内容。执行"视图/母版视图"功能区的"备注母版"命令，打开"备注母版"视图。此时，可设置幻灯片备注中出现的图形、标志及备注中文本的样式。

五、幻灯片中文本的组织

1. 文本的输入

1）大纲窗格文本输入

（1）大纲窗格中，在幻灯片后可直接输入幻灯片标题。

（2）在"标题幻灯片"版式中，在"标题"后单击"Ctrl+Enter"键，新行输入副标题；再按"Enter"键，新行输入副标题。

（3）在"标题和内容"版式幻灯片中，在"标题"后单击"Ctrl+Enter"键，新行输入正文；再按"Enter"键，新行输入正文。

2）幻灯片窗格文字输入

幻灯片窗格中，单击文本占位符区域，即可输入文本。若输入的文本超过了占位符区域的宽度，将自动换行；超出了占位符区域的高度时，文字将变小以适应占位符的大小。占位符区域的文本格式是由幻灯片母版的文本格式所决定。

3）使用文本框和自选图形添加文本

（1）单击"插入/文本"功能区的"文本框/横排文本框（或垂直文本框）"按钮，在要插入文本框的位置单击鼠标，可插入一个文本框，输入文本。

（2）在绘制的自选图形内添加文本时，执行快捷菜单中的"编辑文字"命令，即可输入或修改文本信息。

（3）利用文本框和自选图形添加的文本字体、字型和对齐方式等格式不受母版的影响，可单独进行编辑和格式化设置，这些文本在大纲窗格中不显示出来。

2. 文本格式设置

在大纲视图中，字符的默认格式是由幻灯片的母版决定的。切换到幻灯片母版视图后可以设置或更改文本的格式，这将影响到所有幻灯片上的这种类型文本；大纲窗格或幻灯片中对选取的文本直接修改或设置格式，只影响到选定的文本。

格式的设置可通过"开始"功能区的工具按钮和快捷菜单相应项进行设置。对于已经输入的文本，可以进行各种编辑（包括选择、设置字体和段落、修改、移动、复制和删除），这些操作和 Word 基本相似。

六、幻灯片中添加对象

1. 插入图片

执行"插入/图像"功能区的"图片"命令，在打开的"插入图片"对话框中可以插入来自文件的图片。

2. 插入剪贴画

执行"插入/图像"功能区的"剪贴画"命令，窗口右侧将出现"剪贴画"窗格。通过设置搜索文字和结果类型，可以将需要的剪贴画插入幻灯片，包括插图、照片、视频和音频。

3. 插入形状

执行"插入/插图"功能区的"形状"命令，在弹出的下拉列表框中选择要插入的形状，此时指针变为"十字形"，在需要绘制形状的位置按住鼠标左键不放进行拖动，即可绘制形状。

4. 插入图示

执行"插入/插图"功能区的"SmartArt"命令，打开如图 7-16 所示的对话框，选择图示类型后点"确定"按钮即可。图示类型包括列表、流程、循环、层次结构、关系、矩阵、棱锥图和图片 8 种。

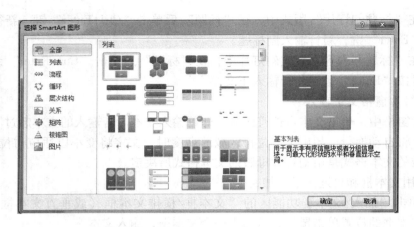

图 7-16　"选择 SmartArt 图形"对话框

5. 插入媒体

执行"插入/媒体"功能区的"视频（或音频）"命令，在弹出的下拉列表中选择"文件中的视频（或文件中的音频）"可插入来自文件的视频、音频数据；选择"剪贴画视频（或剪贴画音频）"可从剪辑管理器插入视频（或音频）。插入的视频文件格式有 avi、mpg、wmv 等，音频文件格式有 mid、wav 等。

6. 插入表格

执行"插入/表格"功能区的"表格"命令，可在幻灯片中建立一个表格。单击表格会出现"表格工具"上下文选项卡，利用它可对表格进行格式化。

7. 插入图表

执行"插入/插图"功能区的"图表"命令，可方便地在幻灯片中插入图表，然后进行图表编辑。

8. 插入对象

执行"插入/文本"功能区的"对象"命令，打开"插入对象"对话框，可插入新建的对象和应用程序已经建立的对象文件。

9. 插入超级链接

超级链接是可操作的显示对象（如文字或图片），其中隐含了一个转移地址。单击超级链接，可按地址定位到转移地址指向的位置或区域。选择超级链接的显示对象，执行"插入/链接"功能区的"超链接"命令（Ctrl+K）、打开如图 7-17 所示的对话框；输入"要显示的文字"，选择"链接到"的目标位置的类型；选择或输入目标地址。

设置超链接后，超链接文字将以超链接颜色显示并加下划线，图形则无明显标志。当插入点移动到超级链接之上，插入点图形会变成"小手"，单击则转移到地址指向的位置或区域。

10. Flash 嵌入幻灯片

在幻灯片中嵌入 Flash 文件，需要在嵌入之前先将控件按钮添加到功能区。其具体步骤如下：

（1）单击"快速访问工具栏"右侧的"自定义快速访问工具栏"下拉箭头按钮，在打开的下拉列表中选择"其他命令"打开"PowerPoint 选项"对话框。

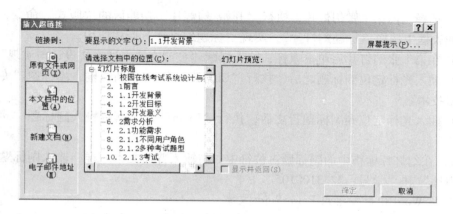

图 7-17 "插入超链接"对话框

（2）勾选"自定义功能区/主选项卡"列表框（右侧列表框）中的"开发工具"复选框，单击"确定"按钮，将"开发工具"选项卡添加到窗口的功能区。

（3）选中需要添加 Flash 动画的幻灯片，单击"开发工具/控制"功能区的"其他控件"命令打开"其他控件"对话框，选择"Shockwave Flash Object"对象（控件列表内容很多，用户可以按键盘"S"键，快速定位控件），单击"确定"按钮。

（4）控件插入后鼠标变为"十字形"，在幻灯片空白处拖动鼠标来决定 Flash 播放的大小和位置；鼠标右键单击刚插入的控件，在打开的"属性"对话框中设置"Movie"属性为 SWF 格式文件的 URL 或路径（最好 Flash 文件跟 PowerPoint 文件放同一路径）即可完成将 Flash 嵌入幻灯片的操作。

任务实施

一、在演示文稿中组织文本

1. 在"大纲"窗格中设置幻灯片及主副标题输入

在"在线考试系统 .pptx"中，利用"大纲"窗格，在"1 前言"幻灯片前增加 1 张幻灯片，应用"标题幻灯片"版式，且在"大纲视图"中输入主标题及副标题。其操作步骤如下：

（1）双击"在线考试系统 .pptx"演示文稿，启动 PowerPoint 的同时打开该演示文稿。

（2）单击 PowerPoint 窗体的左下角的"普通视图"按钮，选择"大纲"选项卡。

（3）插入光标定位到"大纲"选项卡中第 1 张幻灯片"1 前言"中的正文最后（"1.3 开发意义"的最后）。

（4）执行"Ctrl+Enter"键，在第 1 张幻灯片"1 前言"后插入 1 张与其版式一样的新幻灯片（第 2 张幻灯片）。

（5）鼠标指向第 2 张幻灯片，拖动到第 1 张幻灯片之上，释放鼠标，此时原来的第 2 张成为第 1 张幻灯片，实现幻灯片的移动。

（6）选择当前第1张幻灯片，执行"开始/幻灯片"功能区的"版式"命令，在弹出的下拉列表框中选择"标题幻灯片"，实现"标题幻灯片"版式应用。

（7）在第1张幻灯片后单击鼠标，输入标题"校园在线考试系统设计与实现"。

（8）插入光标定位到标题之后，执行"Ctrl+Enter"键，新行输入副标题"专业：计算机网络技术"。

（9）插入光标定位到副标题行之后，执行"Enter"键，新行输入副标题"班级：网络331001"。

（10）在幻灯片窗格中的副标题占位符中，与输入普通文本一样，输入副标题如"姓名：高玥烑"和"学号：3233100105"。

2. 利用 Word 中数据组织 PowerPoint 文本

以"在线考试系统 PPT（2）.docx"为素材，在"在线考试系统.pptx"演示文稿的幻灯片"3.1 设计目标""3.2 系统开发模式、构架"中组织文本。其操作步骤如下：

（1）打开"在线考试系统 PPT（2）.docx"Word 文档（以下称"Word 文档"）和"在线考试系统.pptx"演示文稿（以下称"演示文稿"）。

（2）依据"任务1"中将 Word 文档发送为演示文稿的操作方法，将打开的 Word 文档发送为演示文稿，具体内容分配参考图 7-18 和图 7-19 所示。

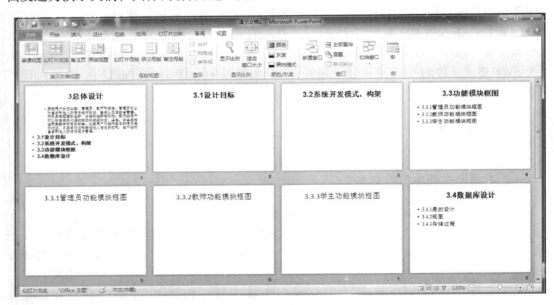

图 7-18　Word 文档发送为演示文稿的内容分配（1）

（3）将分配好内容的演示文稿中的所有幻灯片复制到"在线考试系统.pptx"演示文稿的最后。

（4）在 Word 文档的"3.1 设计目标"标题下的正文中，双击鼠标左键，选择该标题下正文；执行"Ctrl+C"命令，复制选择文本。

（5）在演示文稿中，选择幻灯片（"3.1 设计目标"），插入光标定位在文本占位符中，执行"Ctrl+V"命令，将复制的文本粘贴到占位符中。

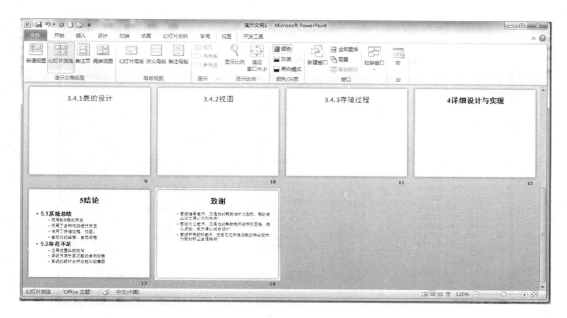

图 7-19　Word 文档发送为演示文稿的内容分配（2）

（6）在"大纲"选项卡下，右键单击刚复制的文本，在弹出的快捷菜单中选择"降级"命令，使该段文本降级。

（7）选择 Word 文档的"3.2 系统开发模式、构架"标题下的正文，将其复制到幻灯片（"3.2 系统开发模式、构架"）的占位符中。

（8）组织幻灯片"3.2 系统开发模式、构架"中的文本。插入光标定位到幻灯片"B/S 模式……结构"的段落中并右键单击，在弹出的快捷菜单中选择"降级"命令，产生多级文档效果。

（9）选择"3.2.2 系统开发构架"下的两个段落后右键单击，在弹出的快捷菜单中选择"降级"按钮，可使两段落同时降级，实现多级文档效果。

3. 两个文本占位符中组织多级文本

利用"在线考试系统 PPT（2）.docx"中的内容，在"在线考试系统 .pptx"演示文稿的幻灯片"4 详细设计与实现"中，组织如图 7-20 所示的多级层次的正文。其操作步骤如下：

（1）在 Word 中选择标题"4 详细设计与实现"下的 20 行文本，执行"Ctrl+C"命令。

（2）在演示文稿中选择幻灯片"4 详细设计与实现"，设置版式为文字版式下的"两栏内容"。

（3）插入光标定位在左边的文本占位符中，执行"Ctrl+V"命令，所有内容粘贴在其中。

（4）插入光标定位在"4.2.6 教师管理模块"段落之首，执行"Ctrl+Shift+End"命令，选择插入光标到文本框尾的文本。

（5）执行"Ctrl+X"命令，将选择内容剪切到剪贴板。

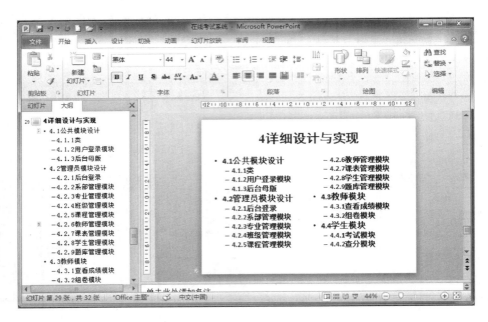

图 7-20 "多级正文"效果图

（6）插入光标定位在右边的文本占位符中，执行"Ctrl+V"命令。

（7）在"大纲"选项卡中对相应的文本进行"降级"。

二、美化演示文稿

1. 设置主题

为演示文稿设置主题，统一演示文稿的主题、背景及配色方案等。其具体操作步骤为：在"设计/主题"功能区的列表中选择"聚合"主题，应用于所有幻灯片。

2. 设置母版

由于该演示文稿是毕业答辩演示文稿，答辩人需要控制时间进行演示，需要为演示文稿中除标题页之外的所有幻灯片嵌入时钟动画，当幻灯片放映时，始终显示计算机系统时间。其具体操作步骤为：

（1）单击"快速访问工具栏"右侧的"自定义快速访问工具栏"下拉箭头按钮，在打开的下拉列表中选择"其他命令"打开"PowerPoint 选项"对话框。

（2）勾选"自定义功能区/主选项卡"列表框（右侧列表框）中的"开发工具"复选框，单击"确定"按钮，将"开发工具"选项卡添加到窗口的功能区。

（3）执行"视图/母版视图"功能区的"幻灯片母版"命令按钮，进入"幻灯片母版"视图，选中除标题幻灯片以外的幻灯片，单击"开发工具/控制"功能区的"其他控件"命令按钮，打开"其他控件"对话框，选择"Shockwave Flash Object"对象（控件列表内容很多，用户可以按键盘"S"键，快速定位控件），单击"确定"按钮。

（4）控件插入后鼠标变为"十字形"，在幻灯片右下角拖动鼠标来决定 Flash 播放的大小和位置；鼠标右键单击刚插入的控件，在打开的"属性"对话框中设置"Movie"属性为 SWF 格式文件的 URL 或路径（最好 Flash 文件跟 PowerPoint 文件放同一路径）。本次设置时，先将存放在素材文件夹下名为"clock. swf"的时钟动画文件移动到演示文稿所在文件夹，再进行设置，即可完成将 Flash 嵌入幻灯片母版的操作。

三、在演示文稿中插入对象

1. 绘制功能模块框图

1）利用"插入形状"的方法

在"在线考试系统.pptx"演示文稿的"3.3.1 管理员功能模块框图"中绘制如图7-21所示的功能模块框图；设置"管理员"文本框宽"4.6 厘米"、高"1.65 厘米"，"单实线"边框，文本水平、垂直都"居中"；其他为垂直文本框，宽"1.65 厘米"、高"4.6 厘米"，文本垂直"居中"；所有文本"24 号""加粗"；"管理员"文本框与垂直文本框之间用"肘形连接符"连接。其操作步骤如下：

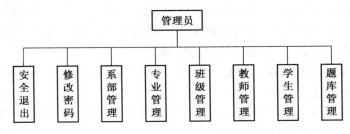

图 7-21　"管理员"功能模块框图

（1）选择"3.3.1 管理员功能模块框图"幻灯片，设置版式为"仅标题"。

（2）执行"插入/文本"功能区的"文本框/横排文本框"命令，在幻灯片中拖动绘制文本框，并输入"管理员"；选择"管理员"文本，设置字号为"24 号""加粗""居中对齐"；双击"管理员"文本框，功能区出现"绘图工具"上下文选项卡，单击"格式"选项卡下最右侧"大小"右下角的"大小与位置"按钮，打开如图 7-22 所示的"设置形状格式"对话框，设置"大小"为宽度"4.6 厘米"、高度"1.65 厘米"；设置"文本框"垂直对齐方式为"中部对齐"；设置"线条颜色"为"实线"。

图 7-22　"设置形状格式"对话框

（3）执行"插入/文本"功能区的"文本框/垂直文本框"命令，在幻灯片中拖动绘制文本框，并输入"安全退出"；选择"安全退出"文本，设置字号为"24号""加粗""居中对齐"；双击"安全退出"文本框，功能区出现"绘图工具"上下文选项卡，单击"格式"选项卡下最右侧"大小"右下角的"大小与位置"按钮，打开"设置形状格式"对话框，设置"大小"为宽度"1.65厘米"、高度"4.6厘米"；设置"文本框"垂直对齐方式为"中部对齐"；设置"线条颜色"为"实线"。

（4）再复制垂直文本框7个，设置好两端位置；在幻灯片窗格中拖动鼠标，框选所有垂直文本框；执行"开始/绘图"功能区的"排列/对齐/顶端对齐"及"排列/对齐/横向分布"命令，使所有垂直文本框顶端同高且间距相等；然后按照图7-21所示的修改垂直文本框中的文本内容。

（5）双击"插入/插图"功能区的"形状/线条/肘形连接符"。

（6）鼠标指向"管理员"文本框下中点时显示"红色"点，且鼠标光标变为"十字形"，单击鼠标；移动鼠标到垂直文本框上中点时显示"红色"点，且鼠标光标变为"十字形"，单击鼠标，完成一个肘形连接符的绘制。

重复上述步骤，绘制其他连接线。注意：单击"肘形连接符"只能绘制一条连接线。

2）利用"插入图示"的方法

在"在线考试系统.pptx"演示文稿的"3.3.2教师功能模块框图"中绘制如图7-23所示的功能模块框图，其操作步骤如下：

（1）选择"3.3.2教师功能模块框图"幻灯片，设置版式为"标题和内容"。

（2）单击幻灯片中占位符下"插入SmartArt图形"按钮，打开如图7-16所示的"选择SmartArt图形"对话框，选择"层次结构"类中的"组织结构图"，幻灯片中出现如图7-24所示的组织结构图，单击"文本"可根据图7-23修改文本内容。

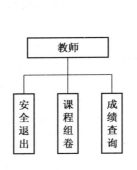

图7-23 "教师"功能模块框图

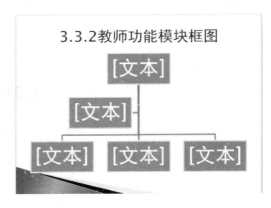

图7-24 插入组织结构图

（3）将第1和第2层的内容修改完后，选中两层中间的"助理"文本框，按"Delete"键将其删除，再将整个组织结构图调整到合适的大小。最终的效果如图7-25所示。幻灯片"3.3.3学生功能模块框图"中的功能框图要求同上，内容按照图7-26所示填充。

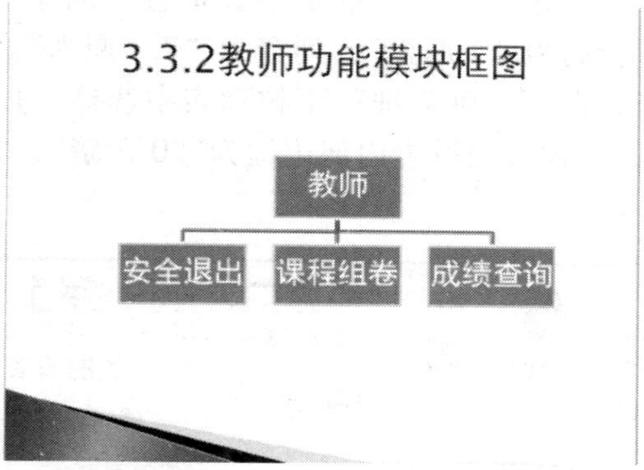

3.3.2教师功能模块框图

教师

安全退出　课程组卷　成绩查询

图 7-25　"教师"功能模块框图效果图

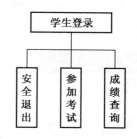

图 7-26　"学生登录"功能模块框图

2. 在幻灯片中插入表格

在"在线考试系统.pptx"演示文稿的幻灯片"3.4.1 表的设计"中插入表 7-2 所示的表格，文本水平及垂直"居中"，字号"18"；表格样式为"主题样式1-强调3"；表格的行高为"1 厘米"，列宽为"7.5 厘米"；表格外边框线"1 磅"，内边框线"0.5 磅"。其操作步骤如下：

表 7-2　数据库中表的说明

表　名	语　义	作　用
tblAdmin	管理员信息表	表用于存储管理员的信息
tblDept	系部表	用于存储系部的信息
tblSpecialy	专业表	用于存储专业信息
tblClass	班级表	用于存储班级信息
tblTeacher	教师表	用于存储教师信息
tblCourse	课程表	用于存储课程表信息
Class_ CNo_ TNo	课表	用于存储课表信息
tblStudent	学生表	用于存储学生信息
tblTestQuestion	题库表	用于存储题库信息
tblTestPaper	试卷表	用于存储试卷信息
tblTestScore	考试成绩表	用于存储考试成绩信息
tblTestRecord	考试记录表	用于存储考试记录信息

（1）选择"3.4.1 表的设计"幻灯片，设置版式为"标题和内容"。

（2）单击幻灯片中占位符下"插入表格"按钮，打开如图 7-27 所示的"插入表格"对话框，设置列数为"3"，行数为"13"，单击"确定"，在幻灯片中插入表格；在单元格中输入相应数据。

（3）选中整表，将"表格样式"设置为"主题样式1-强调3"；在"开始/字体"中设置整表文本的字号为"18"。

（4）双击表格，功能区出现"表格工具"上下文选项卡；选择"布局"选项卡，执行"对齐方式/居中（及垂直居中）"命令按钮，设置文本水平及垂直"居中"；执行"单元格大小/高度（宽度）"命令，设置行高为"1厘米"，列宽为"7.5厘米"。

（5）选中整表，选择"设计"选项卡，在"笔画粗细"下拉列表中选择"1.0磅"，在"边框"下拉列表中选择"外侧边框"；同样方法设置内部边框为"0.5磅"，如图7-28所示。

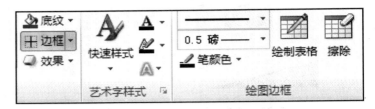

图7-27　"插入表格"对话框　　　　　　　图7-28　设置表格表框

3. 在幻灯片中插入图片

在"在线考试系统.pptx"演示文稿的"3.4.2视图"幻灯片中插入"视图.PNG"图片，并设置大小为原尺寸的1.5倍。其操作步骤如下：

（1）选择幻灯片"3.4.2视图"，设置版式为"标题和内容"。

（2）单击幻灯片中占位符下"插入图片"按钮，打开"插入图片"对话框，选择"视图.PNG"，单击"插入"按钮，如图7-29所示。

（3）在图片上双击，功能区出现"图片工具"上下文选项卡，在"格式"选项卡下单击"大小"功能区右下角的"大小和位置"按钮，打开如图7-30所示的"设置图片格式"对话框，在"大小"选项卡中，设置高度与宽度的缩放比例均为"150%"。

图7-29　"插入图片"对话框　　　　　图7-30　"设置图片格式"对话框

4. 通过剪贴板在幻灯片中插入图片

在"在线考试系统.pptx"演示文稿的"3.4.2.3存储过程"幻灯片中，插入Word中的相应图片。其操作步骤如下：

（1）在Word中选择"3.4.3存储过程"下的图片，执行"Ctrl+C"命令。

（2）在演示文稿中选择幻灯片"3.4.3存储过程"，设置版式为文字版式下的"仅标题"。

（3）执行"开始/剪贴板"功能区的"粘贴/选择性粘贴"，打开"选择性粘贴"对话框，选择"粘贴"类型为"位图"（图7-31），单击"确定"。

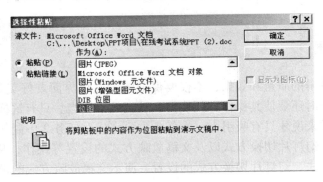

图7-31 "选择性粘贴"对话框

（4）拖动图片上下的控点，调整图片大小。

5. 插入超级链接

在"在线考试系统.pptx"演示文稿中插入超级链接，实现单击摘要幻灯片中的每一项能够直接切换到相对应的幻灯片，并且从幻灯片能返回到上一级摘要幻灯片。其操作步骤如下：

（1）给幻灯片"1 前言"插入超级链接。选中幻灯片中文字"1.1 开发背景"，单击"插入/链接"功能区的"超链接"命令按钮，打开"插入超链接"对话框，选择"本文档中的位置"列表中的第3张幻灯片（图7-32），单击"确定"按钮。剩下的两项步骤同上。

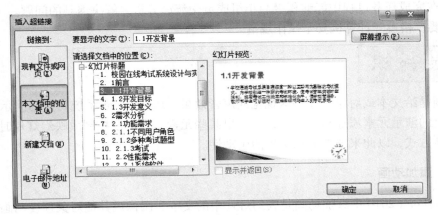

图7-32 设置"超链接"的位置

（2）在第3张幻灯片插入超级链接后返回到第2张。打开第3张幻灯片，单击"插入/插图"功能区的"形状/箭头总汇/上弧形箭头"，此时鼠标变形为"十字形"，在幻灯片右上方拖动鼠标到适当大小和位置，然后松开鼠标，添加一个箭头；单击箭头，按照前面的方法插入超链接，链接地址为第2张幻灯片。复制设置好超链接的箭头，打开第4、第5张幻灯片，执行"粘贴"命令，完成"前言"部分的超链接设置。

（3）按照上述步骤和方法，完成整个演示文稿的超链接设置。

任务3 动画效果设置

要保证毕业答辩的质量和效果，不仅要保证演示文稿界面友好美观、色彩搭配协调、内容正确充实，同时还要使其操作方便快捷、动画效果适当。只有这样的演示文稿对观众和答辩委员会评委来说才具有吸引力。本任务主要完成对任务2中制作的毕业答辩演示文稿进行动画效果、幻灯片切换方式以及文稿放映方式的设置等操作，从而掌握 PowerPoint 系统动画设置的方法、幻灯片切换方式的设置、演示文稿放映方式的设置等。

知识要求：

1. 幻灯片中对象动画效果及动作按钮的设置。
2. 幻灯片切换方式的设置。
3. 演示文稿放映方式的设置。

能力要求：

1. 掌握幻灯片动画效果的应用技巧。
2. 掌握幻灯片切换方式的设置方法。
3. 掌握演示文稿不同放映方式的设置及应用。

态度要求：

1. 能主动学习，通过阅读、小组讨论等形式进行相关知识的拓展。
2. 在完成任务过程中能够积极与小组成员交流、分析并解决遇到的问题。
3. 要严格遵守计算机安全操作规范。

动画是给文本或对象添加特殊视觉或声音效果。PowerPoint 系统可以为演示文稿的各幻灯片上的演示元素添加动画效果，以突出某些元素；也可以控制放映幻灯片时幻灯片之间的切换方式，以此来增加演示文稿的生动性。

一、添加动画

PowerPoint 2010 中添加动画是为幻灯片中的文本、图像或其他对象预设动画效果，以便增强演示文稿的放映效果，共有进入、强调、退出和动作路径4类动画效果。若要使文本或对象以某种效果进入幻灯片放映演示文稿，设置"进入"动画效果；若要为幻灯片上的文本或对象添加某种效果，设置"强调"动画效果；若要为文本或对象添加某种效果以使其在某一时刻离开幻灯片，设置"退出"动画效果；若要为对象添加某种效果以使其按照指定的模式移动，设置"动作路径"动画效果。

1. 添加动画效果

添加动画效果有以下两种方法：

（1）选中需要添加动画效果的对象后，在"动画"功能区的列表中直接单击需要的效果即可。

（2）在选中需要添加动画效果的对象后，执行"动画/高级动画"功能区的"添加动画"命令按钮；在展开的"添加动画"下拉列表框中，选择需要的动画效果。若要选择更多的动画效果，选择下拉列表框中的"更多进入（或强调/退出）效果"或"其他动作路径"选项，打开相应的对话框，选择需要动画效果，如图7-33所示。

图7-33 "添加动画"下拉列表

2. 设置动画效果

添加动画效果后，可以在"动画"功能区进行动画效果的修改，如图7-34所示。不同的动画，修改的选项也会不同。

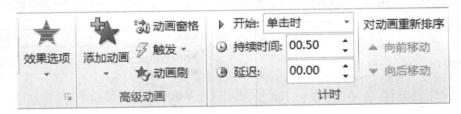

图7-34 部分"动画"功能区

（1）方向序列设置：单击"效果选项"，可以对动画出现的方向、序列等进行调整。

（2）开始时间设置：默认为"单击时"，如果单击"开始"后的下拉列表，则会出现"与上一动画同时"和"上一动画之后"。如果选择"与上一动画同时"，那么此动画就会和同一张PPT中的前一个动画同时出现（包含过渡效果在内）；选择"上一动画之后"就表示上一动画结束后再立即出现。如果有多个动画，建议选择后两种方式，这样对于幻灯片的总体时间比较好把握。

（3）动画速度设置：调整"持续时间"，可以改变动画出现的快慢。

（4）延迟时间设置：调整"延迟时间"，可以让动画在"延迟时间"设置的时间到达后才开始出现，对于动画之间的衔接特别重要，便于观众看清楚前一个动画的内容。

（5）调整动画顺序：如果需要调整同一张幻灯片中多个动画的播放顺序，则单击其中一个对象，在"对动画重新排序"下面选择"向前移动"或"向后移动"。更为直接的办法是单击"动画窗格"，在窗口右侧出现"动画窗格"。拖动每个动画效果，改变其上下位置可以调整出现顺序，也可以单击右键将动画删除。

（6）复制动画效果：PowerPoint 2010 新增了一个和 Word 文档中"格式刷"功能相近的工具"动画刷"。利用"动画刷"可以快速地复制动画效果到其他的对象上，而且使用方法和"格式刷"功能类似。使用"动画刷"工具还可以在不同幻灯片或 PowerPoint 文档之间复制动画效果，由此可以看出其功能是相当强大。当鼠标指针右边出现刷子图案时可以切换幻灯片或 PowerPoint 文档以将动画效果复制到其他幻灯片或 PowerPoint 文档。

（7）触发器：PowerPoint 中的触发器，可以是一个文本框、图片、形状等，相当于一个按钮。在幻灯片中设置好触发器功能后，点击触发器会触发一个操作，该操作可以是文本框、图片、形状，也可以是多媒体音乐、影片、动画等。演示文稿中的每一张幻灯片空间有限，想要在幻灯片中让一些元素在需要的时候出现，不需要的时候隐藏起来，这时可以利用"触发器"实现。执行"动画/高级动画"功能区的"触发"命令按钮，可以为幻灯片中的对象设置"触发器"功能。

二、动作按钮

PowerPoint 系统提供了一种现成的创建链接的方式，即动作按钮。单击"插入/插图"功能区"形状"按钮的下拉箭头，在弹出的下拉列表框中拉动滚动条，最后一组形状为"动作按钮"，如图 7-35 所示。选择"动作按钮"后在幻灯片中单击（默认大小）或拖动（指定大小）绘制此动作按钮，并打开如图 7-36 所示的"动作设置"对话框，可设置在演示文稿播放过程中当鼠标单击或移过此按钮对象时可能要发生的动作；可跳转到某张幻灯片，也可以是执行某段程序；当动作发生时，用户还可以指定其伴随的声音。

图 7-35　"动作按钮"功能区

图 7-36　"动作设置"对话框

若选择"超级链接到"单选项，可从其列表中选择"幻灯片"链接到指定的幻灯片。

三、幻灯片切换方式

幻灯片的切换方式是指在演示文稿放映过程中每张幻灯片进入放映屏幕的效果。幻灯片的切换效果是幻灯片的属性，PowerPoint 系统允许用户为演示文稿中的每张幻灯片设置不同的切换效果，也可以设置相同的切换效果。

单击"切换/切换到此幻灯片"功能区右侧的"其他"按钮，打开切换效果列表，可以选择合适的切换效果进行设置。幻灯片的切换效果还可以在"切换"功能区进行更详细的设置，如图 7-37 所示。

图 7-37 部分"切换"功能区

（1）效果选项：对所选切换效果的方向或颜色等属性进行更改。

（2）声音：选择一种声音，在上一张幻灯片切换到当前幻灯片时播放该声音。

（3）持续时间：指定切换的长度。

（4）全部应用：将演示文稿中所有幻灯片的切换效果设置为与当前所选幻灯片相同的切换效果。

（5）换片方式：可指定下一张幻灯片出现的触发方式。可在单击鼠标时切换幻灯片，也可在上一张幻灯片出现后暂停一定的时间间隔再切换幻灯片，还可以两种方式都选择。此时，再单击鼠标和经过预定时间后都能换页且以较早发生的事件为准。

四、排练计时

在放映每张幻灯片时，不想人为控制每张幻灯片切换，需要有适当的时间供演示者表达自己的思想且供观众领会所要表达的内容，可以通过下述两种方法设置幻灯片在屏幕上显示时间的长短。

（1）人工为每张幻灯片设置时间，即勾选复选框"设置自动换片时间"选项，并设置需要幻灯片在屏幕上显示的秒数，然后运行幻灯片放映并查看所设置的时间。

（2）执行"幻灯片放映/设置"功能区的"排练计时"命令，打开"预演"计时窗口，在排练时自动记录时间或者调整已设置的时间。

五、幻灯片放映

1. 放映方式

PowerPoint 中提供了演讲者放映、观众自行浏览及在展台浏览 3 种不同的方式放映幻灯片。执行"幻灯片放映/设置"功能区的"设置幻灯片放映"命令，打开如图 7-38 所示的"设置放映方式"对话框，在"放映类型"中选定相应的选项即可设置放映方式。

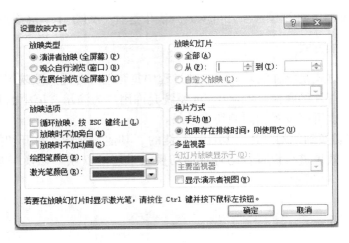

图7-38 "设置放映方式"对话框

1）演讲者放映

演讲者放映（全屏幕）可运行全屏显示的演示文稿，通常用于演讲者播放演示文稿。在演讲者放映方式下，演讲者对演示文稿的放映具有完全的控制权，可以采用自动或人工方式运行放映。演讲者可以将演示文稿暂停、添加会议细节或即席反应，还可以在放映过程中加入旁白。需要将幻灯片投射到大屏幕上或参加演示文稿的会议时，也可以使用此种放映方式。

2）观众自行浏览

观众自行浏览（窗口）是观众运行播放，使观众更具有参与感。它以窗口方式播放，适用于小规模的演示，如通过局域网络浏览等。

观众自行浏览方式下，演示文稿会显示在小型的窗口内，观众可以使用命令在放映时移动、编辑、复制和打印幻灯片。此方式下，观众还可以使用滚动条从一张幻灯片移到另一张幻灯片；还可打开其他程序。窗口也可显示"Web"工具栏，以便浏览其他的演示文稿和Office文档。

3）在展台浏览

在展台浏览（全屏幕）可自动运行演示文稿。如果摊位、展台或其他地点需要运行无人管理的幻灯片放映，可以将幻灯片放映设置为：运行时菜单和命令都不可用，并且在每次放映完毕后自动地重新开始。

2. 设置幻灯片的放映范围

放映幻灯片时，系统默认的设置是播放所有的幻灯片。根据需要可以在如图7-38所示的"设置放映方式"对话框的"放映幻灯片"区中指定要放映的幻灯片的范围。其中"全部"是指所有的幻灯片；"从："、"到："是指定开始的幻灯片和结束的幻灯片；"自定义放映"则可在右边的下拉列表选择当前演示文稿中的某个自定义进行放映。

3. 启动幻灯片放映

在PowerPoint中，单击演示文稿窗口右下角的"幻灯片放映"视图按钮或执行"幻灯片放映/从当前幻灯片开始"命令，将从当前选择的幻灯片放映；执行"幻灯片放映/从头开始"命令，将从第1张幻灯片放映。

296

4. 自定义放映

PowerPoint 的自定义放映功能，允许用户在同一个演示文稿中建立不同的放映效果。通过这个功能，演示者针对不同的听众将演示文稿中的几张幻灯片组合起来并加以设置，然后在演示过程中只跳转到这些幻灯片上。自定义放映实质上只是一个索引文件，其中保存了要放映的幻灯片和每张幻灯片的播放次序，PowerPoint 系统按照这个索引文件的名称和顺序播放幻灯片。执行"幻灯片放映/自定义幻灯片放映"命令，打开如图 7-39 所示的"自定义放映"对话框，建立自定义放映。

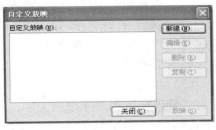

图 7-39　"自定义放映"对话框

任务实施

必须注意，设置演示文稿的动画效果必须适合文稿的内容，如果是广告宣传、产品推介等可以将动画效果设置丰富一些；如果像本例中设计的是答辩演示文稿，动画效果就不能太多太乱，以免让人产生不庄重的感觉。下面以毕业答辩文稿为例说明演示文稿动画效果的设置。

一、设置自定义动画

设置幻灯片"4 详细设计与实现"中的标题，在打开幻灯片时自定义动画；之后文本框中的内容每 2 秒飞入一个段落。

（1）选择幻灯片"4 详细设计与实现"。

（2）选择"标题"文本"4 详细设计与实现"。

（3）单击"动画/高级动画"功能区的"添加动画"按钮，在下拉列表中选择"强调"类型下"陀螺旋"动画效果。

（4）在"动画/计时"功能区的"开始"下拉列表中选择"与上一动画同时"；"效果选项"下拉列表中选择方向为"逆时针"，数量为"完全旋转"。

（5）选择左文本框，单击"添加动画"列表按钮，选择"进入"类型下"飞入"动画效果。

（6）在"动画/计时"功能区的"开始"下拉列表中选择"上一动画之后"；"效果选项"下拉列表中选择方向为"自底部"，"序列"为"按段落"；"延迟"为"2 秒"。

（7）右文本框的自定义动画效果设置，按步骤（5）、步骤（6）操作。

二、设置触发器

设置幻灯片"2.1.1 不同用户角色"中的角色介绍，将幻灯片中"管理员""教师"和"学生"文字形象地变换为素材文件夹中相应的图片并对图片设置触发器，单击图片弹出相应的角色介绍。其具体操作步骤如下：

（1）选中幻灯片"2.1.1 不同用户角色"，按下"Ctrl"键的同时，将鼠标放在选中幻灯片上并拖动鼠标至其下的位置，完成幻灯片的复制。

（2）在复制的幻灯片中，将放置内容的文本框删除，执行"插入/图像"功能区的"图片"按钮，打开"插入图片"对话框，在素材文件夹中选择"管理员.jpg""教师.jpg"和"学生.jpg"3个文件，插入到幻灯片；将插入的图片调整到合适的大小和位置，如图7-40所示。

（3）执行"插入/文本/文本框/横排文本框"，在幻灯片中插入一个文本框，在其中输入"管理员"相关介绍的文字；双击文本框，打开"绘图工具"上下文选项卡，单击"格式/大小"右下角的按钮，打开"设置形状格式"对话框，设置文本框大小为高度"3.5厘米"、宽度"22厘米"，在幻灯片上的位置设置为水平"1.8厘米"，垂直"13厘米"；选中文本框内文字设置字体为"黑体"，字号"32"，字体颜色为"蓝色"，行距为"1.2倍行间距"。

（4）设置触发器效果。单击文本框，执行"动画/添加动画/进入"中的"擦除"效果，"效果选项"为"自顶部"；执行"动画/触发/单击"命令，打开的下拉列表中选择"图片1"，即完成触发进入的效果；再次选中文本框，添加退出效果为"擦除"，方向为"自底部"，即完成触发退出的效果；执行"动画/动画窗格"命令，在窗口打开如图7-41所示的"动画窗格"，拖动图7-41所示绿色标记处进入效果到触发器下方，并在该图红色标记处退出效果之前，即完成"管理员"的触发动画效果。

图7-40　插入图片后的效果图　　　　图7-41　"动画窗格"窗口

（5）重复步骤（3）和（4），将文本框内容改为另外两个角色的介绍内容，设置"触发"时图片改为后面的两个图片即可完成。

（6）设置完成后，将原来的文字幻灯片"2.1.1不同用户角色"删除（选中幻灯片，按"Delete"键）。

三、设置幻灯片切换方式

在"在线考试系统.pptx"演示文稿中，设置所有幻灯片在单击鼠标时采用"翻转"切换效果进行切换，且伴有风铃声音。

（1）选择任意幻灯片。

（2）在"切换/切换到此幻灯片"功能区的切换效果列表中选择"翻转"切换效果。

（3）在"切换/计时"功能区设置声音为"风铃"，单击"全部应用"按钮。

任务4　演示文稿权限设置及输出

若希望保护自己的演示文稿，防止未被授权的随意使用、传播或者更改，那么必须对其进行权限设置；若希望对自己的演示文稿内容加以推广，那么对其进行打包并进行网上发布是经常采用的方式。本任务完成对制作的答辩演示文稿进行权限设置以及打包和发布等操作，掌握 PowerPoint 系统中演示文稿的权限设置和打包发布的方法。

知识要求：

1. 演示文稿权限设置。
2. 打包和发布。

能力要求：

1. 掌握演示文稿权限设置的方法。
2. 掌握演示文稿打包和发布的基本操作。

态度要求：

1. 能主动学习，通过阅读、小组讨论等形式进行相关知识的拓展。
2. 在完成任务过程中能够积极与小组成员交流、分析并解决遇到的问题。
3. 要严格遵守计算机安全操作规范。

相 关 知 识

一、演示文稿权限设置

通过演示文稿的权限设置可以保护演示文稿的使用和所有权，防止未被授权的随意使用、传播或者更改。执行"文件/信息/保护演示文稿/用密码进行加密"命令，打开"加密文档"对话框进行密码设置。

二、打包

"打包"是利用打包向导压缩演示文稿，将演示文稿（包括所有链接的文档和多媒体文件）和运行环境保存在 CD 或复制到文件夹，这样可以轻松地携带演示文稿或向其他人传送演示文稿。即使对方的计算机上没有安装 PowerPoint，默认将 PowerPoint 的播放器打在包内，就可以在任何一台计算机上播放打包的演示文稿。执行"文件/保存并发送/将演示文稿打包成 CD"命令，实现演示文稿的打包。

三、演示文稿打印

PowerPoint 建立的演示文稿不仅可以在屏幕上放映，而且还可以打印出来。PowerPoint 的打印功能非常强大，它可以将幻灯片打印到纸上，也可以打印到投影胶片上通过投影仪来放映，还可以制作成35毫米的幻灯片通过幻灯机来放映。

一、设置毕业答辩演示文稿权限

设置毕业答辩演示文稿密码的操作如下：

（1）执行"文件/信息/保护演示文稿/用密码进行加密"命令，打开如图7-42所示的"加密文档"对话框。

（2）在"密码"文本框中设置密码，单击"确定"按钮。

二、打包毕业答辩演示文稿

将"在线考试系统"演示文稿以"毕业答辩发布"为文件夹，且包含有PowerPoint播放器、链接文件和相应字体保存在"我的文档"。其操作步骤如下：

（1）单击"文件/保存并发送/将演示文稿打包成CD"选项卡下的"打包成CD"功能按钮，打开如图7-43所示的"打包成CD"对话框。

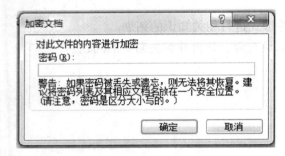

图7-42　"加密文档"对话框

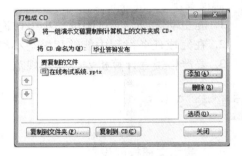

图7-43　"打包成CD"对话框

（2）在"将CD命名为"文本框中输入"毕业答辩发布"；单击"添加"按钮，选择要打包的文件；单击"选项"按钮，在如图7-44所示的"选项"对话框中进行选项设置和打开、修改密码设置；单击"确定"按钮，返回"打包成CD"对话框。

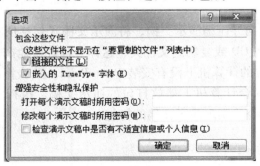

图7-44　"选项"对话框

（3）单击如图 7-43 所示的"打包成 CD"对话框上的"复制到文件夹"按钮，打开"复制到文件夹"对话框，设置文件名称为"毕业答辩发布"，选择位置为"我的文档"，如图 7-45 所示。单击"确定"按钮，即可打包成功。

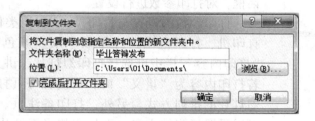

图 7-45　"复制到文件夹"对话框

三、演示文稿打印

在打印演示文稿之前，先在 Windows 中完成打印机的安装，然后在 PowerPoint 中进行页面设置、打印。

1. 页面设置

（1）执行"设计/页面设置"功能区的"页面设置"命令，打开如图 7-46 所示的"页面设置"对话框。

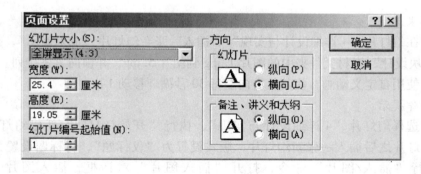

图 7-46　"页面设置"对话框

（2）在"幻灯片大小"的下拉列表中，选择幻灯片输出的大小，包括屏幕显示、纸张、35 毫米幻灯片、自定义等。若选择了"自定义"选项，在"宽度""高度"框中键入相应的数值。

（3）默认情况下，幻灯片编号从 1 开始；若需要设置从其他编号开始，可以在"幻灯片编号起始值"框中使用微调按钮调整或输入合适的数字。

（4）在"方向"区域的"幻灯片"与"备注、讲义和大纲"中，可以分别设置"幻灯片"的方向与备注、讲义和大纲的方向。同一个演示文稿中的所有幻灯片只能设置为同一个方向，备注、讲义和大纲也是一样。幻灯片的方向设置也可以通过执行"设计/页面设置"功能区的"幻灯片方向"命令直接进行设置。

图 7-47 "打印"对话框

2. 打印

执行"文件/打印"命令或单击"快速访问工具栏"上的"打印预览和打印"按钮，打开如图 7-47 所示的"打印"对话框，对打印参数进行设置。

打印参数的设置与打印 Word 文档类似，包括打印份数、打印机、打印范围、打印顺序以及颜色等；不同之处在于"打印内容"栏中可选择打印幻灯片、讲义、备注页和大纲。若打印内容为"讲义"时，可设置每页打印幻灯片的张数和幻灯片的排列方式。另外，打印备注页、大纲和讲义时，都可以设置纸张的方向，而打印整张幻灯片时纸张方向为幻灯片的方向。打印参数设置完毕后，单击"打印"按钮，即可开始打印。

注意：打印时若无须设置打印参数，单击"快速访问工具栏"上的"快速打印"按钮，开始打印。

拓 展 知 识

一、实现电影胶片动画效果

1. 要求

（1）在幻灯片"4 详细设计与实现"后插入一张新幻灯片"成果展示"，插入"管理员功能模块设计"素材文件夹中的图片 1. jpg 到图片 5. jpg，并横向紧密排列。

（2）使用自定义动画，使其从右向左每 30 秒循环移动 1 次。

2. 操作提示

（1）选择幻灯片"4 详细设计与实现"，执行"开始/幻灯片/新建幻灯片"命令，在选中幻灯片之后插入一张新幻灯片，版式设置为"仅标题"，将标题设置为"成果展示"；执行"插入/图片"命令，打开"插入图片"对话框，插入图片 1. jpg 到图片 5. jpg。

（2）调整图片位置，使其横向紧密排列；选择所有图片后，执行快捷菜单中"组合"中的"组合"选项，使它们组合为一体；调整组合图片的中点到幻灯片的中间。

（3）执行"动画/添加动画"命令，打开"添加动画"下拉列表框，选择"其他动作路径/向左"命令，在组合图片上出现从绿到红的方向箭头。

（4）拖动红色箭头至组合图的最左端，拖动绿色箭头至组合图的最右端。

（5）在"动画/计时"功能区设置开始为"上一动画之后"，持续时间为"40 秒"。

（6）执行"动画/动画窗格"命令，在窗口右侧打开"动画窗格"，单击动画效果右侧的下拉箭头，在弹出的下拉列表中选择"效果选项"；在"效果"选项卡中取消"平滑开始"和"平滑结束"选项；在"计时"选项卡中的"重复"选项中，选择"直到幻灯片末尾"。

二、制作电子相册

1. 要求

（1）利用准备的图片素材，建立相册演示文稿。

（2）对相册中图像的属性进行编辑。

2. 操作提示

（1）启动演示文稿，执行"插入/图像"功能区的"相册/新建相册"命令，打开如图 7-48 所示的"相册"对话框。

（2）单击"文件/磁盘…"按钮，选择相册需要的图片，回到"相册"对话框，图片版式选择"1 张图片"，相框形状选择"矩形"，选择一个主题，需要对相片进行明度、对比度、角度调整的可以在图片缩略图下方的按钮中调整到需要的效果。

（3）在"切换/计时"功能区，将换片方式设置为"自动"，自动换片时间为"5秒"，在切换方案里面自选效果；然后点击"全部应用"或者为每张设置不同的效果。

（4）执行"插入/媒体"功能区的"音频/文件中的音频"命令，插入一段音乐；设置音乐自动循环播放并在播放时隐藏。

（5）单击"文件/另存为"命令，在弹出的对话框中将保存文件类型选择为"Windows Media 视频（＊.wmv）"格式，最后单击"保存"按钮，即可制作出视频相册。

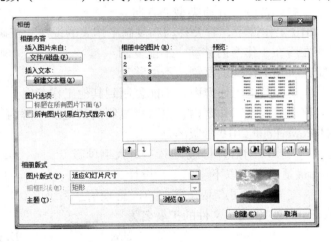

图 7-48　"相册"对话框

思 考 与 练 习

1. 单选题

（1）PowerPoint 2010 文档的扩展名是_____。

A. pptx　　　　　　B. pwt　　　　　　C. xslx　　　　　　D. docx

（2）PowerPoint 2010 的"文件"菜单列出最近使用的文件数_____。

A. 始终 4 个　　　　　　　　　　B. 最多 4 个

C. 可在 0~50 个之间　　　　　　D. 没有数量限制，仅与内存容量有关

（3）PowerPoint 2010 的视图包括_____。

A. 普通视图、大纲视图、幻灯片浏览视图、讲义视图

B. 普通视图、大纲视图、阅读视图、幻灯片浏览视图、幻灯片放映视图

C. 普通视图、大纲视图、阅读视图、幻灯片浏览视图、备注页视图

D. 普通视图、阅读视图、幻灯片浏览视图、备注页视图、幻灯片放映视图

（4）幻灯片主要用于_____。

A. 其他演示文稿中获取幻灯片　　　　　B. 从其他文本文件中获取幻灯片

C. 从当前演示文稿中获取幻灯片　　　　D. 从其他文档中获取幻灯片

（5）如要关闭演示文稿，但不想退出 PowerPoint 2010，可以使用_____。

A. PowerPoint 2010 "文件" 菜单中的 "退出"

B. PowerPoint 2010 "文件" 菜单中的 "关闭"

C. PowerPoint 2010 标题栏右端的关闭按钮

D. PowerPoint 2010 标题栏左端的控制菜单按钮

（6）在 PowerPoint 2010 中，"页面设置" 对话框可以设置幻灯片的_____。

A. 大小、颜色、方向、起始编号

B. 大小、宽度、高度、起始编号

C. 方向、大小、页眉页脚、起始编号、方向

D. 宽度、高度、打印范围、介质类型、方向

（7）在 Excel 2010 工作簿中，有关移动和复制工作表的说法，正确的是_____。

A. 工作表只能在所在工作簿内移动，不能复制

B. 工作表只能在所在工作簿内复制，不能移动

C. 工作表可以移动到其他工作簿内，不能复制到其他工作簿内

D. 工作表可以移动到其他工作簿内，也可以复制到其他工作簿内

（8）以下不是 PowerPoint 2010 母版的是_____。

A. 讲义母版　　　　B. 幻灯片母版　　　　C. 大纲母版　　　　D. 备注母版

（9）PowerPoint 最适合用于以下_____设计。

A. 单位网页　　　　B. 公司产品介绍　　　　C. 管理信息系统　　　　D. 图像处理

（10）用 PowerPoint 2010 放映文件的扩展名为_____。

A. pptx　　　　　　B. ppsx　　　　　　C. zipx　　　　　　D. ppzx

2. 填空题

（1）在 PowerPoint 2010 中，通过_____功能区下的标尺选项来显示标尺。

（2）在 PowerPoint 2010 中，按住_____键，依次单击各个图形可以选择多个图形。

（3）通过_____菜单中的 "关闭" 命令，可以关闭 PowerPoint 2010 程序。

（4）PowerPoint 2010 中通过_____对话框可为幻灯片添加幻灯片编号。

（5）PowerPoint 2010 文件的默认扩展名为_____。

（6）在 PowerPoint 2010 中，按钮为灰色时表示该命令在当前状态下_____。

（7）PowerPoint 2010 中要在文字预留区外的区域输入其他文字，可通过_____插入文字。

3. 判断题

（1）在 PowerPoint 2010 中将一张幻灯片上的内容全部选定的快捷键是"Ctrl+A"。（　　）

（2）PowerPoint 属于图文处理软件。（　　）

（3）在 PowerPoint 2010 中，可以对快速访问工具栏进行自定义。（　　）

（4）在 Powerpoint 2010 中，在幻灯处浏览视图中复制某张幻灯片，可按"Ctrl"键的同时用鼠标拖放幻灯片到目标位置。（　　）

（5）利用 PowerPoint 2010 可以把演示文稿存储成 DOC 格式。（　　）

（6）PowerPoint 2003 中具有新建、打开、保存等按钮的工具栏是快速访问工具栏。（　　）

（7）在 PowerPoint 2010 中通过"设计/背景"功能区右下角的"设置背景格式"按钮可为幻灯片添加背景。（　　）

（8）在 PowerPoint 2010 中，在文字区中输入文字，只要单击鼠标即可。（　　）

（9）PowerPoint 2010 中放映幻灯片的快捷键是"F5"。（　　）

（10）在 PowerPoint 2010 中只能按照幻灯片的顺序来观看演示文稿。（　　）

（11）插入 PowerPoint 2010 中的图片可以直接在 PowerPoint 编辑窗口中进行旋转。（　　）

（12）在 PowerPoint 2010 的"切换/计时"功能区设置自动换片时间为 3 秒，不可以实现幻灯片自动放映。（　　）

（13）在 PowerPoint 2010 中可以直接插入文字。（　　）

4. 排序题

（1）对幻灯片中插入视频步骤进行排序_____。

A. 选中需要插入声音视频的幻灯片，执行菜单"插入"→"媒体"→"视频"→"文件中的视频"命令，打开"插入视频文件"对话框

B. 准备好视频文件（＊.avi、＊.mpg、＊.wmv 等格式）

C. 系统会弹出提示框，根据需要单击其中相应的按钮来设定视频文件的播放方式

D. 定位到上述视频文件所在的文件夹，选中相应的视频文件，确定返回

（2）在幻灯片中插入声音文件的步骤为_____。

A. 定位到上述声音文件所在的文件夹，选中相应的声音文件，确定返回

B. 准备好声音文件（＊.mp3 等格式）

C. 系统会弹出提示框，根据需要单击其中相应的按钮来设定视频文件的播放方式

D. 选中需要插入声音文件的幻灯片，执行菜单"插入"→"媒体"→"音频"→"文件中的音频"命令，打开"插入声音"对话框

（3）设置所有幻灯片切换方式为"每隔 3 秒自动切换"的步骤为_____。

A. 在"换片方式"区域中勾选"设置自动换片时间"选项并将其数值设置为"3 秒"

B. 单击"全部应用"按钮

C. 切换到"切换/计时"功能区

（4）仅将当前幻灯片的背景设置为"蓝色"的步骤为_____。

A. 在要设置背景的幻灯片空白处右击选择"设置背景格式"

B. 在"设置背景格式"对话框中单击"关闭"按钮

C. 选择"纯色填充"，在填充颜色下拉列表中选择"其他颜色"

D. 在"颜色"对话框中选择"蓝色"并"确定"

（5）为演示文稿中所有幻灯片进行编号的步骤为_____。

A. 勾选"幻灯片编号"选项

B. 单击"全部应用"按钮

C. 选择"插入/幻灯片编号"，出现"页眉和页脚"对话框

5. 问答题

（1）简述演示文稿的作用及应用领域。

（2）简述母版的作用。

（3）简述触发器的作用。

（4）简述模板的作用。

（5）简述将演示文稿打包成 CD 的方法。

6. 操作题

打开素材文件夹中的"计算机网络.pptx"，完成下列任务：

（1）设置第 1 张幻灯片的标题"计算机网络发展目录"为"红色""隶属""54 磅""加粗"，并将该幻灯片的背景设置为"蓝色"。

（2）将第 1 张幻灯片的文字内容设置项目符号"◆"。

（3）将第 3 张和第 4 张幻灯片位置互换。

（4）在第 2 张幻灯片中插入一幅剪贴画，并将剪贴画的动画效果设置为"进入"→"出现"效果。

（5）为第 1 张幻灯片的目录设置动作，分别链接到第 2、第 3、第 4 张幻灯片，同时在第 2、第 3、第 4 张幻灯片中分别设置动作按钮，使其能正确返回第 1 张幻灯片。

（6）将第 4 张幻灯片中的文字行间距设置为"2 行"。

（7）将所有幻灯片的切换效果设置为"形状""打字机"声音；换片方式为单击鼠标或"间隔 5 秒"。

（8）将素材文件夹中的音乐"春光美.mp3"插入到第 1 张幻灯片中，并设置为放映时自动播放直至最后一张幻灯片结束。

（9）插入一张幻灯片作为演示文稿的最后一张幻灯片，内容自定，并且将该幻灯片的背景设置为"白色大理石"的填充效果。

（10）将演示文稿导出成 PDF 文档。

附录1 ASC 字 符 表

LSD \ MSD		0	1	2	3	4	5	6	7
		000	001	010	011	100	101	110	111
0	0000	NUL	DLE	SP	0	@	P	、	p
1	0001	SOH	DC1	!	1	A	Q	a	q
2	0010	STX	DC2	"	2	B	R	b	r
3	0011	ETX	DC3	#	3	C	X	c	s
4	0100	EOT	DC4	$	4	D	T	d	t
5	0101	ENQ	NAK	%	5	E	U	e	u
6	0110	ACK	SYN	&	6	F	V	f	v
7	0111	BEL	TB	,	7	G	W	g	w
8	1000	BS	CAN	(	8	H	X	h	x
9	1001	HT	EM	)	9	I	Y	i	y
A	1010	LF	SUB	*	:	J	Z	j	z
B	1011	VT	ESC	+	;	K	[	k	{
C	1100	FF	FS	,	<	L	\	l	|
D	1101	CR	GS	–	=	M	]	m	}
E	1110	SO	RS	.	>	N	^	n	~
F	1111	SI	US	/	?	O	–	o	DEL

附录 2　ASC 控制字符含义表

控制字符	含义	控制字符	含义
NUL	空	DLE	数据链换码
SOH	标题开始	DC1	设置控制 1
STX	中文开始	DC2	设置控制 2
ETX	中文结束	DC3	设置控制 3
EOT	传输结束	DC4	设置控制 4
ENQ	询问字符	NAK	否定
ACK	承认	SYN	空转同步
BEL	报警符	TB	信息组传送结束
BS	退一格	CAN	作废
HT	横行列表	EM	纸尽
LF	换行	SUB	减
VT	垂直制表	ESC	换码
FF	走纸控制	FS	文字分隔符
CR	回车	GS	组分隔符
SO	移位输出	RS	记录分隔符
SI	移位输入	US	单元分隔符
SP	空格		

附录 3 Windows 运行命令大集合

winver 检查 Windows 版本

wmimgmt. msc Windows 管理体系结构（WMI）

wupdmgr Windows 更新程序

wscript Windows 脚本宿主设置

write 写字板

wiaacmgr 扫描仪和照相机向导

winchat Windows 自带局域网聊天

mem. exe 显示内存使用情况

Msconfig. exe 系统配置实用程序

mplayer2 简易 Windows media player

mspaint 画图板

mstsc 远程桌面连接

mplayer2 媒体播放机

magnify 放大镜实用程序

mmc 打开控制台

mobsync 同步命令

dxdiag 检查 DirectX 信息

drwtsn32 系统医生

devmgmt. msc 设备管理器

dfrg. msc 磁盘碎片整理程序

diskmgmt. msc 磁盘管理实用程序

dcomcnfg 打开系统组件服务

ddeshare 打开 DDE 共享设置

net stop messenger 停止信使服务

net start messenger 开始信使服务

notepad 打开记事本

nslookup 网络管理的工具向导

ntbackup 系统备份和还原

ntmsmgr. msc 移动存储管理器

ntmsoprq. msc 移动存储管理员操作请求

netstat. an （TC）命令检查接口

syncapp 创建一个公文包

sysedit 系统配置编辑器

sigverif 文件签名验证程序

sndrec32 录音机

shrpubw 创建共享文件夹

secpol. msc 本地安全策略

syskey 系统加密，一旦加密就不能解开，保护 Windows 系统的双重密码

services. msc 本地服务设置

Sndvol32 音量控制程序

sfc. exe 系统文件检查器

sfc /scannow Windows 文件保护

tsshutdn 60 秒倒计时关机命令

taskmgr 任务管理器

tasklist/SVC 查看进程详细信息

eventvwr 事件查看器

eudcedit 造字程序

explorer 打开资源管理器

packager 对象包装程序

perfmon. msc 计算机性能监测程序

progman 程序管理器

regedit. exe 注册表

rsop. msc 组策略结果集

regedt32 注册表编辑器

rononce-p 15 秒关机

regsvr32 /u ∗. dll 停止 dll 文件运行

regsvr32 /u zipfldr. dll 取消 ZIP 支持

rundll32. exe shell32. dll, Control_ RunDLL 显示控制面板

rundll32. exe shell32. dll, Control_ RunDLL access. cpl,, 1 显示辅助功能选项

rundll32. exe shell32. dll, Control_ RunDLL sysdm. cpl @ 1 打开系统属性

rundll32. exe shell32. dll, Control_ RunDLL appwiz. cpl,, 1 删除或添加程序

rundll32. exe syncui. dll, Briefcase_ Create 桌面上建立公文包

rundll32. exe shell32. dll, Control_ RunDLL timedate. cpl,, 0 显示时间属性

rundll32. exe shell32. dll, Control_ RunDLL desk. cpl,, 0 显示桌面墙纸属性

rundll32. exe shell32. dll，Control_ RunDLL
　　mmsys. cpl，，0　音频属性

cmd. exe　CMD 命令提示符

chkdsk. exe　Chkdsk 磁盘检查

calc　启动计算器

charmap　启动字符映射表

cliconfg　SQL SERVER 客户端网络实用程序

Clipbrd　剪贴板查看器

conf　启动 netmeeting

compmgmt. msc　计算机管理

cleanmgr　垃圾整理

ciadv. msc　索引服务程序

osk　打开屏幕键盘

odbcad32　ODBC 数据源管理器

lusrmgr. msc　本机用户和组

logoff　注销命令

iexpress　木马捆绑工具，系统自带

Nslookup　IP 地址侦测器

fsmgmt. msc　共享文件夹管理器

utilman　辅助工具管理器

gpedit. msc　组策略

Tasklist /SVC　查看进程详细信息

附录 4　Word 常用快捷键

组合键	功　能	组合键	功　能
Ctrl+N	创建新文档	Ctrl+0	在段前添加一行间距
Ctrl+O	打开文档	Ctrl+E	段落居中
Ctrl+W	关闭文档	Ctrl+J	两端对齐
Alt+Ctrl+S	拆分文档窗	Ctrl+L	左对齐
Alt+Shift+C	撤销拆分文档窗	Ctrl+R	右对齐
Ctrl+S	保存文档	Ctrl+M	左侧段落缩进
Ctrl+F12	显示"打开"对话框	Ctrl+Shift+M	取消左侧段落缩进
Ctrl+P	打印文档	Ctrl+T	创建悬挂缩进
Alt+Ctrl+I	切换至或退出"打印预览"	Ctrl+Shift+T	减小悬挂缩进量
Esc 键	取消操作	Ctrl+Shift+下箭头	选择段尾
Ctrl+Z	撤销操作	Ctrl+Shift+上箭头	选择段首
Ctrl+Y	恢复或重复操作	Alt+Shift+左箭头	提升段落级别
Alt+Ctrl+P	切换到页面视图	Alt+Shift+右箭头	降低段落级别
Alt+Ctrl+O	切换到大纲视图	Ctrl+Shift+N	降级为正文
Alt+Ctrl+N	切换到普通视图	Alt+Shift+上箭头	上移所选段落
Ctrl+Shift+F	改变字体	Alt+Shift+下箭头	下移所选段落
Ctrl+Shift+P	改变字号	Alt+Shift++	扩展标题下的文本
Ctrl+Shift+＞	增大字号	Alt+Shift+-	折叠标题下的文本
Ctrl+Shift+＜	减小字号	Alt+Shift+A	扩展或折叠所有文本或标题
Ctrl+]	逐磅增大字号	Alt+Shift+L	显示首行正文或所有正文
Ctrl+[	逐磅减小字号	Alt+Shift+1	显示所有具有"标题 1"样式的标题
Ctrl+D	打开字体对话框	Alt+Shift+n	显示从"标题 1"到"标题 n"的所有
Shift+F3	改变字母大小写	F1	获得联机帮助或 Office 助手
Ctrl+Shift+A	将所有字母设为大写	F2	移动文字或图形
Ctrl+Shift+K	将所有字母设成小写	F3	插入自动图文集词条
Ctrl+=（等号）	应用下标格式	F4	重复上一项操作
Ctrl+Shift++	应用上标格式	F5	选择"编辑/定位"命令
Ctrl+Shift+ ＊	显示非打印字符	F6	前往下一个窗格或框架
Shift+F1	查看文字格式	F7	选择"工具/拼写和语法"命令
Ctrl+Shift+C	复制格式	F8	扩展所选内容
Ctrl+Shift+V	粘贴格式	F9	更新选定域
Ctrl+1	单倍行距	F10	激活菜单栏
Ctrl+2	双倍行距	F11	前往下一个域
Ctrl+5	1.5 倍行距	F12	选择"文件/另存为"命令

附录 5　Excel 常用快捷键

组 合 键	功　　能
Shift+F11	插入新工作表
F11 或 Alt+F1	创建使用当前区域的图表
Ctrl+Page Down	移动到工作簿中的下一个工作表
Ctrl+Page Up	移动到工作簿中的上一个工作表
Shift+Ctrl+Page Down	选择工作簿中当前和下一个工作表
Shift+Ctrl+Page Up	选择工作簿中的当前工作簿或上一个工作簿
Enter	完成单元格输入并在选定区域中下移
Alt+Enter	在单元格中折行
Ctrl+Enter	用当前输入项填充选定的单元格区域
Shift+Enter	完成单元格输入并在选定区域中上移
Tab	完成单元格输入并在选定区域中右移
Shift+Tab	完成单元格输入并在选定区域中左移
Esc	取消单元格输入
Ctrl+Delete	删除插入点到行末的文本
箭头键	向上下左右移动一个字符
Home	移到行首
F4 或 Ctrl+Y	重复最后一次操作
Ctrl+D	向下填充
Ctrl+R	向右填充
Alt+'（撇号）	显示"样式"对话框
Ctrl+1	显示"单元格格式"对话框
Ctrl+Shift+~	应用"常规"数字格式
Ctrl+Shift+ $	应用带两个小数位的"货币"格式（负数出现在括号中）
Ctrl+Shift+%	应用不带小数位的"百分比"格式
Ctrl+Shift+^	应用带两个小数位的"科学记数"数字格式
Ctrl+Shift+#	应用年月日"日期"格式
Ctrl+Shift+@	应用小时和分钟"时间"格式，并标明上午或下午
Ctrl+Shift+!	应用的数字格为千位分隔符且负数用负号（-）表示
Ctrl+Shift+&	应用外边框
Ctrl+Shift+_	删除外边框
Ctrl+9	隐藏行
Ctrl+Shift+（（左括号）	取消隐藏行
Ctrl+0（零）	隐藏列
Ctrl+Shift+)（右括号）	取消隐藏列

附录 6 PowerPoint 常用快捷键

组 合 键	功　　能
Alt+Shift+左箭头	升级一段
Alt+Shift+右箭头	降级一段
Alt+Shift+上箭头	向上移动选定的段
Alt+Shift+下箭头	向下移动选定的段
Alt+Shift+1	显示第 1 级标题
Alt+Shift+ 加号	展开标题下的文本
Alt+Shift+ 减号	折叠标题下的文本
Alt+Shift+A	显示所有文本或标题
单词键盘上的斜线（/）	打开或关闭字符格式
F5	执行"视图"菜单中的"幻灯片放映"命令
Ctrl+F5	恢复演示文稿窗口大小
Alt+F5	恢复程序窗口大小
F6	移至下一窗格
Shift+F6	移至前一窗格
Ctrl+F6	移至下一演示文稿窗口
Ctrl+Shift+F6	移至前一演示文稿窗口
Ctrl+F8	执行演示文稿"控制"菜单中的"大小"命令
F10	激活菜单栏
Shift+F10	显示快捷菜单
Ctrl+F10	最大化演示文稿窗口
Alt+F10	最大化程序窗口
Ctrl+M	插入新幻灯片
Ctrl+D	复制选定的幻灯片
Ctrl+W	关闭演示文稿
Ctrl+K	插入超级链接
F6	切换至下一窗格（顺时针）
Shift+F6	切换至前一窗格（逆时针）
Ctrl+Shift+C	复制格式
Ctrl+Shift+V	粘贴格式
Ctrl+T	更改字符格式（等同于单击"格式/"字体"命令）
Shift+F3	更改字母大小写
Ctrl+B	应用粗体格式
Ctrl+U	应用下划线
Ctrl+I	应用斜体格式

附录 7 Office 2013 介绍

Microsoft Office 2013（又称为 Office 2013），是应用于 Microsoft Windows 视窗系统的一套办公室套装软件，是继 Microsoft Office 2010 后的新一代套装软件。2012 年 7 月份，微软发布了免费的 Office 2013 预览版版本（包括中文版），在 Windows 8 及 Windows 8.1 设备上可获得 Office 2013 的最佳体验。

2012 年 12 月 4 日，微软通过官方 Office 博客表示，目前企业用户可以通过微软批量许可购买 Office 2013 以及诸如 Exchange Server 2013、Lync Server 2013、SharePoint Server 2013、Project 2013 和 Visio 2013 的相关程序。Office 2013 于 2013 年 1 月 29 日正式上市。

2014 年 2 月 25 日，微软 Office 团队向 32 位、64 位桌面版 Office2013 推出首个 Service Pack 1，即 SP1 服务包。

相较而言，Office 2010 的操作界面看上去略显冗长甚至还有点过时的感觉，不过新版的 Office 2013 套件对此作出了极大的改进，将 Office 2010 文件打开起始时的 3D 带状图像取消，增加了大片的单一的图像。新版 Office 套件的改善并非仅做了一些浅表的工作，其中的"文件选项卡"已经是一种新的面貌，用户们操作起来更加高效。例如，当用户想创建一个新的文档，他就能看到许多可用模板的预览图像。

作为 Windows 8 的官方办公室套装软件，Office 2013 在风格上保持一定的统一外，功能和操作上也向着更好支持平板电脑以及触摸设备的方向发展。微软此前已经演示 ARM 版 Windows 8 中将会内置 Office 2013 组件，仍是以桌面版软件的形式存在。

1. Word 2013 改进

微软将 Word 2013 重点摆在阅读和写作的体验上，因此推出一个新的阅读模式（Read Mode），会移除上方的操作接口，让使用者不再因界面而分心，文字也会配合屏幕尺寸自动重新排列；新的阅读模式也支持恢复阅读（Resume Reading）的功能，当离开阅读模式时，会透过自动书签帮助使用者记录最后的位置。除了阅读模式外，Word 2013 还加入物件缩放（Object Zoom）和展开/最小化（Expand/Collapse）两个全新功能。物件缩放功能，只要点两下（Double Click）就能轻松放大/缩小图片或物件，将图表、照片填满屏幕。展开/最小化功能，使用者只要点一下（One-Click）就能隐藏或显示标题以下的段落。其他 Word 2013 所加强的阅读体验，还包含强化功能窗格（Navigation Pane）、平滑卷动（Smoother Scrolling）文件以及对字典（Dictionary）和翻译（Translation）功能进行升级。Word 2013 也增加新的回复评论（Reply Comments）功能，可帮助使用者追踪相关文字旁的评论；使用者也可在文件内看到是谁回复的评论。密码保护（Password-Protect）功能也包含追踪者在内，在更改密码后依然能在文件中使用回复评论功能。线上档案分享（Present Online）功能也被加入 Word 2013 中，与 PowerPoint 2010 的播放幻灯片（Broadcast Slide Show）功能相类似，并允许 Word 2013 的使用者透过浏览器与其他人共享文件。Word 2013 针对平板设计的触控模式（Touch Mode），使用者可轻松透过手指移动文件，放大的功能键也有助于通过手指操作。Word 2013 还增加 PDF 重新排列（PDF Reflow）功能，当使用者开启 PDF 档案后，可将原本固定的 PDF 版面重新针对屏幕排版，就像自己在 Word 建立 PDF 文件一样。Word 2013 还增加线上影片功能，可在 Word 文件中嵌入影片观看。其他体验的改进，还包含新的文件设计（document design）分页以及线上插入图片功能，可从 Facebook、Flickr 等线上服务插入图片。

2. Excel 2013 改进

微软对 Excel 2013 的目标是让使用者能轻松将庞大的数字图像化。新的快速分析镜头（Quick Analysis Lens）能快速、直接地将数据以视觉方式呈现，推荐图表（Recommended Charts）和枢纽分析表（PivotTables）则有助于将数据图像化找出最佳的呈现方式。Excel 2013 还加入新功能，Flash Fill 可将 Excel 表格的数据格式简化重排；触控模式（Touch Mode）可直接通过手指在平板电脑上操作、浏览图表等。Excel 2013 也引进新的图表格式化控制（Chart Formatting Control）工具，通过完全互动接口（Fully Interactive Interface）快速微调图表。图表动画（Chart Animations）功能可让使用者增添新资料点（New Data Points）或调整现有的数字时，明显看出不同的变化。微软也正在替 Excel 2013 新增加一项 Start Experience 功能，将由专业人士设计多种范本，包含预算范本、日历范本、表格范本和报告范本。

3. Access 2013 改进

Access 2013 中的新增功能是应用程序。Access Web 应用程序是在 Access 中生成，然后在 Web 浏览器中作为 SharePoint 应用程序使用并与他人共享的一种新型数据库。要构建应用程序，只需选择要跟踪的数据类型，如联系人、任务、项目等。Access 将会创建数据库结构，其中包含了添加和编辑数据的各种视图。导航和基本命令都是内置的，因此可以立即开始使用应用程序。

（1）构建应用程序：使用 SharePoint 服务器或 Office 365 网站作为主机，将能够生成一个完美的基于浏览器的数据库应用程序。在本质上，Access 应用程序使用 SQL Server 来提供最佳性能和数据完整性。

（2）表模板：使用预先设计的表模板将表快速添加到应用程序。如果要跟踪任务，则搜索任务模板并单击所需的模板。

（3）外部数据：可从 Access 桌面数据库、Microsoft Excel 文件、ODBC 数据源、文本文件和 SharePoint 列表导入数据。

（4）用浏览器打开：当设计完成时，只需单击"启动应用程序"，便可激活应用程序。

（5）自动创建的用户界面（包括导航）：Access 应用程序无须构建视图、切换面板和其他用户界面（UI）元素。表名称显示在窗口的左边缘，每个表的视图显示在顶部。

（6）操作栏：每个内置视图均具备一个操作栏，其中包含用于添加、编辑、保存和删除项目的按钮。用户可以添加更多按钮到此操作栏，以运行所构建的任何自定义宏；也可以删除用户不想使用的按钮。

（7）更易于修改视图：应用程序无须先调整布局，即可将控件放到所需的任意位置；只需拖放控件即可，其他控件会自动移开以留出空间。

（8）属性设置标注：无须在属性表中搜索特定设置，这些设置都位于每个分区或控件旁边的标注内。

（9）处理相关数据的新控件：①相关项目控件，提供了快速列出和汇总相关表或查询中的数据的方法。单击项目以打开该项目的详细信息视图。②AutoComplete 控件，可以从相关表中查找数据。它是一个组合框，其工作原理更像一个即时搜索框。

（10）钻取链接：钻取按钮可让用户快速查看相关项目的详细信息。Access 应用程序处理后台逻辑以确保显示正确的数据。

（11）新部署选项：①更好地控制谁能修改应用程序，SharePoint 现在随附设计者、创作者和阅读者 3 个的权限级别。只有设计者能够对视图和表作出设计更改，创作者可更改数据，但无法更改设计；阅读者只可读取现有数据。②打包和分发应用程序，Access 应用程序可另存为包文件，然后添加到企业目录或 Office Store。在 Office Store 上，可以免费分发应用程序，也可以收取一定费用。

4. PowerPoint 2013 改进

微软将 16：9 作为 PowerPoint 2013 的默认长宽比，该比是多数使用者的宽屏幕的分辨率，创造出专业的外观设计。PowerPoint 2013 同样加入 Start Experience 新功能，让使用者快速获得喜爱的文件、专业设计的范本以及最近浏览的历史纪录。PowerPoint 2013 还加入新的图表引擎（Chart Engine）工具，使用者可将图表轻松从 Excel 2013 汇出，并汇入 PowerPoint 2013 投影片中，同时也不会破坏原本投影片中的格式。同样支援触控模式，让使用者以手指控制幻灯片、播放和管理。微软在 Word 2013 新增的恢复阅读（Resume Reading）功能也出现在 PowerPoint 2013，自动书签会标出使用者最后操作的位置。

演示文稿对于忙业务的用户来说是一个不可或缺的重要工具。与 Word、Excel 一样，PowerPoint 是微软开发的一个大型应用程序。而微软最新推出的 Office 2013 不仅精简度大增，实用性也有很大提升。

PowerPoint 2013 还拥有一款新图标以及可广泛积聚信息的云集成功能。并且在 Office 2013 中，演讲者视图变得更加易于调用，只需点击右键即可找到。

在 PowerPoint 2010，尾页的评论幻灯片就像是额外贴上的不规整的便利贴。而 Power-Point 2013，评论性的内容更像是 Word 文档中的评论一样自然。评论可以展示在文稿的一边，用户可以在 PPT 上随时发表评论。此外新版 PPT 可以让用户直接从 Facebook、Office 官网等其他服务网站上直接抓图，而不用再一个一个下载下来。

5. Outlook 2013 改进

虽然微软正对 Windows 8 改善内建的 E-mail 服务，不过微软同时也在强化多项 Outlook 2013 功能。例如，一项新功能名为 Peeks，可让使用者在同一屏幕观看行事历（Schedule）、浏览 E-mail 的详细内容以及回复工作（Task）等多项任务；另一项新功能天气栏（Weather Bar）则可让使用者在接受会议邀请、安排新会议之前，先查看天气状况。Outlook 2013 还增加了信件内容回复（Inline Replies）功能，使用者只要点一下鼠标就能回复 E-mail；另外也改进多账号管理的支持，使用者可以在同一个地方检视、建立、回复所有 E-mail 账号的内容，包含 Hotmail 和其他第三方 E-mail 服务。Outlook 2013 也强化动画（Animations）的支持，可快速切换 E-mail、行事历、回复以及导航任务（Navigation Tasks）在一个新的类 Modern UI 接口中。新的切换命令（Context Commands）也提供简单、清楚、单点（One-Click）命令的特性，让重度使用者能快速进行 E-mail 管理。

6. OneNote 2013 改进

为了契合 Windows 8，微软同样将 OneNote 换成 Modern UI 风格的版本，另外还为 OneNote 桌面版本（Desktopversion）增加新功能。自动更新档案检视（Auto–Updating File Views）功能，让 OneNote 2013 使用者能预览嵌入的 Excel 和 Visio 档案内容，包含任何更新的内容。此外也增加对平板装置的支持，使用者可排序（Sort）、增加表头（Headers）以及将附加的电子表格（Attached Spreadsheet）转换成 OneNote 表格。触控模式让平板装置使用者可直接用手操作移动页面、留言等。OneNote 2013 也包含新的恢复阅读（Resume Reading）功能，这功能也出现在 Word 2013 和 PowerPoint 2013，可自动储存笔记中最后的操作点，即使使用不同的 PC 或平板装置，也可以马上回到前一次结束时的位置。

参 考 文 献

[1] 侯冬梅. 计算机应用基础 [M]. 2版. 北京：中国铁道出版社，2014.

[2] 侯冬梅. 计算机应用基础实训教程 [M]. 2版. 北京：中国铁道出版社，2014.

[3] 冯国平，程自场. 计算机文化基础 [M]. 3版. 北京：煤炭工业出版社，2013.

[4] 吕英华，大学计算机基础教程 [M]. 北京：人民邮电出版社，2016.

[5] 刘德山，郭瑾，郑福妍. 大学计算机基础：Windows7+Office 2010 [M]. 北京：科学出版社，2013.

[6] 杨京山，等. 计算机应用基础教程：Win7 Office 2010 版 [M]. 成都：西南交通大学出版社，2015.

[7] 尹建新. 大学计算机基础案例教程：Win7+Office 2010 [M]. 北京：电子工业出版社，2014.

图书在版编目（CIP）数据

计算机文化基础/田丽娜主编 . --4 版 . --北京：煤炭工业出版社，2017

煤炭职业教育课程改革规划教材

ISBN 978-7-5020-6086-2

Ⅰ.①计… Ⅱ.①田… Ⅲ.①电子计算机—高等职业教育—教材 Ⅳ.①TP3

中国版本图书馆 CIP 数据核字（2017）第 214863 号

计算机文化基础　第 4 版（煤炭职业教育课程改革规划教材）

主　　编　田丽娜
责任编辑　闫　非
编　　辑　田小琴
责任校对　李新荣
封面设计　王　滨

出版发行　煤炭工业出版社（北京市朝阳区芍药居 35 号　100029）
电　　话　010-84657898（总编室）
　　　　　010-64018321（发行部）　010-84657880（读者服务部）
电子信箱　cciph612@ 126. com
网　　址　www. cciph. com. cn
印　　刷　北京玥实印刷有限公司
经　　销　全国新华书店

开　　本　787mm×1092mm$^1/_{16}$　印张　$20^1/_2$　字数　484 千字
版　　次　2017 年 9 月第 4 版　2017 年 9 月第 1 次印刷
社内编号　8966　　　　　　　　定价　39.00 元
